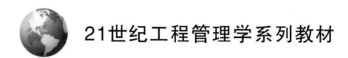

21世纪工程管理学系列教材

建设工程招投标及合同管理

（第二版）

Inviting Tenders and Tendering and the Contract Management of Construction Engineering

主　编　梅阳春　邹辉霞
副主编　柯丹丹
主　审　陈锦桂

图书在版编目(CIP)数据

建设工程招投标及合同管理/梅阳春,邹辉霞主编.—2版.—武汉:武汉大学出版社,2012.4(2021.3 重印)
21世纪工程管理学系列教材
ISBN 978-7-307-09211-2

Ⅰ.建… Ⅱ.①梅… ②邹… Ⅲ.①建筑工程—招标—高等学校—教材 ②建筑工程—投标—高等学校—教材 ③建筑工程—合同—管理—高等学校—教材 Ⅳ.TU723

中国版本图书馆CIP数据核字(2011)第193097号

责任编辑:范绪泉　　责任校对:刘　欣　　版式设计:马　佳

出版发行:武汉大学出版社　　(430072　武昌　珞珈山)
（电子邮箱:cbs22@whu.edu.cn　网址:www.wdp.com.cn）
印刷:武汉图物印刷有限公司
开本:787×1092　1/16　印张:16　字数:369千字　插页:1
版次:2004年7月第1版　2012年4月第2版
　　2021年3月第2版第8次印刷
ISBN 978-7-307-09211-2/TU·103　　定价:39.00元

版权所有,不得翻印;凡购我社的图书,如有质量问题,请与当地图书销售部门联系调换。

序　言

教育部于 1998 年将工程管理专业列入教育部本科专业目录，全国已有一百余所大学设置了该专业。武汉大学商学院管理科学与工程系组织教师编写了这套"21 世纪工程管理学系列教材"。这套教材参考了高等学校土建学科教学指导委员会工程管理专业指导委员会编制的工程管理专业本科教育培养目标和培养方案，以及该专业主干课程教学基本要求，并结合了教师们多年的教学和工程实践经验而编写。该系列教材系统性强，内容丰富，紧密联系工程管理事业的新发展，可供工程管理专业作为教材使用，也可供建造师和各类从事建设工程管理工作的工程技术人员参考。

工程管理专业设五个专业方向：
- 工程项目管理
- 房地产经营与管理
- 投资与造价管理
- 国际工程管理
- 物业管理

该系列教材包括工程管理专业的一些平台课程和一些方向课程的教学内容，如工程估价、工程造价管理、工程质量管理与系统控制、建设工程招投标及合同管理、国际工程承包以及房地产投资与管理等。

工程管理专业是一个新专业，其教材建设是一个长期的过程，祝愿武汉大学商学院管理科学与工程系教师们在教材建设过程中不断取得新的成绩，为工程管理专业的教学和工程管理事业的发展作出贡献。

英国皇家特许资深建造师
建设部高等院校工程管理专业评估委员会主任
建设部高等院校工程管理专业教育指导委员会副主任
建设部高等院校土建学科教育指导委员会委员
中国建筑学会工程管理分会理事长

第二版说明

本书自 2004 年出版发行至今已有 7 年多时间，这几年，我国工程建设一直处于持续快速发展的阶段，大量各类建设项目的完成，对国家经济的繁荣和人民生活水平的提高发挥了重要作用。与此同时，包括招投标制及合同管理在内的工程建设领域的各项管理制度及法律条例、规章办法等条文也得以进一步完善和改进。基于此，本教材所涉及的有些内容也应予以充实和修改。

本书的修订工作，原本在 2009 年初就着手进行，并打算当年完成。后由于其他工作造成的耽搁，以至于拖延至今。由此给广大读者带来不便，我们深表歉意。本书出版发行以来，得到广大读者的大力支持和厚爱，在此向广大读者深表谢意。希望修订版仍能得到你们的认可和肯定，对书中还可能存在的疏漏和不妥之处提出宝贵的批评和指正。

修订版参考了近年来出版的有关书籍、教材，特将这些文献的名目增补在参考文献之后，在此也向这些文献的作者或编者表示由衷的感谢。

编　者

2012 年 1 月

第一版前言

建设工程招标承包制是市场经济条件下进行工程建设管理的一种科学、有效的方式。在国际上它随着资本主义商品经济的发展而不断发展和完善，现今已被世界各国广泛采用。我国自改革开放初期就开始在工程建设行业逐步推行招标承包制，经过二十多年的不断探索和实践，特别是 20 世纪 90 年代中期以来的快速推进，我国在工程建设行业的招标承包制已基本趋于完善，已经并将进一步对我国的工程建设和整个国民经济带来巨大效益并产生深远影响。

与招标承包制紧密联系的合同管理制度是有效实施招标承包制的必要条件和手段，同时也是实施业主负责制和工程监理制的有效方式和必要措施。

基于以上背景，"建设工程招投标及合同管理"就成为高等学校工程管理专业及土木建筑工程类专业学生必须掌握的课程内容。特别是在我国已加入 WTO 及建筑行业不断加快同国际建筑市场接轨步伐的今天，该门课程的学习显得尤为重要。

本书结合教学和工程实际应用的需要，较系统地介绍了建设工程招标投标及合同管理的基础理论及适用方法，并吸收了该领域近年来的一些发展成果。在招投标部分，介绍了建设工程招投标的基本概念及不同类别招投标的程序和方法、招投标文件的编制等，并着重介绍了施工招投标的相关内容。在合同管理部分，介绍了建设工程合同管理的法律基础以及不同类别的建设工程合同管理，包括勘察设计合同、工程监理合同、物资采购合同及施工合同等，并介绍了施工索赔及"国际土木工程施工合同条件"（FIDIC 合同条件）的主要内容和特征。

本书可作为高等学校工程管理及土木建筑类专业的教学用书，也可供从事工程建设的技术人员和管理人员参考。

全书共七章，第一、二章由邹辉霞、邹涛、柯丹丹编写，第三、四章由邹辉霞、陈京华编写，第五章至第七章由梅阳春编写并负责全书统稿。全书由武汉大学经济与管理学院的梅阳春、邹辉霞主编，江西理工大学应用科学学院的柯丹丹副主编，由陈锦桂教授主审。

由于时间及编者水平所限，书中错漏和不妥之处在所难免，恳请读者批评指正。

编　者

目 录

第一章 建设工程招投标及工程承包概述 1
第一节 建设工程招投标的基本概念 1
一、招标投标的定义 1
二、招投标制的特性 1
三、招投标制的产生和发展 2
第二节 建设工程承包的概念和承包方式 3
一、建设工程承包的概念 3
二、建设工程承包的方式 3
第三节 建设工程承包的内容 9
一、可行性研究 10
二、勘察、设计 12
三、材料和设备采购 15
四、工程施工 15
第四节 工程承发包活动的管理 16
一、承发包单位的资质管理 16
二、建设工程市场行为管理 17
复习思考题 18

第二章 建设工程施工招标 19
第一节 施工招标的基本条件和招标方式 19
一、招标工程应具备的条件 19
二、招标人应具备的条件 20
三、招标的方式 20
第二节 施工招标的程序 22
一 建设工程招标的一般程序 22
二 建设项目施工邀请招标程序 25
第三节 招标的前期工作 26
一、申请招标 26
二、招标方式的选择 26
三、编制招标文件 27

  四、编制标底 ………………………………………………………………… 31
 第四节 招标文件的编制 ……………………………………………………… 35
  一、招标文件的编制程序 …………………………………………………… 35
  二、招标文件的编制原则 …………………………………………………… 36
  三、招标文件的主要内容 …………………………………………………… 36
 第五节 资格预审 ……………………………………………………………… 40
  一、资格预审的目的 ………………………………………………………… 40
  二、资格预审的程序 ………………………………………………………… 41
  三、资格预审的方法 ………………………………………………………… 42
  四、资格预审的定量综合评价法案例 ……………………………………… 43
 第六节 开标、评标和定标 …………………………………………………… 44
  一、开标 ……………………………………………………………………… 44
  二、评标 ……………………………………………………………………… 46
  三、定标 ……………………………………………………………………… 53
 复习思考题 ……………………………………………………………………… 55

第三章 建设工程施工投标 …………………………………………………… 57
 第一节 投标的组织及工作程序 ……………………………………………… 57
  一、投标的组织 ……………………………………………………………… 57
  二、投标的工作程序 ………………………………………………………… 58
 第二节 投标的准备工作 ……………………………………………………… 61
  一、投标前期的准备工作 …………………………………………………… 61
  二、投标的准备工作 ………………………………………………………… 63
 第三节 编制投标文件 ………………………………………………………… 67
  一、投标文件的内容 ………………………………………………………… 67
  二、编制投标文件的准备工作 ……………………………………………… 68
  三、编制投标文件的原则和应注意的事项 ………………………………… 68
  四、投标文件的格式 ………………………………………………………… 70
 第四节 投标决策和报价策略 ………………………………………………… 73
  一、投标决策 ………………………………………………………………… 73
  二、投标价格的计算与确定 ………………………………………………… 79
  三、投标的技巧 ……………………………………………………………… 86
  四、报价策略 ………………………………………………………………… 88
 第五节 投标中应注意的几个问题 …………………………………………… 93
  一、明确投标目标 …………………………………………………………… 93
  二、投标操作中应注意的问题 ……………………………………………… 93
  三、计算标价时应注意的问题 ……………………………………………… 94

四、对投标风险的处理 … 94
　　五、对投标结果的评价 … 94
　　六、其他应注意的问题 … 95
复习思考题 … 95

第四章　建设工程其他项目招投标 … 96
第一节　勘测设计招投标 … 96
　　一、勘测设计招投标的基本内容 … 96
　　二、勘测设计招标的方式及应具备的条件 … 97
　　三、业主或相关单位的权力 … 98
　　四、招标与评标 … 98
第二节　建设工程监理招投标 … 103
　　一、建设工程监理招投标的基本内容 … 103
　　二、建设工程监理招标 … 105
　　三、建设工程监理投标 … 107
第三节　物资采购招投标 … 110
　　一、建设工程物资采购的主要内容 … 110
　　二、物资采购招标的范围和方式 … 111
　　三、物资采购招标的准备工作 … 114
　　四、物资采购招投标文件的编制 … 115
　　五、建设工程物资采购评标、定标与授标签订合同 … 119
复习思考题 … 120

第五章　合同法律基础 … 121
第一节　合同及其法律关系 … 121
　　一、合同法律关系 … 121
　　二、合同的概念和特征 … 122
　　三、合同的类别 … 123
第二节　合同的订立 … 123
　　一、合同当事人的资格 … 123
　　二、合同的形式 … 124
　　三、合同的内容 … 124
　　四、合同范本与格式条款 … 126
　　五、合同订立的方式 … 126
　　六、合同的成立 … 128
　　七、缔约过失责任 … 129
第三节　合同的效力 … 130

一、合同效力的概念 …………………………………………………………… 130
　　二、合同的生效 ………………………………………………………………… 130
　　三、无效合同 …………………………………………………………………… 130
　　四、可撤销或可变更合同 ……………………………………………………… 131
　　五、无效、被撤销合同的法律后果 …………………………………………… 131
　第四节　合同的履行 ……………………………………………………………… 132
　　一、合同履行的概念和原则 …………………………………………………… 132
　　二、合同履行中的若干规则 …………………………………………………… 132
　　三、合同履行中的抗辩权 ……………………………………………………… 133
　第五节　合同的转让和终止 ……………………………………………………… 134
　　一、合同转让的概念 …………………………………………………………… 134
　　二、合同转让的相关规定 ……………………………………………………… 135
　　三、合同的终止 ………………………………………………………………… 135
　第六节　违约责任 ………………………………………………………………… 137
　　一、违约责任的概念 …………………………………………………………… 137
　　二、违约责任的构成条件 ……………………………………………………… 137
　　三、承担违约责任的方式 ……………………………………………………… 138
　第七节　合同的担保 ……………………………………………………………… 138
　　一、担保概述 …………………………………………………………………… 138
　　二、担保的方式 ………………………………………………………………… 139
　复习思考题 ………………………………………………………………………… 143

第六章　建设工程合同管理（一） …………………………………………… 144
　第一节　概述 ……………………………………………………………………… 144
　　一、建设工程合同的概念和特征 ……………………………………………… 144
　　二、合同管理的概念 …………………………………………………………… 145
　　三、建设工程合同管理的基本内容 …………………………………………… 145
　　四、国家有关行政部门对建设工程合同的管理 ……………………………… 145
　第二节　建设工程勘察、设计合同管理 ………………………………………… 146
　　一、勘察、设计合同的概念 …………………………………………………… 146
　　二、勘察、设计合同的内容 …………………………………………………… 146
　　三、勘察、设计合同的订立 …………………………………………………… 147
　　四、勘察合同的履行 …………………………………………………………… 148
　　五、设计合同的履行 …………………………………………………………… 149
　第三节　建设工程监理合同管理 ………………………………………………… 151
　　一、监理合同的基本概念 ……………………………………………………… 151
　　二、建设工程委托监理合同示范文本 ………………………………………… 152

三、监理合同的订立 …………………………………………………………… 152
　　四、监理合同的履行 …………………………………………………………… 153
　第四节　建设工程物资采购合同管理 ………………………………………………… 156
　　一、建设工程物资采购合同概述 ……………………………………………… 156
　　二、材料采购合同的订立及履行 ……………………………………………… 157
　　三、设备采购合同的订立及履行 ……………………………………………… 160
　复习思考题 ………………………………………………………………………………… 163

第七章　建设工程合同管理（二） ……………………………………………………… 164
　第一节　建设工程施工合同概述 ……………………………………………………… 164
　　一、施工合同的概念和特征 …………………………………………………… 164
　　二、施工合同的类别 …………………………………………………………… 165
　　三、建设工程施工合同示范文本 ……………………………………………… 167
　第二节　施工合同的订立及履行 ……………………………………………………… 167
　　一、施工合同的订立 …………………………………………………………… 167
　　二、施工合同的履行 …………………………………………………………… 168
　第三节　施工合同管理的主要内容 …………………………………………………… 169
　　一、双方的一般义务 …………………………………………………………… 169
　　二、工程进度管理 ……………………………………………………………… 171
　　三、质量与检验 ………………………………………………………………… 172
　　四、安全施工 …………………………………………………………………… 173
　　五、价款与支付 ………………………………………………………………… 174
　　六、材料设备供应 ……………………………………………………………… 175
　　七、工程变更 …………………………………………………………………… 176
　　八、竣工验收与结算 …………………………………………………………… 177
　　九、违约、索赔和争议 ………………………………………………………… 180
　　十、其他 ………………………………………………………………………… 182
　第四节　建设工程施工索赔 …………………………………………………………… 184
　　一、索赔的概念 ………………………………………………………………… 184
　　二、施工索赔分类 ……………………………………………………………… 185
　　三、引起索赔的原因 …………………………………………………………… 185
　　四、索赔的程序 ………………………………………………………………… 186
　第五节　"FIDIC"《施工合同条件》介绍 …………………………………………… 189
　　一、FIDIC 简介 ………………………………………………………………… 189
　　二、FIDIC 合同条件 …………………………………………………………… 189
　　三、《施工合同条件》的主要内容 …………………………………………… 190
　复习思考题 ………………………………………………………………………………… 196

附录Ⅰ ·· 197
　一、招标公告（未进行资格预审）·· 197
　二、资格预审公告·· 198
　三、投标人须知·· 199
　四、投标函及投标函附录·· 210
　五、投标保证金·· 211
　六、合同协议书·· 212
　七、履约担保·· 212
附录Ⅱ　建设工程施工合同（示范文本）·· 214
参 考 文 献 ··· 240

第一章 建设工程招投标及工程承包概述

第一节 建设工程招投标的基本概念

一、招标投标的定义

招标投标是在市场经济条件下，广泛应用于大宗商品采购和工程建设承包等经济活动的一种交易方式或交易制度，所以也称为招标投标制，简称"招投标制"。

招标就是作为"招标人"的商品购买方或工程项目的业主（或代理发包人），向作为"投标人"的商品销售方或工程项目的建造者（设计、施工、监理等单位）发出信息或邀请，提出拟购商品或拟建工程的条件或要求，让多家销售方或建造者前来报价（投标），从中选出条件最优者作为供货人或承包人，并与之签订合同，达成交易。

投标是与招标相对应的活动，即上述"投标人"为响应招标而进行的报价及相关活动的行为。

以上所述招投标的定义主要包括商品采购和工程建设承包两方面的内容，它涵盖了工程建设过程中的物资和设备采购及工程设计、施工、监理等活动的内容，因此，以上定义即可理解为建设工程招投标的定义。

在建设工程招投标活动中，招标人也称为"发包人"，一般由工程项目的业主或业主委托的代理人充当。中标的投标人即成为承包人。招标人和投标人所应具备的基本条件和资质要求将在后续各相关章节予以介绍。

二、招投标制的特性

招投标制最显著的特性是"三公"原则和竞争性原则。所谓"三公"原则即"公开性"、"公正性"和"公平性"原则。

（一）公开性

招标投标活动必须在公开的形式下进行，公开招标要在公共媒体（如报刊、电视、互联网等）上发布公告。邀请招标也是在多家受邀请的投标人中公开进行挑选，即做到条件公开、过程公开、工作透明。同时招标活动必须接受建设行政主管部门及所设立的招

1

标管理机构的监督和管理。

（二）公平性

招投标制的公平性体现在招标人与投标人之间在法律规定下的平等性。招标投标行为是独立法人之间的经济活动，按照平等、自愿、互利的原则和规范的程序进行，双方享有法律规定的权利与义务，同时受到法律的保护和监督。

（三）公正性

招标投标是一种由法律规定和调整的经济活动，招投标双方的行为同时受到法律的制约和保护，由法律保护整个过程和结果的公正性。

（四）竞争性

竞争机制是招投标制的基础，这一机制也符合市场经济的基本原则。这种竞争方式在商品采购和工程建设活动中为实现物美价廉或质优价廉的目的发挥了不可替代的作用，也正是由于这种机制的特殊作用，使招投标制在全世界范围内得以普遍采用，并得以不断完善而取得良好的效果。

三、招投标制的产生和发展

（一）招投标制在欧美的产生和发展

招投标制是在欧洲资本主义经济发展过程中产生的。据文献记载，18世纪末，英国政府为了防止采购过程中接受回扣等贪腐行为，首先在政府采购中采用招标的方法。随着工业化的不断推进，生产和建设规模不断扩大，招投标方法很快在各类物资采购和工程建设中得以推广，并迅速传播到欧洲和世界其他国家。1830年，英国政府颁布法令，在全国推行招标投标制。1861年，美国联邦政府颁布了一项法案，规定超过一定规模的政府采购项目必须采取公开招标的方式，以后又相继颁布了公开招标和授予合同的程序。

（二）招投标制在我国的发展

19世纪末期，由于西方资本主义和殖民势力对我国的入侵和渗透，招投标制也开始逐步传入我国，清朝的一些洋务派官员，在创办工业制造业和修建交通运输设施的活动中，也经常尝试采用招标投标的方式进行采购和施工承包，以节约成本，但在当时腐朽的封建统治和落后的经济条件下，不可能展开大规模的经济建设。在随后的战乱年代，国家经济衰败不堪，更不可能展开正常的经济建设活动，招标投标活动一直未能形成完善的制度而推行应用。

中华人民共和国成立之后的近30年时间内，我国实行的是中央集中的计划经济体制，经济活动中基本不采用招标投标的方法。直到20世纪80年代初，我国开始实行改革开放，确立了以经济建设为中心的基本方针，开始了大规模的经济建设。随之开始引进一些国外先进适用的经济管理方法，招标投标便开始在物资采购和工程建设中被逐步采用。从1980年开始，国家建设行政管理部门开始在全国推行工程建设项目的投资包干制，改变了在此以前工程建设中普遍存在的施工任务靠分配、投资无控制、工期无限制的严重不合理现象。

1984年，原国家计委和城乡建设环境保护部联合制定了《工程建设招标投标暂行规定》，逐步在全国推行工程建设领域的招标投标制。

1992年，原国家建设部发布了《工程建设施工招标投标管理办法》，进一步规范和完善了建设工程施工招标投标制度。

1997年，原国家计委又发布了《国家基本建设大中型项目实行招标投标的暂行规定》。

1999年8月，第九届全国人大常委会第十一次会议通过了《中华人民共和国招标投标法》（以下简称《招投标法》），于2000年1月1日起实行。至此，我国招标投标制正式由立法形式规定而形成了完善的制度。

自《招投标法》实行以来，全国在工程建设活动中更规范的运用招投标方法，对提高工程建设效率、节约建设成本、保证工程质量均发挥了良好的作用，产生了巨大的经济效益。

当然，在一些工程的招标投标工作过程中，也存在一些不良现象及违规违法行为，如弄虚作假，行贿受贿等。虽然这些弊端并不是招投标制度本身的问题，但也提醒有关部门应不断的加强和改进管理，坚决遏止招投标活动中的不良现象和违法犯罪行为，保障建筑市场规范、良性发展。

第二节 建设工程承包的概念和承包方式

一、建设工程承包的概念

工程承包是一种商业行为，是商品经济发展到一定阶段的产物。其含义是：在建筑产品市场上，作为供应者的建筑企业（即承包方，供应的是设计图纸、文件或建筑施工力量）对作为需求者的建设单位（通称业主，即发包人）作出承诺，负责按对方的要求完成某一工程的全部或其中一部分工作，并按商定的价格取得相应的报酬。在交易过程中，承发包双方之间存在着经济上、法律上的权利、义务与责任的各项关系，依法通过合同予以明确。双方都必须认真按合同规定办事。

二、建设工程承包的方式

工程承包方式是指工程承发包双方之间经济关系的形式。受承包内容和具体环境的影响，承包方式多种多样。建设工程承包方式可按承包范围、承包者所处的地位、获得承包任务的途径、计价方式分类（见图1-1）。

（一）按承包范围划分承包方式

按工程承包范围即承包内容划分的承包方式，有建设全过程承包、阶段承包、专项承包和建筑—经营—转让承包四种。

1. 建设全过程承包

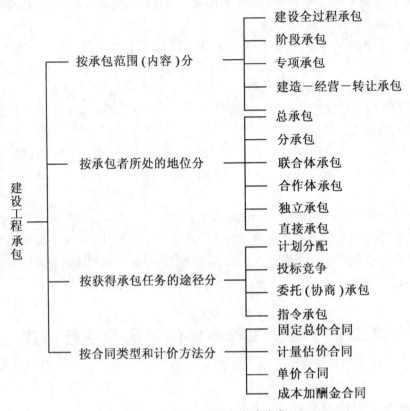

图1-1　建设工程承包方式分类

建设全过程承包方式在建筑法中称为总承包，按其范围大小又可分为统包（也叫"一揽子承包"）和施工阶段全过程承包。全过程承包我们通常称之为"交钥匙"。为适应这种要求，国外某些大承包商往往和勘察设计单位组成一体化的承包公司，或者更进一步扩大到若干专业承包商的器材生产供应厂商，形成横向的经济联合体。这是近几十年来建筑业一种新的发展趋势。改革开放以来，我国各地设立的建设工程承包公司即属于这种承包单位。

（1）统包。建设单位一般只提出使用要求和竣工期限，承包方对项目建议书、可行性研究、勘察、设计、设备询价与选购、材料订货、工程施工、生产职工培训直至竣工投产实行全面的总承包，并负责对各项分包任务进行综合管理和监督。为了建设的衔接，必要时也可以吸收建设单位的部分力量，在承包公司的统一组织下，参加工程建设的有关工作。这种承包方式要求承发包双方密切配合，涉及决策性质的重大问题仍应由建设单位或其上级主管部门做最后的决定。这种承包方式主要适用于各种大中型建设项目。它的好处是可以积累建设经验和充分利用已有的经验，节约投资，缩短建设周期并保证建设的质量，提高经济效益。统包是全过程承包中范围最宽泛的一种，建设单位接收竣工的工程后，即可直接进入生产阶段。因此，它对承包单位要求较高，要求承包单位必须具有雄厚的技术、经济实力和丰富的组织管理经验。

（2）施工阶段全过程承包。也称为"设计—施工连贯模式"。承包方在明确项目使用功能和竣工期限的前提下，完成工程项目的勘察、设计、施工、安装等环节。这种方式使设计与施工、安装密切配合，有利于施工项目管理，但因签订合同时尚无施工图纸及有关资料，施工造价估算缺乏一定依据。若采用实际成本加固定比率计算造价，不容易控制成本及工期；若采用已完工程类比包干，对承包有一定风险。

2. 阶段承包

阶段承包是承包建设过程中某一阶段或某些阶段的工作内容。可分为：建设工程项目前期阶段承包、勘察设计阶段承包、施工安装阶段承包等。

（1）建设工程项目前期阶段承包，也称项目开发阶段承包。主要是为建设单位提供前期决策的意见和科学、合理的投资开发建设方案，如可行性研究报告或设计任务书。

（2）勘察设计阶段承包。在可行性研究报告批准后，根据设计任务书提供勘察和设计两种不同性质的相关文件资料。其中，勘察单位最终提出施工现场的地理位置、地形、地貌、地质及水文地质等工程地质勘察报告和测量资料；设计单位最终提供设计图纸和成本预算结果。

（3）施工安装阶段承包。主要是为建设单位提供符合设计文件规定的建筑产品并进行施工安装。在施工安装阶段承包中，还可依承包内容的不同细化为以下三种方式：

1）包工包料，即承包人提供工程施工所需的全部工人和材料。这是国际上普遍采用的施工承包方式。

2）包工部分包料，即承包人只负责提供施工所需的全部人工和一部分材料，其余部分则由建设单位或总包单位负责供应。我国改革开放前曾实行多年的施工单位承包全部用工和地方材料、建设单位供应统配和部管材料以及某些特殊材料的方式，就属于这种承包方式。改革开放后已逐步过渡到包工包料方式。

3）包工不包料，即承包人仅提供劳务而不承担供应任何材料的义务。在国内外的建筑工程中都存在这种承包方式。

3. 专项承包

某建设阶段中的某一专门项目的专业性较强，因而多由有关的专业承包单位承包，称为专业承包。例如可行性研究中的辅助研究项目；勘察设计阶段的工程地质勘察，基础或结构工程设计，工艺设计，供电系统、空调系统及防灾系统的设计；建设准备过程中的设备选购和生产技术人员培训；施工阶段的深基础施工，金属结构制作和安装，通风设备安装和电梯安装等。

4. 建造—经营—转让承包

国际上通称 BOT 方式，即建造—经营—转让英文（Build-Operate-Transfer）的缩写。这是 20 世纪 80 年代中后期新兴的一种带资承包方式。一般由一个或几个大承包商或开发商牵头，联合金融界组成财团，就某个工程项目向政府提出建议和申请，取得建设和经营该项目的许可。这些项目一般都是大型公共工程和基础设施，如隧道、港口、高速公路、电厂等。政府若同意建议和申请，则将建设和经营该项目的特许权授予财团。财团负责资金筹集、工程设计和施工的全部工作；竣工后，在特许期内经营该项目，通过向用户收取费用回收投资、偿还贷款并获取利润；特许期满将该项目无偿地移交给政府经营管理。对项目所在国来说，采取这种方式可解决政府建设资金短缺的问题而不形成债务，又可解决本国欠缺建设、经营管理能力等困难，而且不用承担建设、经营中的风险。所以，这种方式在许多发展中国家受到欢迎和推广。对承包商来说，这种方式使他跳出了设计、施工的小圈子，实现工程项目前期和后期全过程总承包，竣工后参与经营管理，利润来源也就不限于施工阶段，而是向前后延伸到可行性研究、规划设计、器材供应及项目建成后的经营管理，从被动招标的经营方式转向主动为政府、业主和财团提供超前服务，从而扩大了经营范围。当然，这不免会增加风险，所以要求承包商有高超的融资能力和技术经济管理水平，包括风险防范能力。BOT项目适用于发展中国家的大型能源、交通、基础设施建设。由于其投资回收慢，政府又缺少必要的资金，采用这种方式使政府及投资者都能获得利益。

（二）按承包者所处的地位划分承包方式

在工程承包中，一个建设项目上往往有不止一个承包单位。不同承包单位之间、承包单位和建设单位之间的关系不同、地位不同，就形成不同的承包方式。

1. 总承包

一个建设项目建设全过程或其中某个阶段的全部工作，由一个承包单位负责组织实施。这个承包单位可以将若干专业性工作交给不同的专业承包单位去完成，并统一协调和监督它们的工作。在一般情况下，建设单位（业主）仅与这个承包单位发生直接关系，而不与各专业承包单位发生直接关系。该承包单位叫做总承包单位，或简称总包，通常为咨询公司、勘察设计机构、一般土建公司或设计施工一体化的大建筑公司等。我国新兴的工程承包公司也是总包的一种组织形式。在法律规定许可的范围内，总包可将工程按专业分别发包给一家或多家经营资质、信誉等经业主（发包方）或其监理工程师认可的分包商。

它是目前建筑企业采用最多的一种工程承包模式，其主要特点如下：

（1）对发包方（业主）而言，其合同结构简单，业主只与总承包单位签订合同；其组织管理和协调的工作量较少。

（2）对总承包单位来说，其施工责任大、风险大。但其施工组织与管理存在较大的自主性，有充分发挥自身技术、管理综合实力的机会，施工效益的潜力也较大。

（3）有利于实现以总承包为核心、从工程特点出发的施工作业队伍的优选和组合，有利于施工部署的动态推进。

（4）相对于其他承发包模式，总承包模式有利于业主控制工程造价，即只要在招标和签约过程中能够将发包条件、工程造价及其计价依据和支付方式描述清楚，合同谈判中经过充分协商，双方认定发包的条件、责任和权利、义务，且在施工过程中不涉及合同以外的工程变更和调整，承包总价一般不会发生大的变化。这种情况下，施工过程存在的风险，由总承包方预测分析，并采取一切可能的抗风险措施和手段，力求在造价不变的情况下，通过降低工程成本提高施工经营的经济效益。

2. 分承包

分承包简称分包，是相对总承包而言的，即承包者不与建设单位发生直接关系，而是从总承包单位分包某一分项工程（例如土方、模板、钢筋等）或某种专业工程（例如钢结构制作和安装、卫生设备安装、电梯安装等），在现场由总包统筹安排其活动，并对总包负责。分包单位通常为专业工程公司，例如工业锅炉公司、设备安装公司、装饰工程公司等。国际上现行的分包方式主要有两种：一种是由建设单位指定分包单位，与总承包单位签订分包合同；一种是总承包单位自行选择分包单位签订分包合同。

3. 联合体承包

联合体承包是相对于独立承包而言的承包方式，即由两个以上承包单位联合起来承包一项工程任务，由参加联合的各单位推荐代表统一与建设单位签订合同、共同对建设单位负责、协调它们之间的关系。参加联合的各单位仍是独立经营的企业，只是在共同承包的工程项目上，根据预先达成的协议承担各自的义务和分享共同的收益，包括资金的投入、人工和管理人员的派遣、机械设备和临时设备的费用分摊、利润的分享以及风险的分担等。工程任务完成后联合体进行内部清算而解体。由于多家联合，资金雄厚，技术和管理上可以取长补短，发挥各自的优势，有能力承包大规模的工程任务。同时由于多家共同作价，在报价及投标策略上互相交流经验，也有助于提高竞争力，较易中标。在国际工程承包中，外国承包企业与工程所在国承包企业联合经营，有利于了解和适应当地国情民俗、法规条例，便于工作的开展。

此种方式用联合体的名义与工程发包方签订承包合同，值得注意的是，建筑法第27条规定："大型建筑工程或者结构复杂的建筑工程，可以由两个以上的承包单位联合共同承包。共同承包的各方对承包合同的履行承担连带责任。""两个以上不同资质等级的单位实行联合共同承包的，应当按照资质等级低的单位的业务许可范围承揽工程。"此规定旨在防止那些资质等级低的施工企业搭车超范围承揽工程项目而使工程质量难以保证。

联合体承包方式在国际上得到广泛应用，我国一些大型、复杂的建设工程项目中也有采用。这种承包模式有以下几个特点：

（1）联合体承包模式可以集中各成员单位在资金、技术、管理等方面的优势，克服单一建筑企业力所不能及的困难，凭实力取得承包资格和取得业主的信任，也增强了抗风险的能力。

（2）联合体有按照各参与方与联合体的合同及组建章程产生的自己的组织机构和代表，可以实行工程的统一经营，并按各方的投入比重确定其经济利益和风险承担的比例，以明确各自的责任、权利和义务。因其组成了联合体，是利益共享、责任共担的工程承包共同体，各方都能关心和重视承建工程经营的成败得失。

（3）如上所述，联合体是利益共享、责任共担的工程承包共同体，所以在项目施工进展中如果有一个成员破产，其他成员企业共同补充相应的人力、物力、财力，不使工程项目进展受到影响，业主不会因此而受到损失。

（4）工程联合体并不是一个注册实体，只是一个临时的承包机构。我国目前对此尚无立法，现在联合体承包时采用各方代表均在承包合同上签字的方式。

4. 合作体承包

合作体承包是一种为承建工程而采取的合作施工的承包模式。它主要适用于项目所涉及的单项工程类型多、数量大、专业性强，一家施工企业无力承担施工总承包，而发包方又希望有一个统一的施工协调组织的情形。由各具特色的几家施工单位自愿结合成合作伙伴，成立施工合作体。

合作体承包的程序和做法是由以施工合作体的名义与业主签订《施工承包意向合同》，主要对施工发包方式、发包合同基本条件、施工的总部署、实施协调的原则和方式等作出承诺。

这种意向合同也称基本合同，达成协议后，各承包单位分别与发包方签订施工承包合同，并在施工合作体的统一计划、指挥和协调下展开施工，各尽其责、各得其利。

合作体承包方式有下列特点：

（1）参加合作体的各方都不具备与发包方工程相适应的总承包能力。组成合作体时出于自主性的要求和相互信任度不够而不采取联合体的捆绑式经营方式。

（2）合作体的各成员单位都有与所承包施工任务相适应的施工力量，包括人员、机械、资金、技术和管理等生产要素。

（3）各成员单位在施工合作体组成机构的施工总体规划和部署下，实施自主作业管理和经营，自负盈亏，自担风险。

（4）各成员单位与发包方直接签订工程施工承包合同，在项目施工过程中一旦有一家企业破产倒闭，其他成员单位及合作体机构不承担连带经济责任。这一风险由业主承担。

（5）法律只承认业主与各施工企业签订的工程承包合同，而意向合同（基本合同）的法律效力待政府制定相应法律后方可认定。

5. 独立承包

独立承包是指承包单位依靠自身的力量完成承包的任务而不实行分包的承包方式。它通常仅适用于规模较小、技术要求比较简单的工程以及修缮工程。

6. 直接承包

直接承包就是在同一工程项目上，不同承包单位分别与建设单位签订承包合同，各自直接对建设单位负责。各承包单位之间不存在总分包关系，现场上的协调工作可由建设单位自己去做，或委托一个承包单位牵头去做，也可聘请专门的项目经理来管理。直接承包也叫平行式承包。项目业主把施工任务按照工程的构成特点划分成若干个可独立发包的单元、部位和专业，线性工程（道路、管线、线路）划分成若干个独立标段等，分别进行招标承包。各施工单位分别与发包方签订承包合同，独立组织施工，施工承包企业相互之间为平行关系。

其主要特点为：

（1）工程项目施工可以在总体统筹规划的前提下，根据发包任务的分解情况分别考虑，只要该分解部分具备发包条件，就可以独立发包，以增强施工项目实施阶段设计和施工的搭接程度，缩短项目的建设周期。

（2）由于直接承包的每项合同都是相对独立的，业主组织管理和协调的工作量增加了。

（3）工程采取分解切块后发包，各独立施工任务并不是同步进行，对业主的投资控制的影响有两个方面。有利的一面是先实施的工程承包合同及时总结经验，指导后实施的承包合同投资控制，从而可以实现计划总造价的累计节超调节；不利的一面是整个招标过程延续时间较长，整个项目的总发包价要到最后一份合同签订时才能知道，一定程度上投资总目标的控制将处于被动。

（4）相对于总承包而言，直接承包每项发包的工程量小。一方面这种模式适用于不具备总承包能力的一般中小型企业；另一方面综合管理水平高的企业感到这种方式不利于发挥其技术和管理的综合优势，积极性不高。但对技术复杂、施工难度大的部分，水平高的企业的积极性会高些。

（5）鉴于建筑法中规定"……禁止将建筑工程肢解发包"，所以对于将本来可以由一个施工企业完成的项目肢解为若干部分、划小发包段以达到规避招标承包中相关规定的违规行为，应当禁止。

（三）按获得承包任务的途径划分承包方式

1. 计划分配

在计划经济体制下，由中央和地方政府的计划部门分配建设工程任务，由设计、施工单位与建设单位签订承包合同。在我国，这曾是多年来采用的主要方式，改革开放后已为数不多。

2. 投标竞争

通过投标竞争，优胜者获得工程任务，与业主签订承包合同。这是国际上通用的获得承包任务的主要方式。我国建筑业和基本建设管理体制改革的主要内容之一，就是承包方式从以计划分配工程任务为主逐步过渡到以在政府宏观调控下实行投标竞争为主。

3. 委托承包

也称协商承包，即不需经过投标竞争，业主直接与承包商协商，签订委托其承包某项工程任务的合同。

4. 指令承包

指令承包就是由政府主管部门依法指定工程承包单位。这是一种具有强制性的行政措施，仅适用于某些特殊情况。我国《建设工程招标投标暂行规定》中有"少数特殊工程或偏僻地区的工程，投标企业不愿投标者，可由项目主管部门或当地政府指定投标单位"的条文，实际上带有指令承包的性质。

（四）按合同类型和计价方法划分承包方式

根据工程项目的条件和承包内容，合同和计价方法往往有不同类型。在实践中，合同类型和计价方法成为划分承包方式的主要依据，据此，承包方式分为：固定总价合同、计量估价合同、单价合同、成本加酬金合同等（具体内容见第七章"施工合同的类别"一节）。

第三节　建设工程承包的内容

工程项目的整个建设过程可以分为可行性研究、勘察设计、材料及设备采购、工程施工、生产准备和竣工验收等阶段。就总体而言，工程承包的内容就是整个建设过程各个阶段的全部工作。对一个承包单位来说，承包内容可以是建设过程的全部工作，也可以是某一阶段的全部或一部分工作。

一、可行性研究

可行性研究是在建设前期对工程项目的一种考察和鉴定，即对拟议中的项目进行全面的、综合的技术、经济调查研究，论证其是否可行，为投资决策提供依据。

可行性研究一般要回答下列问题：(1) 拟议中的项目在技术上是否可行；(2) 经济效益是否显著；(3) 财务上是否有利可图；(4) 需要多少人力、物力资源；(5) 需要多长时间建成；(6) 需要多少投资；(7) 能否筹集和如何筹集资金。

这些问题可归纳为三个方面：一是工艺技术；二是市场需求；三是财务经济。三者的关系是：市场是前提；技术是手段；核心是财务经济，即投资效益。可行性研究的全部工作都是围绕这个核心问题而进行的。

国外的可行性研究，依研究的任务和深度通常分为三个阶段。

1. 机会研究

机会研究的任务是鉴别投资机会，即寻求作为投资主要对象的优先发展的部门，并形成项目设想。为此，机会研究应分析下列问题：

(1) 在加工或制造方面有潜力的自然资源情况。

(2) 作为农机工业基础的现有农业格局。

(3) 由于人口增长或购买力增长而对某些消费品需求增长的潜力。

(4) 其他国家获得成功的在资源和经济背景方面具有同等水平的同类产业部门。

(5) 与本国或国际的其他产业部门之间可能的相互联系。

(6) 现有生产范围通过向前或向后延伸可能达到的扩展程度（例如炼油厂延伸到石油化工，轧钢厂延伸到炼钢）。

(7) 多种经营的可能性。

(8) 现有生产能力的扩大及可能实现的经济性。

(9) 一般投资趋向。

(10) 产业政策。

(11) 生产要素的成本和可获得性。

(12) 进口及可取代进口商品的情况。

(13) 出口的可能性。

机会研究又可分为一般机会研究与具体项目机会研究。

一般机会研究包括地区研究、部门研究和以资源为基础的研究。其目的是鉴别某一地区、某一产业部门或利用某种资源的投资机会，为形成投资项目的设想提供依据。

具体项目机会研究的任务是将在一般机会研究基础上形成的项目设想发展成为概略的投资建议，以引起投资者的兴趣和积极响应。为此，必须对鉴别的产品有所选择，并收编与这些产品有关的基本数据以及有关基本政策和法规资料，以便投资者考虑。

机会研究要求时间短，费用不多，其内容比较粗略，主要是借助于类似项目的有关资料进行估价，一般不需进行详尽的计算分析。

2. 可行性初步研究

可行性初步研究的任务是对具体项目机会研究所形成的投资建议进行鉴别，即对下列问题作出判断：

（1）投资机会是否有前途，可否在可行性初步研究阶段详细阐明的资料基础上作出投资决策。

（2）项目概念是否正确，有无必要进行详细的可行性研究。

（3）有哪些关键性问题，是否需要通过市场调查、实验室试验、实验工厂试验等辅助研究进行更深入的调查。

（4）项目设想是否有生命力，投资建议是否可行。

3. 可行性研究

也叫详细可行性研究，其任务是对可行性初步研究肯定的建设项目进行全面而深入的技术、经济论证，为投资决策提供重要依据。为此深入研究有关市场、生产纲领、厂址、工艺技术、设备选型、土建工程以及经营管理机构等各种可能的选择方案，在分析比较的基础上选优，以便确定最佳的投资规模和投资时期以及应采取的具体措施。在整个研究过程中始终要把最有效地利用资源、取得最佳经济效益放在中心位置，并得出客观的、没有任何先入为主的成分的结论。

4. 辅助研究

辅助研究或称功能研究，不是可行性研究的一个独立阶段，而是可行性初步研究或可行性研究的前提或辅助工作，主要是在需要大规模投资的项目中进行。辅助研究不涉及项目的所有方面，而只涉及某一个或某几个方面，主要有：

（1）市场研究，包括市场需求预测及预期的市场渗透情况。

（2）原材料和燃料的研究，包括可获得性和价格预测。

（3）为确定某种原料的适用性而进行的实验室和实验工厂的试验。

（4）厂址选择的调查研究。

（5）适用不同技术方案的规模经济分析。

（6）设备选择的调查研究。

按我国现行规定，建设项目可行性研究的主要内容是：

一、总论

1. 项目提出的背景，投资的必要性和经济意义。

2. 研究工作的依据和范围。

二、市场需求情况和拟建规模

1. 国内外市场近期需求情况。

2. 国内现有工厂生产能力的估计。

3. 销售预测、价格分析、产品竞争能力、进入国际市场的前景。

4. 拟建项目的规模、产品方案和发展方向的技术、经济比较和分析。

三、资源、原材料、燃料及公用设施情况

1. 经过储量委员会正式批准的资源储量、品位、成分以及开采、利用条件的评述。

2. 原料、辅助材料、燃料的种类、数量、来源和供应可能。

3. 所需公用设施的数量、供应方式和供应条件。

四、厂址方案和建厂条件

1. 建厂的地理位置、气象、水文、地质、地形条件和社会经济现状。
2. 交通、运输及水、电、气的现状和发展趋势。
3. 厂址方案比较与选择意见。

五、设计方案

1. 项目的构成范围（指包含的主要单项工程）、技术来源和生产方法、主要技术工艺、设备选型方案的比较。
2. 全厂土建工程量估算和布置方案的初步选择。
3. 公用辅助设施和厂内外交通运输方式的比较和初步选择。

六、环境保护

环境现状、三废治理和回收的初步选择。

七、生产组织、劳动定员和人员培训（估计数）

八、投资估算和资金筹措

1. 主体工程占用的资金和使用计划。
2. 与主体工程有关的外部协作配合工程的投资和使用计划。
3. 生产流动资金的估算。
4. 建设资金总计。
5. 资金来源，筹措方式。

九、产品成本估算

十、经济效果评价

各部门可以根据行业特点对可行性研究的内容进行适当的增减。

可行性研究通常由咨询或设计机构承担，也可由工程承包公司承担。不论研究的结论是否可行，也不论委托人是否采纳，都应按事先的协议支付报酬。

可行性研究是投资决策和筹措资金的依据，投资决策机构和资金供应机构要对它进行评估。我国大中型项目的可行性研究由国家有关主管部门委托权威的工程咨询公司评估。发展中国家向国际金融机构筹措资金的项目由贷款机构（例如世界银行）或其委托的咨询机构对可行性研究进行评估。

在我国，经过评估和主管部门批准的可行性研究报告取代过去沿用的设计任务书，成为确定建设项目和建设方案的基本文件与编制设计文件的主要依据，是制约着建设全过程的指导性文件。

二、勘察、设计

（一）勘察

勘察工作的主要内容包括工程测量、水文地质勘察和工程地质勘察。勘察的任务是查明工程项目建设地点的地形地貌、地层土壤岩性、地质构造、水文条件等自然地质条件资料以便鉴定和综合评价，为建设项目的选址（线）、工程设计和施工提供科学可靠的依据。

1. 工程测量

工程测量包括平面控制测量、高程控制测量、地形测量、摄影测量、线路测量和绘图复制等工作，其任务是为建设项目的选址（选线）、设计和施工提供有关地形地貌的科学依据。

2. 水文地质勘察

水文地质勘察一般包括水文地质测绘、地球物理勘探、钻探、抽水试验、地下水动态观测、水文地质参数计算、地下水资源评价和地下水资源保护方案等方面的工作。其任务在于为建设项目的设计提供有关地下水源供水的详细资料。

水文地质勘察通常分为初步勘察和详细勘察两个阶段。初步勘察阶段，应在几个可能富水的地段，查明水文地质条件，初步评价地下水资源，进行水源地方案比较。详细勘察阶段，应在拟建水源范围详细查明水文地质条件，进一步评价地下水资源，提出合理开发方案。如果水文地质条件简单、勘察工作量不大，或只有一个水源地方案时，两阶段勘察工作可以合并进行。勘察工作的深度和成果应能满足各个阶段的设计要求。

3. 工程地质勘察

工程地质勘察的任务在于为建设项目的选址（线）、设计和施工提供工程地质方面的详细资料。勘察阶段一般分为选址（线）勘察、初步勘察、详细勘察以及施工勘察。选址勘察阶段，应对拟选场址的稳定性和适宜性作出工程地质评价，看其是否符合确定场址方案的要求。初步勘察阶段，应对场地内建设地段的稳定性作出评价，并为确定建筑总平面布置、各主要建筑物地基基础工程方案、不良地质现象的防治工程方案提供地质资料，以满足初步设计的要求。详细勘察阶段，应对建筑地基作出工程地质评价，并为地基基础设计、地基处理与加固和不良地质条件的防治工程提供工程地质资料，以满足施工图设计的要求。施工勘察应满足深基础、地基处理和加固的设计与施工的特殊要求。例如，大面积、大幅度人工降低地下水位时，提供地层渗透系数，判明降水漏斗区域内土层坍塌或建筑物产生附加沉降的可能性；当采用沉井、沉箱基础工程方案时，应提供其与地基土壤的摩擦系数，并判断其正常下沉的可能性；采用重锤夯实进行地基处理时，应查明地下水位及其变动情况，并在此前测定土的含水量、干容量及最优含水量等。

工程地质勘察工作结束后，应及时按规定编写勘察报告，绘制各种图表。勘察报告的内容一般应包括：任务要求和勘察工作概况，场址的地理位置，地形地貌，地质结构，不良地质现象，地层成长条件，岩石和土的物理力学性质，场地的稳定性和适宜性，岩石和土的均匀性及允许承载力，地下水的影响，土的最大冻结深度，地震基本烈度，工程建设可能引起的工程地质问题，供水水源地的水质水量评价，供水方案，水源的污染及发展趋势，不良的地质现象、特殊地质现象的处理和防治等方面的结论意见、建议和措施等。

（二）设计

设计是基本建设的重要环节。在建设项目已完成可行性研究和选址已定的情况下，设计对于建设项目技术上是否先进和经济上是否合理起着决定性的作用。设计文件是安排建设计划和组织施工的主要依据。

按我国现行规定，一般建设项目（包括民用建筑）按初步设计和施工图设计两个阶段进行设计。对于技术复杂而又缺乏经验的项目，主管部门指定需增加技术设计阶段。对一些大型联合企业、矿区和水利水电枢纽，为解决总体部署和开发问题，还需要进行总体规划设计或总体设计。此外，市镇的新建、扩建和改建规划以及住宅区或商业区的规划，就其性质而言也属于设计范围。

1. 总体规划设计

总体规划设计须能满足初步设计的开展、主要大型设备和材料的预先安排以及土地征用准备工作的要求。其内容应包括下列文字说明和必要的图纸：1）建设规模；2）产品方案；3）原料来源；4）工艺流程概况；5）主要设备配置；6）主要建筑物和构筑物；7）公用及辅助工程；8）"三废"治理和环境保护方案；9）占地面积估计；10）总图布置及运输方案；11）生产组织概况和劳动定员估计；12）生活区规划设想；13）施工基地的部署和地方材料的来源；14）建设总进度及进度配合要求；15）投资估算。

2. 初步设计

如有总体规划设计，初步设计应在其原则指导下进行，并满足以下各方面的要求：1）设计方案选优；2）主要设备、材料订货及生产安排；3）土地征用；4）基建投资的控制；5）施工图设计的进行；6）施工组织设计的编制；7）施工准备和生产准备。为此，其主要内容一般应包括下列说明和图纸：1）设计的依据；2）设计的指导思想；3）建设规模；4）产品方案；5）原料、燃料、动力的用量和来源；6）工艺流程；7）主要设备选型及配置；8）总图和运输方案；9）主要建筑物和构筑物；10）公用和辅助设施；11）主要材料用量；12）外部协作条件；13）占地面积和场地利用情况；14）"三废"治理和环境保护措施及评价；15）生活区建设；16）抗震和人防设施；17）生产组织和劳动定员；18）主要技术经济指标及分析；19）建设顺序和期限；20）总概算等。

3. 技术设计

技术设计是为了解决在初步设计阶段无法解决的某些重大或特殊项目的某些技术问题而进行的。这些问题主要有：1）特殊工艺流程方面的试验、研究和确定；2）新型设备的试验、试制及确定；3）大型建筑物和构筑物的某些关键部位的试验研究和确定；4）某些技术复杂、需慎重对待的问题的研究和方案的确定等。

4. 施工图设计

施工图设计的内容主要是依据批准的初步设计和技术设计（如有），绘制出正确、完整和尽可能详尽的建筑、安装施工图纸，使各有关方面能据以安排设备和材料的订货、制作各种非标准设备、编制施工图预算以及安排施工。

5. 设计概（预）算

设计概（预）算的编制也属于设计工作的内容。作为设计文件组成部分的概预算是考核设计方案的经济性、编制基本建设计划、核定投资包干额以及制订招标标底的重要依据。按我国现行规定，一般建设项目都须在初步设计阶段编制设计概算，在施工图设计阶段编制施工图预算。此外，如作总体规划设计，应编制相应的全部费用估算；如作技术设计，还须编制修正设计概算。

三、材料和设备采购

建设项目所需的材料和设备的采购供应是建设实施阶段的一项重要工作，在准备阶段就应创造条件、着手进行。在我国实行计划经济体制时，这项工作历来由建设单位自行负责完成。在社会主义市场经济体制下，这项工作已开始改为承包制，减少了建设单位的工作量，避免机构重叠和人力浪费，有助于提高工作效率和投资效益。

1. 材料的采购供应

国家重点建设项目由中国基建物资承包联合公司承包，供应给工程总承包单位；各省、自治区、直辖市的重点建设项目由地方基建物资配套承包公司承包供应；其他建设项目所需主要材料，由工程承包单位招标，选择物资供应单位承包供应。上述材料属于计划分配的，由物资承包公司按计划组织订货供应；不属于计划分配的，可委托物资承包公司从国内外市场采购，工程承包单位也可自行采购。至于使用国际金融机构贷款的建设项目，则须按有关规定公开招标，选择国内外适当的厂商承包器材供应。

2. 设备的采购供应

我国重点建设项目和计划内的其他基本建设与技术改造项目所需的成套设备，由机械部和地方主管部门设立的各类设备成套公司承包供应，并提供咨询服务。对于机电设备，包括大型专用设备、通用设备和非标准设备，承包单位可视不同情况，分别采取招标、分包、订货和采购方式，从有关生产、经销厂商落实货源，组织供应。对重要的机电设备，还可按有关规定分别提请生产和分配主管部门，纳入指令性生产计划和分配计划，以保证供应。

四、工程施工

工程施工是建设计划付诸实施的决定性阶段。其任务是把设计图纸变成物质产品，如厂房、住宅、铁道、桥梁、电站、矿井等，使预期的生产能力或使用功能得以实现。工程施工的内容包括施工现场的准备工作、永久性工程的土木建设施工、设备安装以及绿化工程等。

1. 施工现场准备工作

施工现场准备工作是为正式施工创造条件的，主要内容就是通常所说的"三通一平"和大型临时设施。"三通一平"由建设单位负责组织，也可委托工程承包公司或施工单位施工。大型临时设施由施工单位负责，并在预算中包干。

"三通"是指正式开工前施工场地要路通、给排水通、电通。路通不仅指公路、铁路，在有水路可通的地方也应包括航道。其实，在现代工程建设中，只有三通是不够的，至少还应增加电信通。此外，有些地区还要求通燃气、通热，这在一定条件下也是必要的。

"一平"是指场地平。包括场区内地上、地下障碍物的拆除，场地平整，地形测量、材料堆放和预制构件生产场地的设置等。

大型临时设施亦称暂设工程，包括施工单位的办公用房、职工临时宿舍、生活福利、文化及服务设施、附属和辅助生产设施（如预制构件场、混凝土搅拌站、机修车间等）、仓库、材料试验室、场内临时道路、管线、变电站、锅炉房、照明设施以及场区围篱等。

2. 建筑安装工程

建筑安装工程指建设项目中永久性房屋建筑、构筑物的土建工程、建筑设备与生产设备的安装施工。这是工程承包的主要内容，通常由土建施工单位做总包，若干专业施工单位做分包，各方协作施工。

土建工程包括土石方工程，桩基础工程，砖石工程，混凝土及钢筋混凝土工程，机械化吊装及运输工程，木结构及木装修工程，楼面工程，屋面工程，装饰工程，金属结构工程，构筑物工程，道路工程，排水工程等。

设备安装工程包括机械设备安装，电气设备安装及其线路的架设，通风、除尘、消声设备及其管道的安装，工业和民用给排水、空调、供热、供气装置与管道及附件的安装，自动化仪表和电子计算机及其外围设备的安装，通信和声像系统的安装等。

3. 绿化工程

绿化工程是指作为建设项目组成部分的园林绿化，包括住宅小区、工厂、机关庭院内的草坪和花木栽植等。此类工程可由建设单位直接委托专业机构施工，也可由总包单位委托专业机构分包施工。

第四节 工程承发包活动的管理

在市场经济体制下，为培育和发展工程建设市场，促进公平合理的竞争，维护承发包交易当事人的合法权益，维持工程建设市场的正常秩序，有必要对以承发包活动为主要内容的工程建设市场进行管理。

一、承发包单位的资质管理

发包单位和承包单位的资质管理就是政府主管部门对这些单位的资格和素质提出明确的要求，根据它们各自的具体条件，确定发包单位是否具备发包建设项目的资格，核定承包单位的资质等级和相应的营业范围。

工程施工任务必须发包给持有营业执照和相应资质等级证书的施工企业。

建筑构配件、非标准设备的加工生产，必须发包给具有生产许可证或经有关部门依法批准生产的企业。

（一）建设工程发包单位应具备的资格

按我国现行规定，工程项目的发包单位必须是法人、依法成立的其他组织或公民个人，并有与发包项目相适应的技术和经济管理人员；实行招标的，应当具有编制招标文件和组织开标、评标、决标的能力。不具备这些人员和能力的，必须委托具有相应资质等级的建设监理和咨询单位代理。

（二）建设工程承包单位的资质管理

1. 资质管理的权限。国务院建设行政主管部门负责全国建筑业企业资质的综合管理工作，统一制订和发布工程总承包企业和施工承包企业的资质等级标准及承包工程范围，审批一级资质企业。国务院有关部门负责其直属建筑企业的资质管理工作，审批所属二级以下资质企业。省、自治区、直辖市人民政府及建设行政主管部门负责本行政区域内建筑企业的资质管理工作，审批二级以下资质企业。

2. 资质管理的对象为所有从事土木工程，线路、管道及设备安装工程，装修装饰工程等新建、扩建、改建活动的建筑企业。

3. 已经设立的工程总承包企业和施工承包企业申请资质，应向资质管理部门提交下列资料：

（1）建筑企业资质申请表。

（2）企业法人营业执照。

（3）企业章程。

（4）企业法人代表和企业技术、财务、经营负责人的任职文件、职称证书。

（5）企业所有工程技术、财务人员（含项目经理）的职称（资格）证件，关键岗位从业人员的职业资格证书。

（6）企业的生产统计和财务结算年报表。

（7）企业的验资证明。

（8）企业完成的代表性工程及质量、安全评定资料。

（9）其他需要出具的有关证件。

4. 新设立的建筑业企业应当先由资质管理部门进行资质预审，然后到工商行政主管部门办理登记注册，取得企业法人营业执照，再到资质管理部门办理资质审批手续。资质预审时，企业必须提交上列（1）、（3）、（4）、（5）、（7）、（9）项资料。新设立的建筑业企业，其资格等级应从最低等级核定。

5. 经审查合格的建筑业企业，由资质管理部门颁发由国务院建设行政主管部门统一印制的《建筑企业资质证书》正本一份和副本若干份。

6. 企业资质实行动态管理，即企业按照资质标准就位后，构成及影响企业资质的条件已经高于或低于原定资质标准时，由资质管理部门对其资质等级及承包工程范围进行相应的调整。此项管理由资质管理部门通过资质年度检查和其他形式的监督检查进行。

二、建设工程市场行为管理

建设工程市场行为管理的作用在于为建筑市场参加者制定在交易过程中应共同或各自遵守的行为规范，并监督、检查其执行，防止违规行为，保证市场有秩序地正常运转。

1. 建设工程发包单位的行为规范

符合规定条件的工程发包单位就是建筑市场上合格的买主，可以通过招标和其他合法方式自主发包工程。不论是勘察设计还是施工任务，都不得发包给资质等级和营业范围不符合规定的单位承担，更不得利用发包权索贿、受贿或收取"回扣"。有此行为者将被没收非法所得，并处以罚款。

2. 建设工程承包单位的行为规范

建设工程承包企业在建筑市场上只能按资质等级规定的承包范围承包工程，不得无证、无照或越级承揽工程任务，非法转包、出卖、出租、转让、涂改、伪造资质证书、营业执照、银行账号等，利用行贿、给付"回扣"等手段承揽工程任务，或以介绍工程任务的名义收取费用。有此等行为之一者，将依情节轻重给予警告、通报批评、没收非法所得、停业整顿、降低资质等级、吊销营业执照等处罚，并处以罚款。在工程中使用没有出厂合格证或质量不合格的建筑材料、构配件及设备，或因设计、施工不遵守有关标准、规范而造成工程质量事故或人身伤亡事故的，应按有关的法规处理。

3. 中介机构和人员的行为规范

中介机构和人员在建筑市场上为工程承发包双方提供专业知识服务，主要是建设监理和招标投标咨询服务。工程建设监理单位和人员的行为规范，在我国《建设监理试行规定》中已有明文规定。咨询服务活动在我国尚不发达，咨询机构和人员的行为规范只能在实践中逐步形成和完善。按国际惯例，咨询机构和人员必须正直、公开、尽心竭力为客户和雇主服务；不得领取客户和雇主以外的他人支付的酬金；不得泄漏和盗用由于业务关系得知的客户的秘密（如招标工程的标底）；不得利用施加不正当压力、行贿受贿、贬低他人等不正当手段进行承揽业务的竞争。

4. 建筑市场管理人员的行为规范

市场管理人员要恪尽职守，依法秉公办事，维持市场秩序。不得以权谋私、敲诈勒索、徇私舞弊。有此等行为者，由其所在单位或上级主管部门给予行政处分。

5. 建筑市场参加者违规行为的处罚

建筑市场参加者的违规行为由建设行政主管部门和工商行政管理机关按照各自的职责进行查处。构成犯罪行为的，由司法机关依法追究其刑事责任。

复习思考题

1. 试述建设工程招投标制的概念。
2. 招投标制有哪些特性？
3. 建设工程的承包方式有哪些？各自的含义是什么？
4. 联合体和合作体承包有哪些相同之处和不同之处？
5. 建设工程承包的内容有哪些？
6. 建设工程的发包人和承包人各应具备怎样的资质和条件？

第二章 建设工程施工招标

在建设工程各种不同内容的招标中，施工招标实行最为普遍，相对于其他内容的招标，施工招标一般都具有标的额度大、工作任务多、工期时间长等特点，其招标的程序和相应的规章也较为完备。因此，在本书中我们将以施工招标和投标作为主要内容加以介绍和论述，本章首先介绍建设工程施工招标。

第一节 施工招标的基本条件和招标方式

建设工程施工招标应符合国家法律和有关部门规定的条件，这些条件涉及招标工程和招标人两个方面。

一、招标工程应具备的条件

建设工程招标应具备以下条件：
(1) 项目概算已获批准，招标范围内所需资金已经落实。
(2) 建设项目已正式列入国家、部门或地方的年度固定资产投资计划。
(3) 已经依法取得建设用地的使用权。
(4) 招标所需的设计图纸和技术资料已经编制完成，并经过审批。
(5) 建设资金、主要建筑材料和设备的来源已经落实。
(6) 已经向招标投标管理机构办理报批登记。
(7) 其他条件。
不同性质的工程招标的条件可有所不同或有所偏重，表2-1可供参考。

表2-1 　　　　　　　　　　**工程招标条件**

招标类型	招标条件中宜侧重的事项
勘察设计招标	(1) 设计任务书或可行性研究报告等已批准。 (2) 已取得可靠的设计资料。

续表

招标类型	招标条件中宜侧重的事项
施工招标	(1) 建设工程已列入年度投资计划。 (2) 建设资金已按规定存入银行。 (3) 施工前期工作已基本完成。 (4) 有正式设计院设计的施工图纸和设计文件。
建设监理招标	(1) 设计任务书或初步设计已经批准。 (2) 建设项目的主要技术工艺要求已经确定。
材料设备供应招标	(1) 建设项目已列入年度投资计划。 (2) 建设资金已按规定存入银行。 (3) 有批准的初步设计或施工图设计所附的设备清单。
工程总承包招标	(1) 设计任务书已批准。 (2) 建设资金和场地已落实。

二、招标人应具备的条件

(1) 是法人或依法成立的其他组织。
(2) 有与招标工程相适应的经济、技术管理人员。
(3) 有组织编制招标文件的能力。
(4) 有审查投标单位资质的能力。
(5) 有组织开标、评标和定标的能力。

不具备上述(2)~(5)项条件的招标人，须委托具有相应资质的咨询、监理等中介服务机构代理招标。

三、招标的方式

1. 公开招标（open tender）

公开招标又叫竞争性招标，即由招标人在报刊、电子网络或其他媒体上刊登招标广告，吸引众多投标人参加投标竞争，招标人在其中择优选择中标单位。按照竞争激烈程度，公开招标可分为国际竞争性招标和国内竞争性招标。

(1) 国际竞争性招标。这是在世界范围内进行招标，国内外合格的投标商均可以投标。进行国际竞争性招标应采用完整的英文标书，在国际上通过各种宣传媒介发布招标公告。例如，世界银行对贷款项目、货物及工程的采购规定了三项原则：必须注意节约资金并提高效率，即经济有效；要为世界银行的全部成员提供平等的竞争机会，不歧视投标人；有利于促进借贷国本国的建筑业和制造业的发展。世界银行在确定项目的采购方式时都从这三项原则出发,其中国际竞争性招标是采用得最多、采购金额最大的一种方式。它的特点是高效、经济、公平。特别是采购合同金额较大、国外投标商感兴趣的货物和工程,世界银行要求必须采用国际竞争性招标。

采用国际竞争性招标的优点是:第一,由于投标人范围广,竞争激烈,一般招标人可以获得质优价廉的货物、工程或服务。第二,可以引进先进的设备、技术和工程技术及管理经验。第三,可以保证所有合格的投标人都有参加投标、公平竞争的机会。由于国际竞争性招标对货物、设备和工程的客观的衡量标准较严格,可促进发展中国家的制造商和承包商提高产品和工程质量及管理水平,提高国际竞争力。第四,可以保证采购工作根据公开的招标文件中规定的程序和评标标准公平、公正、公开、客观地进行,因而减少了在采购中作弊的可能。

当然,国际竞争性招标也存在一些缺陷,主要是:第一,国际竞争性招标耗时长。国际竞争性招标有一套周密而且比较复杂的程序,从发布招标公告、投标人作出反应、评标到授予中标书且签订合同,一般都要半年到一年以上的时间。第二,国际竞争性招标耗费大,需要准备的文件较多,投入的人力、物力多。招标文件要明确规定各种技术规格、评标标准,以及买卖双方的义务等内容。另外,还要将大量文件译成国际通用文字,因而增加了工作量。第三,在中标的供应商和承包商中,发展中国家所占份额很少。在世界银行用于采购的贷款金额中,国际竞争性招标约占60%,其中,发达国家如美国、德国、日本等中标额就占到80%左右。

(2)国内竞争性招标。这是在国内范围内进行招标,在国内的各种媒体上刊登广告,可用本国语言编写标书,公开出售标书,公开招标。通常用于合同金额较小(世界银行规定:一般在50万美元以下)、采购品种标价多且分散、分批交货的时间较长、劳动密集型、商品成本较低而运费较高、当地价格明显低于国际市场价格等的商品的采购。在国内竞争性招标中应允许国外公司按照国内招标标准参加投标,不应人为设置障碍,妨碍其参加公平竞争。国内竞争性招标的程序大致与国际竞争性招标相同。国内竞争性招标在国内媒体上刊登招标公告,限制了竞争范围,一般国外供应商或承包商不能及时得到有关投标的信息,这与招标的原则不符,所以有关国际组织对国内竞争性招标都加以限制。

2. 邀请招标(invited tender)

邀请招标也称有限竞争性招标,即由招标单位选择一定数目的企业,向其发出投标邀请书,邀请它们参加招标竞争。一般选择3~10个投标人较为适宜,当然要视具体的招标项目的规模大小而定。虽然招标组织工作比公开招标简单一些,但是采用这种形式的前提是对投标人有充分的了解。由于邀请招标限制了充分的竞争,因此招标投标法一般都规定,招标人应尽量采用公开招标。

邀请招标的特点是:(1)招标不使用公开的招标形式;(2)接受邀请的单位才是合格的投标人;(3)投标人的数量有限。

与公开招标相比,邀请招标具有以下优缺点:(1)缩短了招标有效期。由于不在媒体上刊登公告,招标文件只送达几家企业,减少了工作量。(2)节约了招标费用。例如减少了刊登公告的费用、招标文件的制作费用、投入的人力等。(3)提高了投标人的中标机会。(4) 由于接受邀请的单位才是合格的投标人，所以有可能排除了许多更有竞争实力的单位。（5）中标价格可能高于公开招标的价格。但由于邀请招标有自身的优点，所以在条件合适的情况下，邀请招标也被经常采用。

3. 议标

议标亦称非竞争性招标，或称指定性招标。这种方式是业主邀请一家（最多不超过两家）承包商来直接协商谈判。它实际上是一种合同谈判的形式。这种方式适用于造价较低、工期紧、专业性强的工程或军事保密工程。其优点是容易达成协议，可以节省时间，迅速开展工作。缺点是无法获得有竞争力的报价。

我国目前采用的是公开招标、邀请招标和议标的方式，特别是公开招标和邀请招标的方式较多，另外境内建设工程的国际招标以及国际工程的招标也经常应用，我们将在以后的章节加以阐述。

第二节 施工招标的程序

一、建设工程招标的一般程序

建设工程招标一般程序可分为三个阶段，一是招标准备阶段，二是招标投标阶段，三是决标成交阶段，每个阶段的具体步骤见图2-1。

我国现行《工程建设施工招标投标管理办法》规定，施工招标应按下列程序进行：

1. 由建设单位组织一个符合要求（与本办法第九条相符合）的招标班子。
2. 向招标投标办事机构提出招标申请书。
3. 编制招标文件和标底，并报招标投标办事机构审定。
4. 发布招标公告或发出招标邀请书。
5. 投标单位申请投标。
6. 对投标单位进行资格审查，并将审查结果通知各申请投标者。
7. 向合格的投标单位分发招标文件及设计样图、技术资料等。
8. 组织投标单位现场考察，并对招标文件答疑。
9. 建立评标组织，制定评标、定标办法。
10. 召开开标会议，审查投标标书。
11. 组织评标，决定中标单位。
12. 发出中标通知书。
13. 建设单位与中标单位签订承发包合同。

各步骤工作内容分述如下：

1. 建设工程项目报建

根据《工程建设项目报建管理办法》的规定，凡在我国境内投资兴建的工程建设项

第二章 建设工程施工招标

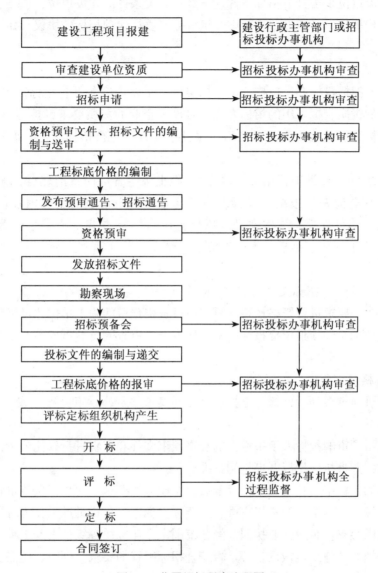

图 2-1 公开招标程序流程图

目,都必须实行报建制度,接受当地建设行政主管部门的监督管理。

建设工程项目报建是建设单位招标活动的前提。报建范围包括:各类房屋建筑(包括新建、改建、扩建、翻修等)、土木工程(包括道路、桥梁、房屋基础打桩等)、设备安装、管道线路铺设和装修等建设工程。报建的内容包括:工程名称、建设地点、投资规模、投资额、工程规模、发包方式、计划开竣工日期和工程筹建情况等。

在建设工程项目的立项批准文件或投资计划下达后,建设单位根据《工程建设项目报建管理办法》规定的要求进行报建,并由建设行政主管部门审批。具备招标条件的单位,可开始办理建设单位资质审查。

2. 审查建设单位资质

即审查建设单位是否具备招标条件。不具备有关条件的建设单位，须委托具有相应资质的中介机构代理招标，建设单位与中介机构签订委托代理招标的协议，并报招标投标办事机构备案。

3. 招标申请

建设单位向招标投标办事机构提出招标申请，主要内容包括：招标工程具备的条件、建设单位具备的资质、拟采用的招标方式、对投标企业的资质要求或拟选择的投标企业。申请经招标投标办事机构审查批准之后，建设单位方可进行招标登记，领取有关招投标用表。

招标单位填写"建设工程招标申请表"，经上级主管部门批准之后，连同"工程建设项目报建审查登记表"报招标投标办事机构审批。申请表的主要内容包括：工程名称、建设地点、建设规模、结构类型、招标范围、招标方式、施工企业等级、施工前期准备情况（土地征用、拆迁情况、勘察设计情况、施工现场条件等）、招标机构组织情况等。

4. 资格预审文件、招标文件的编制与送审

公开招标时，要求进行资格预审，只有通过资格预审的施工单位才可以参加投标。资格预审文件和招标文件须报招标投标办事机构审查，审查同意后可发布资格预审通告、招标公告。

5. 发布资格预审公告、招标公告

公开招标可通过报刊、广播、电视或互联网发布"资格预审公告"或"招标公告"。

6. 资格预审

对申请资格预审的投标人填报送交的资格预审文件和资料进行评比分析，确定合格的投标人的名单，并报招标投标办事机构核准。

施工企业的投标申请被建设单位批准后，企业应按要求填写投标资格审查表，按时送达指定地点，接受招标单位的资格审查，经招标投标办事机构批准后，方可参加投标。资格审查的主要内容有：企业营业执照、经营范围、企业资质等级证书、工程技术人员和管理人员、企业拥有的施工机械设备等是否符合招标工程的要求。同时，还需要考察其承担并已竣工的工程的质量、工期及履约情况。

7. 发放招标文件

将招标文件、图纸和有关技术资料发放给通过资格审查获得投标资格的投标单位。投标单位收到招标文件、图纸和有关技术资料后，应认真核对，核对无误后，应以书面形式予以确认。

8. 勘察现场

招标单位组织投标单位勘察现场的目的在于了解工程场地和周围环境情况，以获得投标单位认为有必要的信息。招标单位应尽力向投标单位提供现场的信息资料、满足进行现场勘察的条件。为便于解答投标单位提出的问题，勘察现场一般安排在招标预备会之前进行。投标单位的问题应在预备会之前以书面形式向招标单位提出。

招标单位应向投标单位介绍有关施工现场的如下情况：
（1）是否达到招标文件规定的条件。
（2）地形、地貌。
（3）水文地质、土质、地下水位等情况。
（4）气候条件，包括气温、湿度、风力、降雨、降雪等情况。
（5）现场的通信、饮水、污水排放、生活用电等。
（6）工程在施工现场中的位置。
（7）可提供的施工用地和临时设施等。

9. 招标预备会

招标预备会的目的在于澄清招标文件中的疑问，解答投标单位对招标文件和勘察现场所提出的疑问和问题。

10. 工程标底的编制和送审（如有标底）

投标文件的商务条款一经确定，即可进入标底编制阶段。标底编制完毕应将必要的资料报送招标投标办事机构审定。

11. 投标文件的接受

投标单位根据招标文件的要求，编制投标文件，并进行密封和标志，投标截止时间前在规定的地点递交给招标单位。招标单位接收投标文件并将其秘密封存。

12. 开标

在投标截止日期后，在规定的时间、地点，在投标单位法定代表人或授权代理人在场的情况下举行开标会议，按规定的议程进行开标。

13. 评标

由招标代理、建设单位上级主管部门协商，按有关规定成立评标委员会，在招标投标办事机构监督下，依据评标原则、评标方法，对投标单位的报价、工期、质量、主要材料用量、施工方案或施工组织设计、以往业绩、社会信誉、优惠条件等方面进行综合评价，公正、合理地择优选择中标单位。

14. 定标

中标单位选定后由招标投标办事机构核准，获准后招标单位发出"中标通知书"。

15. 合同签订

建设单位与中标单位在规定的期限内签订工程承包合同。

二、建设项目施工邀请招标程序

邀请招标程序是直接向适于本工程施工的单位发出邀请，其程序与公开招标大同小异。其不同点主要是前者没有资格预审的环节，但增加了发出投标邀请书的环节。这里的发出投标邀请书，是指招标单位可直接向有能力承担本工程的施工单位发出投标邀请书。

第三节　招标的前期工作

一、申请招标

《招标投标法》第九条规定，招标项目按照国家有关规定需要履行项目审批手续的，应先履行手续，取得批准。《建设部关于〈工程建设施工招标投标管理办法〉的规定》规定，建设项目的实施必须符合国家制定的基本建设管理程序，完成工程项目的初步设计之后，才可以进行施工招标。向有关建设行政主管部门申请施工招标时，应满足建设法规规定的业主资质能力条件和项目的施工准备条件。在工程项目可行性研究报告或其他立项文件批准后 30 天内，由建设单位或其代理机构向相应级别的建设行政主管部门或其授权机构领取工程项目报建表进行报建。如其基建管理机构不具备相应的资质条件，应委托建设行政主管部门批准的、具有相应资质条件的社会建设监理单位代理。

工程建设项目报建手续办理完毕之后，由建设单位或建设单位委托的、具有法人资格的建设工程招标代理机构，负责组建一个与工程建设规模相符的工作班子。招标工作班子首先要申请招标，即向招标投标办事机构（指各级建设行政主管部门中管理招标投标工作的专门机构）提出招标申请书。招标申请书的主要内容有下列几项：

1. 招标单位的资质。
2. 招标工程具备的条件。
3. 拟采用的招标方式。
4. 对投标单位的要求。

二、招标方式的选择

建设项目的施工采用何种方式招标，是由业主决定的。业主结合自身的管理能力、设计进度情况、建设项目本身的特点、外部条件等因素经过充分考虑后，首先选定施工阶段分标的数量和合同类型，再确定招标方式。工程项目招标可以把全部工作内容一次性发包，也可以把工作内容分解成几个独立的阶段或独立的项目分别招标，如单位工程招标、土建工程招标、安装工程招标、设备订购招标、材料供应招标以及特殊专业工程施工招标等。若采用全部工程一次性发包，业主只与一个承包商签订合同，施工过程的合同管理比较简单，但有能力承包的投标人相对较少。如果业主有足够的管理能力，最好将整个工程分成几个单位工程或专项工程分别招标，一则可以发挥不同承包商的专业特长；二则每个分项合同比总的合同更容易落实，从而减少了不可预见性，降低了合同实施过程中的风险，即使出现问题也是局部性的，容易纠正和补救。对投标人来说，业主多发一个包，每个投标人就增加一个中标机会。因此，一个工程分成几个合同来招标，对业主和承包商来说都有好处，但招标和发包数量要适当，合同太多也会给招标工作以及项目施工阶段的合同管理工作带来麻烦或不必要的损失。

　　工程分标指业主或其委托的咨询单位将准备招标的工程项目分成几个单独招标的部分，也就是对工程招标的这几个部分都编制独立的招标文件进行招标。这几个部分既可以同时招标也可以分批招标；可以由数家承包商分别承包，也可由一家承包商全部中标、全部承包。分标的优势是有利于吸引更多的投标人参加投标，以发挥各个承包商的专长，降低造价、保证质量、加快工程进度。但分标也要考虑到便于施工管理，减少施工干扰，使工程有条不紊地进行。分标时应考虑的因素有：

　　（1）工程特点。如工程场地集中、工程量不大、技术不太复杂，则由一家承包商总包易于管理，因而一般不分标。但如工程场地分散、工程量大、有特殊技术要求，则应考虑分标。

　　（2）对工程造价的影响。一般情况下，一个工程由一家承包商总包易于管理，同时便于人力、材料、设备的调剂和调度，因而可降低造价。但一个大型、复杂的工程项目对承包商的施工能力、施工经验、施工设备等有很高的要求，在这种情况下，如不分标就可能使有资格参加此项工程投标的承包商大大减少，而竞争对手的减少必定导致报价的上涨，反而得不到较合理的报价。

　　（3）有利于发挥承包商专长。建设项目是由单位工程、单项工程或专业工程组成的，在考虑发包数量时，既要考虑不会产生施工的交叉干扰，又要注意各分包间的空间衔接和时间衔接。

　　（4）工地管理。从工地管理角度来看，分标时应考虑两方面问题，一是工程进度的衔接，二是工地现场的布置和干扰。工程进度的衔接很重要，特别是关键线路的项目一定要选择施工水平高、能力强、信誉好的承包商，以防止影响其他承包商的进度。从现场布置的角度看，承包商越少越好，分标时要对几个承包商在现场的施工场地进行细致周密的安排。

　　（5）其他因素。除上述因素外，还有许多因素影响分标，如资金问题、设计图纸完成时间等。

　　总之，分标是选择招标方式和正式编制招标文件前一项很重要的工作，必须对上述因素综合考虑，可拟定几个方案，综合比较后再确定。

　　合同类型的选择要根据项目复杂程度、设计具体深度、工期要求、技术要求等因素来确定，在确定分标方式和合同类型的基础上选择合适的招标方式。

三、编制招标文件

　　建设单位的招标申请经建设行政主管部门或其授权机构批准之后，建设单位即组织人员着手编制有关招标文件。这些文件包括：招标公告、资格预审文件、招标文件、协议书以及评标方法等。

　　（一）招标公告

　　招标人采用公开招标方式的，应当发布招标公告。依法必须进行招标的项目的招标公告,可通过国家指定的报刊、信息网络或者其他媒体公开发布。对于公开的竞争性招标,一般要在投标开始前至少提前45天(大型工程可达90天)发布招标公告(Announcement of publication of Tender),即在国内外有影响的报刊上刊登招标公告,邀请承包商申请投标资格预审,或购买招标文件。招标公告的主要内容如下:

1. 招标人名称、地址、联系人姓名、电话。委托代理机构进行招标的,还应注明该机构的名称和地址。

2. 工程情况简介,包括项目名称、建筑规模、工程地点、结构类型、装修标准、质量要求、工期要求等。

3. 项目的投资金额及资金来源。

4. 承包方式、材料、设备供应方式。

5. 对投标人资质的要求以及应提供的有关文件。

6. 招标日程安排。

7. 招标文件的获取办法,包括发售招标文件的地点、文件的售价及开始和截止出售的时间。

8. 其他要说明的问题。

国家标准施工招标文件(2007年版)招标公告式样见附录Ⅰ[1]。

(二)资格预审文件

资格预审文件包括"资格预审公告"、资格预审"申请人须知"、"资格审查办法"、"资格预审申请文件格式"及"项目建设概况"五部分组成。对于需要进行资格预审的招标项目可发布"资格预审公告"以代替"招标公告"。

1. 资格预审公告

一般包括以下内容:

(1)资金的来源,资金投向的投资项目名称和合同名称。

(2)对申请预审人的要求,主要写明投标人应具备类似的经验和设备、人员、资金等方面完成本工作的能力要求。有的还对投标人本身的政治地位提出要求,如在中东阿以冲突期间,阿拉伯国家不许与以色列有经济和外交往来的国家投标;引进世界银行贷款项目不准除瑞士、中国台湾以外的非会员投标或购买、使用这些国家或地区的设备、劳务等。

(3)业主的名称和邀请投标人完成的工作,包括工程概述和所需劳务、材料、设备和主要工程量清单。

(4)获取进一步信息和资料预审文件的办公室名称和地址、负责人姓名、购买资格预审文件的时间和价格。

(5)资格预审申请递交的截止日期、地址和负责人姓名。

(6)向所有参加资格预审的投标人公布人选名单的时间。

资格预审公告的标准样式见附录Ⅰ[2]。

2. 申请人须知

资格预审申请人须知包括以下内容:

(1)总则。分别列出工程建设项目或其各合同的资金来源、工程概述、工程量清单、合同的最小规模、对申请人的基本要求。

（2）申请人应提供的资料和有关证明。一般包括申请人的身份和组织机构；申请人过去的详细履历（包括联营体各方成员）；可用于本工程的主要施工设备的详细情况；在本工程内外从事管理及执行本工程的主要人员的资历和经验；主要工作内容拟议的分包情况说明；过去两年经审计的财务报表（联营体应提供各自的资料），今后两年的财务预测以及申请人出具的、允许业主在其开户银行进行查询的授权书；申请人近两年介入诉讼的情况。

如果申请人打算申请同一工程项目中的两个或两个以上的合同，应就所申请的每个合同分别提交预审资料，提供与申请合同相适应的财务报表和工作经历。

（3）资格预审通过的强制性标准，以附件的形式列入。它是指对工程项目一览表中的主要项目提出的强制性要求，包括强制性经验标准，强制性财务、人员、设备、分包、诉讼及履约标准等。

（4）对联营体提交资格预审申请的要求。对于一个合同项目，能凭一家的能力通过资格预审的，应当鼓励以单独的身份参加资格预审。但在许多情况下，对于一个合同项目，往往一家不能单独通过资格预审，两家或两家以上组成的联合体才能通过，因此在资格预审须知中应对联合体作出具体规定。一般规定如下：

对于达不到联合体要求的，或企业单位既以单独身份又以所参加的联合体的身份向同一合同投标时，资格预审申请都应遭到拒绝。招标人不得强制投标人组成联合体共同投标，不得限制投标人之间的竞争。

每个联合体的成员应满足的要求是：联合体各方均应当具备承担招标项目的相应能力；由同一专业的单位组成的联合体，按照资质等级较低的单位确定资质等级；联合体的每个成员必须各自提交申请资格预审的全套文件；通过资格预审后参加投标所签订的合同，对联合体各方都产生约束力；联合体协议应随同投标文件一起提交，该协议要规定联合体各方对项目承担的共同和分别的义务，并声明联合体各方提出的参加并承担本项目的责任和份额，以及承担相应工程的能力和经验；联合体必须指定某一成员作为主办人负责与招标人联系；资格预审结束后新组成的联合体或已通过资格预审的联合体内部发生了变化，应征得招标人的书面同意，新的组成或变化不允许从实质上降低竞争力，不得包括未通过资格预审的单位或降低到资格预审所能接受的最低条件以下的单位；提出联合体成员合格条件的能力要求，例如可以要求联合体中每个成员都应具有不低于各项资格要求的40%的能力，所承担的工程应不少于合同总价格的40%；申请并接受资格预审的联合体不能在提出申请后解体或与其他申请人联合而自然地通过资格预审。

（5）通过资格预审单位所建议的分包人的要求。由于对资格预审申请者所建议的分包人也要进行资格预审，所以通过资格预审后，如果申请人对他所建议的分包人有变更，必须征得业主的同意，否则，对他们的资格预审被视为无效。

（6）对申请参加资格预审的国有企业的要求。凡参加资格预审的国有企业应满足如下要求方可投标：该企业是一个与业主或借款单位不同的从事商业活动的法律实体，不是政府机关；该企业必须是一个有经营权和策划权的企业，可自行承担合同义务且有对雇员的解聘权。

(7) 对通过资格预审的国内投标者的优惠。世界银行贷款项目规定，通过资格预审的国内投标者在投标时若能够提出令业主满意的、符合优惠标准的文件证明，在评标时其投标报价可以享受优惠。一般享受优惠的标准条件为投标人在工程所在国注册；工程所在国的投标者持有绝大多数股份；分包给国外工程量不超过合同价的50%。具备上述三个条件者，其投标报价在评标排名次时可享受7.5%的优惠。

(8) 其他规定。包括递交资格预审文件的份数，递交单位的地址、邮编、电话、传真、负责人、截止日期。申请者提供的资料要准确、详尽，业主有对资料进行核定和澄清的权利，对于弄虚作假、不真实的介绍可拒绝其申请；资格预审合格者的数量不限，它们有资格参加一个或多个合同的投标；资格预审的结果和已通过资格预审的申请者名单将以书面形式通知每一位资格预审的申请人。

3. 资格预审须知的有关附件

资格预审须知的有关附件应包括如下内容：

(1) 工程概述。工程概述一般包括项目的环境，如地点、地形与地貌、地质条件、气象与水文、交通和能源及服务设施等；工程概况，主要说明所包含的主要工程项目的情况，如结构工程、土方工程、合同标段的划分、计划工期等。

(2) 主要工程一览表，用表格的形式将工程项目中各项工程的名称、数量、尺寸和规格列出，如果一个项目分几个合同招标的话，应按招标的合同分别列出，使人看起来一目了然。

(3) 强制性标准一览表，将各工程项目通过资格预审的强制性要求用表格的形式列出，并要求申请人填写满足或超过强制性标准的详细情况。该表一般分为三栏，第一栏为提出强制性要求的项目名称；第二栏是强制性业绩要求；第三栏是申请人满足或超过业绩要求的项目评述（由申请人填写）。

(4) 资格预审时间表，表中列出发布资格预审通知的时间，出售资格预审文件的时间，递交资格预审申请书的最后日期和通知资格预审合格的投标人名单的日期等。

4. 资格预审申请书的表格　为了让资格预审申请者按统一的格式递交申请书，在资格预审文件中按通过资格预审的条件编制成统一的表格，让申请者填报，以便进行评审。申请书的表格通常包括以下几项：

(1) 申请人表，主要包括申请者的名称、地址、电话、电传、传真、成立日期等。如果是联合体，应首先列明牵头的申请者，然后是所有合伙人的名称、地址等，并附上每个公司的章程、合伙关系的文件等。

(2) 申请合同表，如果一个工程项目分几个合同投标，应在表中分别列出各合同的编号和名称，以便让申请人选择申请资格预审的合同。

(3) 组织机构表，包括公司简况、领导层名单、股东名单、直属公司名单、驻当地办事处或联络机构名单等。

(4) 组织机构框架图，主要叙述并用框架图表示申请者的组织机构，与母公司或子公司的关系，总负责人和主要人员。如果是联合体则应说明合伙关系及在合同中的责任划分。

(5) 财务状况表，包括基本数据如注册资金、实有资金、总资产、流动资产、总负债、流动负债、未完成工程的总投资额、年均完成投资额（近3年）、最大施工能力等；

近3年年度营业额和为本项目合同工程提供的营运资金，现在正进行的工程估价，今后两年的财务预算，银行信贷证明；由审计部门审计或由省市公证部门公证的财务报表，包括损益表、资产负债表及其他财务资料。

（6）公司人员表，包括管理人员、技术人员、工人及其他人员的数量；拟为本合同提供的各类专业技术人员数及其从事本专业工作的年限。公司主要人员表，包括其一般情况和主要工作经历。

（7）施工机械设备表，包括拟用于本合同的自有设备、拟购置设备和租用设备的名称、数量、型号、商标、出厂日期、现值等。

（8）分包商表，包括拟分包工程项目的名称，占总工程价的百分数，分包商的名称、经验、财务状况、主要人员、主要设备等。

（9）业绩，即已完成的同类工程项目表，包括项目名称，地点，结构类型，合同价格，竣工日期，工期，业主或监理工程师的地址、电话、电传等。

（10）在建项目表，包括正在施工和已有意向但未签订合同的项目名称、地点、工程概况、完成日期、合同总价等。

（11）介入诉讼条件表，详细说明申请者或联合体内合伙人介入诉讼或仲裁的案件。

以上表格可根据要求的内容和需要自行设计，力求简单明了，并注明填表的要求，特别应该注意的是每一张表格都应有授权人的签字和日期，要求提供证明附件的应附在表后。

（三）招标文件

关于招标文件的具体编制将在本章第三节作详细论述。

四、编制标底

编制标底是工程项目招标前的一项重要工作，而且是较复杂、细致的工作。标底是工程项目的预期价格，通常由业主委托设计单位和建设监理单位，根据国家（或地方）公布的统一的工程项目划分、统一的计量单位、统一的计算规则以及施工图纸、招标文件，并参照国家规定的技术标准、经济定额等资料进行编制。如果是由设计单位或其他咨询单位编制，建设监理在招标前还要对其进行审核。

（一）标底的作用

建筑工程施工招标必须编制标底，标底的作用表现在：

1. 标底是投资方核实建设规模的依据。标底是施工图预算的转化形态，它必须受概算控制。标底突破概算时，应认真分析。若标底编制正确，应修正概算，并报原审批机关调整。若属于施工图设计扩大了建设规模，就应修改施工图，并重新编制标底。

2. 标底是衡量投标单位报价的准绳。投标单位报价若高于标底，就失去了竞争性。投标单位的报价若低于标底过多，招标单位有理由怀疑报价的合理性，并进一步分析报价低于标底的原因。若发现低价的原因是由于分项工程工料估算不切实际、技术方案片面、节减费用缺乏可靠性或故意漏项等，则可认为该报价不可信。若投标单位通过优化技术方案、节约管理费用、节约各项物资消耗而降低工程造价，则可认为这种报价是合理可信的。

3. 标底是评标的重要尺度。招标工程必须以严肃认真的态度和科学的方法编制标底。只有编出科学、合理、准确的标底，定标时才能作出正确的选择，否则评标就是盲目的。当然，报价不是选择中标单位的惟一依据，要对投标单位的报价、工期、企业信誉、协作配合条件和企业的其他资质条件进行综合评价，才能选择出适合的中标单位。

（二）编制标底应遵循的原则

1. 根据设计图样及有关资料、招标文件，参照国家规定的技术、经济标准定额及规范，确定工程量和编制标底。

2. 标底价格应由成本、利润、税金组成，一般应控制在批准的总概算及投资包干的限额内。标底的计价内容、计价依据应与招标文件一致。

3. 标底价格作为建设单位的期望计划价格，应力求与市场的实际变化吻合，要有利于实现竞争和保证工程质量。

4. 标底应考虑人工、材料、机械台班等变动因素，还应包括施工不可预见费、包干费和措施费等。

5. 根据我国现行的工程造价计算方法，并考虑到向国际惯例靠拢，提倡优质优价。

6. 一个工程只能编制一个标底。

7. 标底必须经招标投标办事机构审定。

8. 标底审定后必须及时妥善封存、严格保密、不得泄漏。

（三）编制标底的依据

1. 经有关方面审批的初步设计和概算投资等文件。

2. 已经批准的招标文件。

3. 全部设计图纸，包括符合设计深度的施工图、扩大初步设计图以及相配套的各种标准、通用图集，有关的设计说明，工程量计算规则。

4. 施工现场的地质、水文、地上情况的资料。

5. 施工方案或施工组织设计。

6. 现行的工程预算定额、工期定额、工程项目计价类别及取费标准、国家或地方有关价格调整的文件规定。

（四）标底文件的内容

1. 标底报审表。标底报审表是招标文件和工程标底主要内容的综合摘要，主要供招标人主管部门从宏观上审核标底之用。其主要内容如下：

（1）招标工程综合说明，包括招标工程名称、建筑面积、招标工程的设计概算或修正概算金额、工程项目质量要求、定额工期、计划工期天数、计划开竣工日期等。

（2）招标工程一览表，包括单项工程名称、建筑面积、结构类型、建筑物层数、檐高、室外管线工程及庭院绿化工程等。

（3）标底价，包括招标工程总造价，单方造价，钢材、木材、水泥总用量及单方用量。

（4）招标工程总造价中所含各项费用的说明，包括包干系数、不可预见费用的说明和工程特殊技术措施费的说明。

2. 工程标底。工程标底是详细反映标底造价的数据。一般应包括以下六方面的内容：

（1）标底编制单位名称、主要编制人（分土建、水暖、通风空调、电气等专业）及专业证书号。

（2）标底综合编制说明，主要说明编制依据、标底包括和不包括的内容、其他费用（如包干费、技术费、分包工程项目交叉作业费等）的计算依据、需要说明的其他问题等。

（3）标底汇总表，包括单项工程、单位工程、室外工程、其他费用、建筑面积、标底造价及单方造价（或技术经济指标）、工程总造价以及单位造价。

（4）主要材料用量，包括钢材、木材、水泥的总用量及单方用量。其中，钢材应分钢筋、钢管、钢板等计算；木材应分松木及硬杂木并均折成原木计算。

（5）单位工程概预算表（按单项工程顺序分别排列），包括部分分项直接费、其他直接费、工资及主要材料的调价、企业经营费、利润等。

（6）"暂估价"清单，包括设备价及土建工程材料价、工料费等。此清单可随意在招标文件中列入，而可重复列入标底文件。

（五）编制标底文件应考虑的因素

标底编制方法基本上与概预算相同，但应根据招标工程的具体情况尽可能地考虑下列因素：

1. 根据不同的承包方式，考虑不同的包干系数及风险系数。
2. 根据施工现场的具体情况考虑必要的技术措施费。
3. 对招标人提供的设备、材料、工具等要提供数量和价格清单。
4. 对于钢筋用量，应在定额的基础上加以调整。

（六）标底编制的方法

1. 以施工图预算为基础的标底 这是目前国内采用最广泛的方法。从不同的承包方式来说，又可分为两种，第一种是除政策性调价、材料及设备价差、重大洽商变更部分可以调整外，其他一律包死的承包方式；另一种是一次包死的承包方式。其中第一种承包方式最为普遍。其标底编制的具体步骤、方法介绍如下：

（1）准备工作。首先，要熟悉施工图设计及说明，如发现图样之间有矛盾和不符之处及说明不够明确的地方，应要求设计单位会同建设单位交底、补充。其次，要勘察施工现场，对现场条件及周围环境进行实地了解，以作为确定包干系数和技术措施费等有关费用的依据。第三，要了解招标文件中有关招标范围、材料、半成品和设备、加工订货情况、工程质量和工期要求、物资供应方式等情况。最后，还要进行市场调查，掌握材料、设备的市场价格，以准确确定暂估价等价格。

（2）计算工程量。应以本工程施工图设计与说明（包括所采用的全部标准图或通用图集）、当地的预算定额或综合预算定额的项目划分及其工程量计算规则为依据，并执行当地与此有关的其他补充定额、规定等。此外，还必须根据工程现场情况，考虑合理的施工方法和施工机械，正确套用定额，分部、分项地逐项计算出工程量，并认真校核，以确保其正确性。这份工程量表是计算标底直接费的依据。钢筋的实用量与定额间的差额，也应加以实际调整后列入工程量。

（3）单价的确定。首先是定额单价的正确套用，凡符合定额者均应套用；其次是定额单价的换算，即大部分工程内容及工序符合定额，只是局部材料不同而定额规定允许换算者，应加以换算；第三是定额缺项，需编制补充单价，应根据施工详图、定额项目划分、计量单位及材料预算价格的选用（如有）和新材料价格的补充等，确定合理的单价（包括"暂估价"）。

（4）主要材料量的计算。主要材料通常包括钢材、水泥、木材三种。钢材应包括土建、水、暖、空调、电气等的全部钢筋、型钢、管材、钢板等。所有主材均应根据定额的消耗量及各单位工程的工程量计算。主要材料量满足标底中材料调整差价之用，同时也是衡量投标企业加报主材量的尺度。它是决标条件之一，或作为确定工程量的标准。

（5）工、料费的调整。目前，大部分地区对定额中确定的人工工资和主要材料的单价，要求在标底中按市场价或一定的定价和系数加以调整差价，以弥补悬殊。工料总价的计量基数分别按单位工程的主材量和工资额计算。

（6）直接费的确定。各分部分项工程量与各相应单价之积即为直接费的主要内容。有些地区还应包括工料差价，有些地区则不包括，应以当地规定为准。

（7）其他直接费和现场经费的确定。根据有关规定，其他直接费和现场经费的计算基数为直接费（或人工费）。

（8）直接工程费的确定。直接费、其他直接费和现场经费之和即为直接工程费。

（9）间接费的确定。间接费的计算基数因工程而异，土建工程为直接费，安装工程为人工费。

（10）计划利润的确定。计划利润的计算基数因工程而异，土建工程为直接工程费与间接费之和，安装工程为人工费。

（11）税金的确定。税金包括营业税、城市维护建设税及教育费附加，其计算基数为直接工程费、间接费、计划利润三项之和。

（12）包干费和技术措施费的确定。包干费和技术措施费的费率标准各地不一，应按当地规定执行。

（13）标底总价的确定。上述各项费用之和即为标底总价。目前大部分地区均强调一个工程只能有一个标底，以利于统一评标。待确定中标单位后，再对某些由于企业等级不同或所有制不同而导致的取费标准上的差别加以补充或调整。

一次包死承包方式的标底编制方法大致同上，不同之处在于，凡开口部分均应堵死。如调价系数，材料、设备的差价等，除按当时的情况考虑外，还应预估竣工时的各种涨价系数（风险系数），列入标底。钢筋用量也应按图实算，在标底中一次调整定死，竣工时不另结算。

2. 以扩初概算为基础的标底　这种方法在国内工程中不多采用，主要是由于初步设计深度不够，与施工图设计的内容出入较大，势必导致造价悬殊，对投资难以控制。但其也有一定的可取之处，主要是争取时间提前开工，施工与施工图设计可以交叉作业（一般是先出基础图就可开工，以后主体结构、建筑装修、机电设备安装等设计陆续跟上，使施工仍能顺利进行），提前竣工投产，以达到早赢利的目的。其前提是要有能满足招标需要的类似技术设计深度的招标图，以作为定量、定质和作价的依据。

采用这种方法的标底，其编制步骤和方法基本上与以施工图预算为基础的标底相同。不同之处主要有以下几个方面：

（1）采用的定额及其单价是概算定额，而不是预算定额。概算定额的子目（即分部分项）是以扩大结构的形式出现的，在一个子目中综合的工程内容和工序较多，其单价的准确性较难保证（一般较预算定额的基本分项的综合高3%左右）。其优点是由于设计深度不如施工图，可以避免漏项，也简化了工作量。如遇定额缺项，则应与预算定额对口，编制相应的扩大结构的补充单价。

（2）在招标文件中应附工程量清单。此清单应由原设计单位提供，以避免由于设计深度不够造成由各投标企业各自计算工程量而出入较大，但这并不排除各投标企业可以对清单中的工程量进行审核、更正和补充。

（3）在国内目前尚不实行单价合同仍实行总价合同的情况下，各种不定因素比施工图预算阶段相对增加，因此，各种包干费用、风险系数等也应适当增加，钢筋用量也应在定额含量的基础上，根据不同工程类型，加以必要的调整（以经验估计）。

综上所述，在目前设计深度普遍不够的情况下，万不得已时方可采用以扩初概算为基础的标底。否则，不仅竣工造价与中标合同价会有较大出入，其他管理方面也必将增加很多工作。

3. 以最终产品单位造价包干为基础的标底 这种方法主要适用于采用标准设计大量兴建的工程，例如，通用住宅、中小学校舍等。一般住宅工程按每平方米建筑面积实行造价包干，通常根据不同建筑体系的结构特点、层数、层高、装修和设备标准等条件与地基土质、地耐力及基础、地下室不同做法，分别确定每平方米建筑面积设计标高±0.00以上、以下部分的造价包干标准。具体工程的标底即以此为基础，并考虑现场条件、工期要求等可变因素来确定。

（七）标底审核

标底编制完成后必须报经招标投标办事机构审核、确定、批准。北京市规定标底文件必须由招标人先报送合同预算审查部门确认，密封后报送招标投标办事机构核准后方能生效（"三资"工程及自筹资金工程只由招标投标办事机构独家审查）。核准后的标底文件及标底总价，由招标投标办事机构负责向招标人进行交底，密封后，由招标人取回保管。核准后的标底总价为招标工程的最终标底价，未经招标投标办事机构同意，任何人无权改变。标底文件及标底总价，自编制之日起至公布之日应严格保密。

第四节　招标文件的编制

一、招标文件的编制程序

招标文件的编制程序一般是：
1. 熟悉工程情况和施工图及说明。
2. 计算工程量。
3. 确定施工工期和开、竣工日期。

4. 确定工程的技术要求、质量标准及各项有关费用。
5. 确定投标、开标、定标的日期及其他事项。
6. 填写招标文件申报表。

二、招标文件的编制原则

招标文件的编制必须做到系统、完整、准确、明了,即提出的要求明确,使投标人一目了然。编制招标文件的依据和原则如下:

(1) 首先要确定建设单位是否具备招标条件。不具备条件的须委托具有相应资质的咨询、监理单位代理招标。

(2) 必须遵守招标投标法及有关贷款组织的要求。招标文件是与中标者签订合同的基础。按合同法规定,违反法律、法规和国家有关规定的合同属于无效合同。招标文件必须符合国家招标投标法、合同法等多项法规、法令等。

(3) 应公正、合理地处理招标人与投标人的关系,保护双方的权益。如果招标人在招标文件中不恰当地、过多地将风险转移给投标人一方,势必迫使投标人加大风险费用,提高投标报价,最终还是招标人一方增加支出。

(4) 招标文件应正确、详尽地反映项目的客观真实情况,这样才能使投标者在客观、可靠的基础上投标,减少签约、履约的争议。

(5) 招标文件各部分的内容必须统一。这一原则是为了避免备份文件之间的矛盾。招标文件涉及投标者须知、合同条件、规范、工程量表等多项内容。如果文件各部分之间相互矛盾,投标工作和合同的履行就会产生许多争端,甚至影响工程的施工。

三、招标文件的主要内容

招标文件是招标过程中最重要的法律文件,它不仅规定了完整的招标程序,而且提出了各项具体的技术标准和交易条件,规定了拟订立合同的主要内容,是投标人准备投标文件和参加投标的依据,是评标委员会评标的依据,也是订立合同的基础。招标投标法规定,招标人应根据招标项目的特点和需要编制招标文件。招标文件一般由以下几部分组成:

1. 投标须知。投标人须知也称投标须知,是招标人对投标人的所有实质性要求和条件,是指导投标人正确地进行投标报价的文件,告之他们所应遵循的各项规定,以及编制标书和投标时所应注意和考虑的问题,避免投标人对招标文件的内容的疏忽和错误的理解。因此,投标须知所列条目内容应清晰、明确,一般应包括以下几部分的内容:

(1) 项目概况。介绍的目的是保证投标人对项目整体有个轮廓性了解,即使招标项目可能只是某一部分,投标人也有必要对整个工程情况、拟招标部分工程与总体工程的关系以及现场的地形、地质、水文等条件有所了解,以便投标人正确掌握招标工程的特点,提出合理的方案、措施和报价。

(2) 招标项目的资金的来源。

（3）对投标人的资格要求，资格审查标准。

（4）承包方式是总价合同承包，还是单价合同承包或其他方式承包。

（5）组织投标人到工程现场勘察和召开标前会议解答疑难问题的时间、地点及有关事项。

（6）填写投标文件的有关注意事项，通常包括：

A. 投标文件的组成。一般应包括：投标函及其附录；投标授权书；投标保证金；填有报价的工程量清单；辅助资料表；证明合格资质的材料；其他要求提供的资料。

B. 投标文件的填写要求。如：书写和改正错误的要求；多种货币报价时应填报的专门表格及汇率核算规定；报价单内统计错误的处理方法等。

C. 投标书使用的语言。

D. 应报送的主要材料。除了按规定格式填报单价的工程量清单外，还应包括：主要材料用量；施工方案和选用的主要施工机械；保证工程质量、进度、施工安全的主要技术组织措施；计划开工、竣工的日期和进度安排；对合同主要条款的确认等。

E. 对替代方案的规定。如业主允许投标人按照招标文件的基本要求，对工程的布置、设计或技术要求等方面进行局部的、甚至全局性的改动，以达到优化设计方案、有利于施工及降低造价的目的。提供替代方案时，投标人应按照招标文件要求正确填制投标书后再提供替代方案。替代方案应包括设计图纸、计算方法、技术规范、施工规划、价格分析等资料，并列举理由和比较优缺点，供业主审查。替代方案应单独封装，随同投标文件一起提交。一般只允许投标人提供一个替代方案，以减少评标工作量。投标人若仅提供替代方案而未填写替代标书，投标书按废标对待。

F. 对招标文件的解释。投标人如发现工程说明书、图纸、合同条件或其他文件中有任何不符和遗漏，或感到意图和含义不清时，应在投标前及时以书面形式提请招标单位予以解释、澄清和更正。对投标人的要求，招标单位将以补遗的方式给予书面答复。业主不受任何雇员或代理人所作的任何口头或书面解释的约束，也不对投标人因错误理解招标文件而导致的任何行为负责。

（7）投标保证金。说明投标保证书（通常采用银行开具的保函）的金额和有效期。

（8）投标文件的递送。包括如下内容：

A. 投标文件的送达地点和截止日期。截止之日后送达的标书均为无效投标。如果因为修改招标文件而推迟了截止日期或开标日期，招标单位应以书面形式将顺延日期通知所有投标人。

B. 投标文件的密封和印记。投标文件的正本和每一副本都应分别包装、密封、并加盖印记，如果未按规定书写或密封，由此引起的后果自负。

C. 投标文件的签署。投标文件应由投标单位正式授权代表人签字确认，并附上投标授权书。每一文件及修改部分均应有其签字，有时投标文件中某些页内不需要填写任何内容，也应在其上签字表示愿意承担该页所规定的任何义务。

D. 投标文件的修改或撤销。投标人自发售招标文件之日到投标截止日期以前的任何时间递送投标书均有效，而且在投标截止日期以前，可以书面形式修改或撤销已提交的投标文件。要求修改投标文件的信函也应按照递交投标文件的规定编制、密封、标记和发送。撤销投标文件的通知书可以通过电报、电传或传真发送，随后再及时向招标单位递交一份有投标人授权确认的证明信，但到达日期不得迟于投标截止日期。

(9) 投标有效期。投标有效期指从投标截止日期到选定中标人并签订施工合同为止的这段时间，这个期限应在投标须知内予以明确。按照我国的有关法规规定，自开标到定标的期限，小型工程不超过 10 天，大中型工程不超过 30 天，特殊情况可适当延长。有效期长短根据招标工程的情况而定，要保证有足够时间供招标单位评标、决标。投标有效期内，投标人不得变动标价。投标保函的有效期也应与投标有效期一致。在原定投标有效期届满之前，如果出现特殊情况，招标单位可以向投标人提出延长有效期的要求，投标人可以根据自己的情况来决定是否接受此项要求，当他同意时应相应延长投标保函的有效期，若不同意延长也可以拒绝，该投标保函到原定有效期满后自动作废，不能按投标人违约对待。这种要求和答复可以书信、电报、传真的形式进行。同意延期的投标人在延长期内不得以任何形式修改他的投标书。

(10) 开标和评标。主要告知投标人开标的形式、时间和地点；开标程序；评标的原则等事项。如怎样进行价格评审，价格以外其他条件的评审等。

(11) 业主接受或拒绝任何投标书的权力。业主将合同授予其投标书在实质上响应招标文件要求和评标时被评定为最低评标价的投标人（不一定是最低报价投标者）。业主在授标前的任何时候，有权接受或拒绝任何投标，宣布投标程序无效或拒绝所有投标，对因此而受到影响的投标人不承担任何责任，也没有义务向投标人说明原因。

(12) 授予合同。说明授予合同的标准及通知方法、签订合同及提交履约担保的有关规定。

标准文件的投标人须知式样见附录Ⅰ [3]。

2. 合同条件。招标文件中包括合同条件和合同格式，目的是告之投标人中标后将与业主签订施工合同的有关权利和义务，以便其在编制报价时充分考虑。招标文件包括的合同条件是双方签订承包合同的基础，容许双方在签订合同时通过协商对某些条款的约定作适当修改。由于施工项目的不同，采用的合同文本也不尽相同，但经过多年的不断改进和完善，适用于不同项目的合同文本都已规范化，基本可以直接采用。为了便于招投标双方明确各自的职责范围，业主一般固定好合同的格式，只待填入一些具体内容即成为合同。

我国已发布了《建设工程施工合同》示范文本（见附录），一般的建设工程施工项目签订承包合同均可使用该示范文本。

合同内容因不同的招标项目还应包括各自的特殊条款，应当注意，招标文件列明的合同条款对招标人来说虽然只是要约邀请，但实际上已构成投标人对项目提出要约的全部合同基础，因此，合同条款的拟定必须尽可能详细、准确。

3. 招标工程综合说明。包括如下内容：

(1) 工程名称、性质、地点，建设单位名称、电话、邮政编码、法人代表、联系人姓名，监理机构名称，资金来源及批准投资单位、文号，建设工程许可证号，开户银行账号等。

(2) 施工现场所处的地理位置、环境、交通条件、拆迁及"三通一平"情况、施工用地范围、面积、可提供临时用地情况。

（3）工期总数，计划开竣工日期。

（4）示明投标人应认真勘验现场，并取得可能影响其投标报价的所有资料；说明招标方式是公开招标、邀请招标还是议标。

（5）承包方式，要示明是包工包料还是包工不包料。除合同规定外，承建范围内中标人未经建设单位认可不得将工程任务的任何部分分包给他人。若建设单位同意分包，则分包人的社会信誉、质量和施工经验等诸方面均应得到建设单位认可。

4. 工程报价计算的有关规定。包括如下内容：

（1）为统一报价范围和口径，招标文件应作出有关规定和说明。国内建筑工程招标有时提供实物工程清单，有时不提供。

（2）实物工程清单是指列有实物工程分项名称和相应数量的清单。通常建筑工程分项的划分和数量的计算规则，应按照现行的定额规定。对于招标单位提供的实物量清单，各投标单位在编制投标书时，不需重新计算复核和更正。招标结束，建设单位和中标单位在签订施工合同以后，在规定的期限内（如可规定一个月）提出实物工程量的调整意见（该调整指原实物工程量清单中各项单项工程量的增加和减少），经双方互审认可后予以调整。

（3）若不提供实物量清单，可规定统一按现行定额计算工程量及定额价。

（4）工程间接费以及其他费用的计取。各投标单位必须根据自身企业性质以及计费标准和定额计取。投标单位在上述费用上进行竞争而降低取费率，在投标书中要加以说明。工程各种措施费用以及场地租赁、木材二次搬运、超高、土方场外运输等随施工组织设计不同而变化的费用，投标人须根据自行编制的施工组织设计列出工程量和费用。

5. 材料供应方式及材料差价计算办法。招标文件中应说明哪些材料由建设单位供应，哪些材料由中标单位自行采购。对建设单位供应的材料，应明确交货进度、交货地点等。

6. 工程价款的支付方法。招标文件中应明确工程价款的支付方法及预付款项的百分比。中标施工企业预收备料款和已收工程款的总额不超过合同造价的95%，其余5%是在工程竣工验收合格后支付2.5%，保修期满再付2.5%。

7. 工程质量及工期要求。招标文件中应明确中标单位必须严格按照现行的建筑工程施工验收规范进行施工，建设单位按此进行验收，并规定经验收工程质量达到自报工程质量等级的奖励、达不到自报质量等级的惩罚。招标文件应明确开工、竣工日期，并具体规定工期提前的奖励和工期推迟的惩罚的额度。

8. 投标书的编制要求以及评标定标的原则。投标书的组成内容一般包括：标书编制综合说明；投标报价汇总表；投标造价书；施工组织设计等。招标文件中应明确评标定标的原则，也可另行制定评标细则。

9. 投标保证金。为了保证投标工作的严肃性，确保投标工作顺利进行，投标单位在领取招标文件和施工图的同时，须向招标单位交纳投标保证金，一般按概算造价的 0.5‰~1‰ 计算。投标单位在领取招标文件的3天后（包括获得文件的那一天）不得提出退出投标的要求，若中途退出投标，招标单位有权没收其全部投标保证金。各投标单位必须在规定的投标截止期限内，将投标书送到指定地点。对于逾期者，招标单位有权取消其投标资格，没收保证金。未中标的投标单位，应在规定期限内（如最迟10天）向招标单位退回招标文件及有关资料，同时招标单位须归还投标保证金。

10. 招标文件附件。招标文件附件一般包括如下内容：

（1）招标工程范围内的设计图纸。图纸是投标者拟定投标方案、确定施工方法、提出替代方案、计算投标报价必不可少的资料。

（2）招标范围内的单项、单位工程分部实物工程量清单。

（3）对定额项目中标明是"参考价"、"暂定价"的材料项目，在招标文件项目清单中相应注明其名称、单位、"参考价"、"暂定价"。

（4）建设单位自行采购的材料、设备清单。

11. 技术规范。施工技术规范大多套用国家和部委、地方编制的规范、规程内容。它是施工过程中承包商控制质量和工程师检查验收的主要依据，严格按规范施工、验收才能保证最终获得一项合格的工程。规范、图纸和工程量表是投标者在投标时必不可少的参考资料，只有依据它们，投标者才能拟定施工规划（包括施工方案、施工工序等），并据以进行工程估价和确定投标价。在拟定技术规范时，既要满足设计要求、保证工程的施工质量，又不能过于苛刻，因为过于苛刻的要求必然导致投标者抬高报价。编写规范时一般可引用国家、部委正式颁布的规范，但一定要结合本工程的具体环境和要求来选用，同时往往还需要由监理工程师编制一部分具体适用于本工程的技术规定和要求。规范一般包括六个方面的内容：（1）工程的全面描述；（2）工程所采用材料的技术要求；（3）施工质量要求；（4）工程记录、计量方法和支付的有关规定；（5）验收标准和规定；（6）其他不可预见因素的规定。

总之，招标文件的内容必须符合国家有关法律、法规，做到内容齐全、要求明确。招标文件一经招标投标办事机构批准，招标单位不得擅自变更其内容或增加附加条件；确需变更和补充的，报招标投标办事机构批准，在投标截止日期前7天内通知所有单位。

第五节 资格预审

资格预审指在投标前业主对愿意参加投标的承包商的财政状况、技术能力、管理水平和资信等方面进行审查，以确保投标者具有合格的能力、信誉和可靠性。一般做法是在规定的时间内，愿意参加投标者向招标单位购买资格预审书，填写后在规定的期限内报送招标单位，接受审查。

一、资格预审的目的

根据招标投标法第18条规定，招标人可以根据招标项目本身的要求，在招标公告或招标邀请书中，要求潜在投标人提供有关资质证明文件和业绩情况，并对潜在投标人进行资格预审。国家对投标人的资格条件有规定的，依照其规定进行资格预审。即便是不进行资格预审的工程项目，也要进行资格后审。通过资格预审要达到以下目的：

1. 了解投标者的财务能力、技术状况及类似工程的施工经验。

2. 选择在财务、技术、施工经验等方面优秀的投标者参加投标。
3. 淘汰不合格的投标者。
4. 缩短评标阶段的工作时间、减少评审费用。
5. 为不合格的投标者节约购买招标文件、现场考察及投标等费用。

二、资格预审的程序

1. 刊登资格预审广告。资格预审广告应刊登在国内外有影响的、发行面较广的报纸或刊物上，内容应包括：工程项目名称、资金来源、工程规模、工程量、工程分包情况、投标者的合格条件；购买资格预审文件的日期、地点和价格；递交资格预审文件的日期、时间、地点等。

2. 出售资格预审文件。在指定时间、地点出售资格预审文件，售价以文件的成本费为准。

3. 对资格预审文件的答疑。在资格预审文件发售后，购买者可能会对文件提出各种疑问，投标者会以书面形式（包括信件、传真、电报、电传）等提交业主，业主以书面文件向所有投标者解答疑问。

4. 报送资格预审文件。业主在报送截止时间之后，不再接受任何迟到的资格预审文件。业主可以找投标者澄清文件中的各种疑问，投标者不得再对文件实质内容进行修改。

5. 评审资格预审文件。首先组成资格评审委员会，委员会由招标单位、业主代表及财务、技术方面的专家等人员组成。评审内容由以下几项组成：

（1）法人地位。审查企业的资质等级、批准的营业范围、机构及组织等是否与招标工程相适应。若为联合体投标，对合伙人也要审查。

（2）商业信誉。主要审查在建设承包活动中完成过哪些工程项目、资信如何、是否发生过严重违约行为、施工质量是否达到业主满意的程度、获得过多少施工荣誉证书等。

（3）财务能力。财务审查主要为确保投标方能顺利的履行合同，另外，通过财务审查也可以看出该企业经营管理水平的高低。财务审查除了要关注投标人的注册资本、总资产之外，重点应放在近3年经过审计的报表中所反映的实有资金、流动资产、总负债和流动负债，以及正在实施而尚未完成的工程的总投资额、年均完成投资额等。而且在其总收入中还应区分承包工程施工的收入和三产等方面其他收入所占的比例，以便考察投标人实际承包工程的能力。这些审查内容主要通过经审查的损益表、资产负债表以及其他财务资料来反映。此外，由于工程预付款不一定能满足承包商顺利开展施工的全部需要，往往要求其有一定的流动资金或获得银行贷款。因此，还要评价其可能获得银行贷款的能力，或要求其提供银行出具的信贷证明文件。总之，财务能力的审查着重看其可用于本工程的纯流动资金能否满足要求，或施工期间资金不足的解决办法。

（4）技术能力。这方面的评审主要是评价投标人实施工程项目的潜在技术水平，包括人员能力和设备能力两方面。在人员能力方面，又可以进一步划分为管理人员和技术人员的能力评价两个方面。管理人员能力主要评定管理的组织机构、管理施工的计划、与本项目相适应的工作经验等因素；技术能力主要评审技术负责人的施工经验、组成人员的专业覆盖面等是否满足工程要求。这些内容可以通过投标人所报的人员情况调查表来反映。

（5）施工经验。不仅要看投标人最近几年已完成工程的数量、规模，更要看与招标项目相类似的工程的施工经验。因此，在资格预审须知中往往规定强制性合格标准，但要注意施工经验的强制性标准应合理、分寸适当。由于资格预审是要选取一批有资格的投标人参与竞争，同时还要考虑被批准的投标人不一定都来投标这一因素，所以标准不应定得过高。但为确保工程质量，强制性标准也不能定得过低，尤其是对一些专业性强的工程。

6. 通知评审结果。经过评审，对每个投标者统一打分得出综合评审汇总表，然后从高分向低分按预计数目确定合格投标单位名单。评审结果要由业主或上级主管部门批准，批准后按名单发出通过资格预审合格通知。投标者在规定时间内回函，确认参加投标，如不愿参加，可由候补投标人递补，并补发咨询意向，通知所有通过评审的投标人在规定时间、地点购买招标文件。

三、资格预审的方法

资格预审一般采用评分法进行审评，步骤如下：
1. 淘汰资格预审文件达不到要求的公司。
2. 对各投标者进行综合评分。选定用于资格预审的评价因素，确定各因素在评价中所占比例从而得到权重值，对每项分别打分，用分值乘以权重得到每个投标者的综合得分。
3. 淘汰总分低于及格线的投标者。
4. 对总分达到及格线以上的投标者进行分项审查。为了将施工任务交给可靠的承包商完成，不仅要对它的综合能力评分，还要评审它的各项是否满足最低要求。

资格预审的评分标准必须考虑到评标的标准，一般凡属评标时考虑的因素，资格预审评审时可不必考虑。反过来，也不应该把资格预审中包括的标准再列入评标的标准。

资格预审的评审方法一般采用评分法。将预审应考虑的因素分类，并确定其在评审中应占的比分。例如：

总分为　　　　　　　　　（100 分）
机构及组织　　　　　　　（10 分）
人员　　　　　　　　　　（15 分）
设备、机械　　　　　　　（15 分）
经验、信誉　　　　　　　（30 分）
财务状况　　　　　　　　（30 分）

一般申请人所得总分在 70 分以下，或其中有一类的得分不足最高分的 50%者，应视为不合格。各类因素的权重应根据项目性质以及它们在项目实施中的重要性而定。如复杂的工程项目，人员素质应占更多比重；一般的港口疏浚项目，则工程设施和设备应占更大比重。

四、资格预审的定量综合评价法案例

资格预审的主要评价指标是申请投标单位的经验、业绩、人员、机具设备、财务状况等。设定满分为100分，有关指标及其分值分配如下：

1. 投标单位概况（10分）

（1）资质等级与营业内容（5分）

基本符合要求，得3分；完全符合要求，得5分。

（2）总部与分支机构（5分）

工程所在地无分支机构，得3分；总部在工程所在地，得5分。

2. 经验和业绩（30分）

（1）类似典型工程数量（8分）

1至3个，得2分；3至5个，得5分；5个以上，得8分。

（2）类似工程合同额（8分）

300万元以下，得1分；300万元至500万元，得3分；500万元至1 000万元，得5分；1 000万元以上，得8分。

（3）合同履约情况（6分）

有违约行为但不足合同总数的20%，得3分；无违约行为，得6分。

（4）在建工程（8分）

数量超过10个，或总额超过1亿元，得2分；数量5至10个，或总额5 000万元至1亿元，得5分；数量不足5个，或总额不足5 000万元，得8分。

3. 人员（10分）

（1）总部与分支机构人员（4分）

不合适，得0分；基本合适，得2分；合适，得4分。

（2）投入本工程的人员（6分）

不合适，得0分；基本合适，得3分；合适，得6分。

4. 机具设备（15分）

（1）自有机具设备（10分）

不合适，得0分；基本合适，得5分；合适，得10分。

（2）其他机具设备获得的可靠性（5分）

不可靠，得0分；基本可靠，得3分；可靠，得5分。

5. 财务状况（15分）

（1）流动资产（8分）

不足500万元，得2分；500万元至1 000万元，得5分；1 000万元以上，得8分。

（2）每年盈利（7分）

不足300万元，得2分；300万元至500万元，得5分；500万元以上，得7分。

6. 诉讼情况（10分）

（1）内容与标的数额（6分）

一般，得1分；轻微，得3分；无诉讼，得6分。
（2）诉讼参与人（4分）
参与诉讼，且负主要责任，得0分；参与诉讼，但不负主要责任，得2分；不参与诉讼，得4分。
7. 联合体（10分）
（1）联合伙伴选择（6分）
不合适，得0分；较合适，得3分；合适，得6分。
（2）双方的权利和义务（4分）
划分不明确，得0分；划分较明确，得2分；划分明确，得4分。
资格预审评价时，由评委根据递交的文件打出各分项得分值，最后统计出总分，从而排列出投标申请人的顺序，得分较高的前若干名即获得投标资格。总分低于60分的，即可认为没有通过资格预审，不能参加投标。

第六节　开标、评标和定标

一、开标

开标是指把所有投标者递交的投标文件启封揭晓，亦称揭标。
（一）开标前的准备工作
开标会是招标投标工作中一个重要的法定程序。开标会上将公开各投标单位标书、当众宣布标底、宣布评定方法等，这表明招投标工作进入一个新的阶段。开标前应做好下列各项准备工作：
1. 成立评标组织，制定评标办法；
2. 委托公证，通过公证人的公证，从法律上确认开标是合法有效的；
3. 按招标文件规定的投标截止日期密封标箱。
（二）开标的时间和地点
开标时间是招标文件规定的投标截止日期后的某一时间。有的在投标截止日的当天就开标，有的是在投标截止日后的2~3天内开标。开标的地点也应在招标文件中规定。鉴于某种原因，招标机构有权变更开标日期和地点，但必须以书面的形式通知所有的投标者。
（三）开标的组织
一般由业主或其委托的机构（公司）主持开标。有的还规定应邀请公证机关的代表参加，否则，开标在法律上无效。
（四）开标的方式
1. 公开开标　通知所有的投标者参加揭标仪式，其他愿意参加者也不限制，当众公开开标。

2. 有限开标　邀请投标者或有关人员参加仪式，其他无关人员不得参加开标会议。

3. 秘密开标　只有组织招标的成员参加开标，不允许投标者参加开标，然后只将开标的名次结果通知投标人，不公开报价。其目的是不暴露投标者的准确报价数字。

（五）开标应满足的要求

根据招标投标法及其配套法规和有关规定，开标应满足下列要求：

1. 开标应当在招标文件确定的提交投标文件截止时间后的某一时间公开进行；开标地点应为招标文件中预先确定的地点。

2. 开标由招标人或招标代理机构主持，邀请评标委员会成员、投标人代表、公证处代表和有关单位代表参加。投标人若不派代表列席会议，其标书作废，按通常做法，招标人将没收其投标保证金。

3. 开标时，由招标人或其推选的代表检查投标文件的密封情况，也可以由招标人委托的公证机构检查并公证。经确认无误后，由工作人员当众拆封，宣读投标人名称、投标价格和投标文件的其他内容。

4. 招标人在截止时间前收到的所有符合要求的投标文件，开标时都应当众予以拆封、宣读。开标过程应当记录，并存档备查。

5. 投标人可以对唱标作必要的解释，但所作解释不得超过投标文件记载的范围或改变投标文件的实质性内容。

（六）开标的程序

开标、评标、定标活动应在招标投标办事机构的有效管理下进行，由招标单位或其上级主管部门主持进行，公证机关当场公证。开标的一般程序如下：

1. 唱报到会人员，宣布开标会议主持人。
2. 投标单位代表向主持人及公证人员送验法人代表证明或授权委托书。
3. 当众检验和启封标书。
4. 各投标单位代表宣读标书中的投标报价、工期、质量目标、主要材料用量等内容。
5. 招标单位公布标底。
6. 填写建设工程施工投标标书开标汇总表。
7. 有关各方签字。
8. 公证人口头发表公证。
9. 主持人宣布评标办法（也可在启封标书前宣布）。

（七）开标标书有效性审查

有下列情况之一，标书可判为无效标书：

1. 标书未密封。合格的密封标书，应将标书装入公文袋内，除袋口粘贴外，在缝口处用白纸条贴封并加盖骑缝章。

2. 投标书（包括标书情况汇总表、密封签）未加盖法人印章和法定代表人或其委托代理人的印鉴。

3. 标书未按规定的时间、地点送达。

4. 投标人未按时参加开标会。

5. 投标书主要内容不全或与本工程无关，字迹模糊辨认不清，无法评估。

6. 标书情况汇总表与标书相关内容不符。
7. 标书情况汇总表经涂改后未在涂改处加盖法定代表人或其委托代理人印鉴。

二、评标

评标是指根据招标文件确定的标准和方法，对每个投标人的标书进行评价比较，以选出最低评标价的投标人。评标要设立临时的评标委员会或评标小组。在国内，评标组织由招标投标办事机构、建设单位、建设单位主管部门及有关技术专家组成。在国外一般由业主负责组织，由总经济师、总工程师、咨询单位及有关技术专家组成。评标组织提出评审结果并推荐中标者，交由建设单位（业主）批准确定；也可由评标组织直接决定中标人。简言之，评标组织的主要任务是制定评标办法，负责评标，按照评标办法推荐或决定中标人。

（一）评标组织及其任务

1. 成立评标组织

评标组织应由建设单位及其上级主管部门、代理招标单位、设计单位、资金提供单位（投资公司、基金会、银行）以及建设行政主管部门建立的评委库成员组成。评委人数根据工程大小、类别、复杂程度等情况确定。

根据招标投标法第 37 条规定，评标应由招标人依法组建的评标委员会负责。对于依法必须进行招标的项目，评标委员会由招标人代表和有关技术、经济等方面的专家组成。成员人数为 5 人以上单数，其中技术、经济方面的专家不得少于成员总数的三分之二。对法定招标项目以外的自愿招标项目的评标委员会组成，招标投标法未作规定。为了保证评标工作的科学性和公正性，评标委员会必须有权威性，根据招标投标法规定，评标委员会专家应该从事相关领域工作满 8 年，并具有高级职称或同等专业水平，评委会专家由招标人从国务院有关部门提供的专家名册或代理机构专家库内选择，一般招标项目可采取随机抽取方式，特殊项目由招标人直接确定。评标委员会的成员不代表各自的单位或组织，也不应该受任何个人和单位的干扰。另一种评标组织的工作方式是由建设单位下属各职能部门对投标书提出评论意见，然后汇总讨论，提出决标意见。

2. 评标的主要任务

（1）开标前制定评标办法。为贯彻"合法、合理、公正、择优"的评标原则，应在开标前制定评标办法，并告知各投标单位，有条件时可将评标办法作为招标文件的组成部分，与招标书同时发出。

（2）对投标书进行分析、评议；组织投标单位答辩，对标书中不清楚的问题要求投标单位予以澄清和确认；按评标办法考核。

（3）决定中标单位。

（二）评标的工作内容

1. 投标文件的符合性鉴定

所谓符合性鉴定是检查投标文件是否实质上响应招标文件的要求。实质上响应的含义是投标文件与招标文件的所有条件、规定相符，无显著差异或保留。符合性鉴定一般包括下列内容：

（1）投标文件的有效性

A. 投标人（若以联合体形式投标，包括其所有成员）是否已通过资格预审、获得投标资格。

B. 审查投标单位是否与资格预审名单一致，递交的投标保函的金额和有效期是否符合招标文件的规定。如果以标底衡量有效性，审查投标报价是否在规定的范围内。

C. 投标文件是否包括了承包人的法人资格证书及投标负责人的投标授权委托书。如果是联合体，是否提交了合格的联合体协议书以及投标负责人的授权委托书。

D. 投标保证书的格式、内容、金额、有效期、开具单位是否符合招标文件的要求。

E. 招标文件是否按规定进行了有效的签署。

（2）投标书的完整性

投标文件是否包括了招标文件规定的应该递交的全部文件，例如除报价单外，是否按要求提交了工作进度计划表、施工方案、合同付款计划表、主要施工设备清单等其他材料。如果缺少其中某一项内容，则无法进行客观、公正的评价，只能按废标处理。

（3）投标书与招标文件的一致性

A. 招标文件中要求填写的空白栏目是否全部填写、作出明确的回答，如投标书及其附录是否完全按照要求填写。

B. 如果招标文件指明是反应标，则投标书必须严格地对招标文件的每一项空白栏作出回答，不得有任何修改或附带条件。如果投标人对任何栏目的规定有说明要求时，只能在完全答应原标书的基础上，以投标致函的方式另行提出自己的建议。对原标书私自作出修改或用括号注明条件，都将与业主的招标要求不一致，也按废标对待。

C. 对于招标文件的任何条款、数据或说明是否有修改、保留或附加条件。

（4）报价计算的正确性

初审评标不仔细研究各项目报价金额是否合理、准确，仅审核是否有计算统计错误。若出现的错误在规定的允许范围之内，由评标委员会予以改正，并请投标人签字确认。若他拒绝改正，不仅按废标处理，而且按投标人违约对待。当错误值超出允许范围时，按废标对待。修改报价统计错误的原则如下：

A. 如果数字表示的金额与文字表述的金额有出入，以文字表示的金额为准。

B. 如果单价和数量的乘积与总价不一致，以单价为准。若属于明显的小数点错误，则以标书的总价为准。

C. 如果副本与正本不一致，以正本为准。

只有合格的标书才能进入下一轮的详评，再按报价由低到高重新排列名次。因为排除了一些废标并对报价错误进行了某些修正，这个名次可能和开标时的名次不一致。一般情况下，评标委员会会将新名单中的前几名初步作为备选的潜在中标人，作为详评阶段重点评价的对象。

2. 价格分析

价格分析不仅要求对各标书进行报价数额的比较，还要对主要工作内容及主要工程量的单价进行分析，并对价格组成各部分比例的合理性进行评价。分析投标价的目的在于鉴定各投标价的合理性，并找出报价高低的主要原因。

（1）报价构成分析。用标底价与标书中各单项合计价、各分项工作内容的单价及总价进行比照分析，对差异比较大的地方找出其产生的原因，从而评定报价是否合理。

（2）计日工报价分析。分析有没有名义工程量，以及计日工报价的机械台班费和人工费单价的合理性。

（3）分析不平衡报价的变化幅度。虽然允许投标人为了解决前期施工中资金流通的困难而采用不平衡的报价法投标，但不允许有严重的不平衡报价，否则会过大地提高前期工程的付款要求。

（4）资金流量的比价和分析。审查其所列数据的依据，进一步复核投标人的财务实力和资信可靠程度；审查支付计划中预付款和滞留金的安排与招标文件是否一致；分析投标人资金流量和其施工进度之间的相互关系；分析投标人资金流量的合理性。

（5）分析投标人提出的财务或付款方面的建议和优惠条件（如延期付款、垫资承包等），并估计接受其建议的利弊，特别是接受财务方面的建议后可能导致的风险。

3. 技术评估

技术评估的目的是确认和比较投标人完成本工程的技术能力以及他们的施工方案的可靠性。技术评估的主要内容如下：

（1）技术方案的可行性

对各类分部分项工程的施工方法、施工人员和施工机械设备的配备、施工现场的布置和临时设施的安排、施工顺序及其相互衔接等方面的评审，特别是对该项目的关键工序的施工方法进行可行性论证，应审查其技术的最难点或先进性、可靠性。

（2）施工进度计划的可靠性

审查施工进度计划是否满足竣工时间的要求，是否科学合理、切实可行，同时还要审查保证施工进度计划的措施，例如施工机具、劳务的安排是否合理和可能等。

（3）施工质量保证

审查投标文件中提出的质量控制和管理措施，包括质量管理人员的配备、质量检测仪器的配置和质量管理制度。

（4）工程材料和机器设备供应的技术性能

审查主要材料和设备的样本、型号、规格和制造厂家名称、地址等，判断其技术性能是否达到设计标准。

（5）分包商的技术能力和施工经验

如果投标人拟在中标后将中标项目的部分工作分包给他人完成，应当在投标文件中载明。应审查拟分包的工作是否非主体、非关键性工作；审查分包人是否具备应当具备的资格条件、完成相应工作的能力和经验。

（6）建议方案的可行性

如果招标文件中规定可以提交建议方案，应对投标文件中的建议方案的技术可靠性与优缺点进行评估，并与原招标方案进行对比分析。

4. 商务评估

商务评估的目的是从工程成本、财务经验分析等方面评审投标报价的准确性、合理性、经济效益和风险等，比较投标给不同的投标人产生的不同后果。商务评估在整个评标工作中通常占有重要地位。商务评估的主要内容如下：

(1) 审查全部报价数据计算的正确性

全面审核对投标报价数据，看是否有计算上的错误，如有，按"投标者须知"中的规定改正和处理。

(2) 分析报价构成的合理性

通过分析报价中直接费用、间接费用、利润和其他费用的比例关系、主体工程与各专业工程价格的比例关系等，判断报价是否合理。注意审查工程量清单中的单价有无脱离实际的"不平衡报价"；计日工劳务和机械台班（时）报价是否合理等。

(3) 对建议方案的商务评估（如果有的话）。

5. 投标文件的澄清

为了有助于投标文件的审查、评价和比较，评标委员会可以在必要时约见投标人对其投标文件进行澄清。评委会以口头或书面形式提出问题，投标人在规定的时间内以书面形式正式答复。澄清和确认的问题必须由授权代表正式签字，并声明将其作为投标文件的组成部分，但澄清问题的文件不允许变更投标价格或对原投标文件进行实质性修改。

澄清的内容包括要求投标人补充报送某些标价计算的细节资料；对其具有某些特点的施工方案作出进一步的解释；补充说明其施工能力和经验；对其提出的建议方案作出详细的说明等。

6. 综合评价与比较

综合评价与比较是在以上工作的基础具有之上，根据事先拟定好的评标原则、评标指标和评标办法，对筛选出来的若干个具有实质性响应的投标文件进行综合评价与比较，最后选定中标人。中标人应当符合以下条件之一：

(1) 能最大限度地满足招标文件中规定的各项综合评价标准；

(2) 能满足招标文件各项要求，并且经评审的投标价格最低，但是投标价格低于成本的除外。

一般设置的评价指标包括：

- 投标报价
- 施工方案（或施工组织设计）与工期
- 质量标准与质量管理措施
- 投标人的业绩、财务状况、信誉等

(三) 评标的方法

对于通过资格预审的投标者，他们的财务状况、技术能力、经验及信誉在评标时可不必再评审。评标时主要考虑报价、工期、施工方案、施工组织、质量保证措施、主要材料用量等方面的条件。如果在投标过程中未经过资格预审，在评标中首先进行资格预审，剔除在财务、技术和经验方面不能胜任的投标者，在招标文件中应加入资格审查的内容，投标者在递交投标书的同时递交资格审查的资料。

评标方法的科学性对于实现平等的竞争、公正合理地选择中标者是极其重要的。评标涉及的因素很多，应分门别类，在有主有次的基础上结合工程的特点确定科学的评标方

法。现行常用的评标方法如下:

1. 专家评议法

这种方法是由评标小组或评标委员会拟定评标的内容,例如工程报价、工期、主要材料消耗、施工组织设计、工程质量保证和安全措施,分项进行分析比较或调查,进行综合评议,选择其中各项条件都较优良者为中标单位。这种方法是一种定性的优选法,能深入听取各方的意见,但易出现众说纷纭、意见难以统一的现象。

2. 低标价法

这种方法是在通过了严格的资格预审和其他评标内容都符合要求的情况下,只按投标报价来定标的一种方法。世行贷款项目多采用此种评标方法。

这种评标方法有两种方式,一种方式是将所有投标者的报价依次排列,取其三个低报价,对低报价的投标者进行其他方面的综合比较,择优定标。另一种方式是"A+B值评标法",即以低于标底一定幅度以内的报价的算术平均值为A,以标底或评标小组确定的更合理的标价为B,然后以"A+B"的均值为评标标准价,选出低于或高于这个标准价某个幅度的报价的投标者进行综合分析比较,择优选定。现列举一按照"低标价法"评标的实例如下。

该项目是世界银行对某国某一水电站建设的贷款项目。评标结果必须交世界银行批准才能签订合同,各项工程合同投标报价的名次如表2-2所示,表中报价按开标当天汇率统一折算为美元。

表2-2 　　　　　某国水电站的土木工程投标报价结果表

工程项目	投标者名称	报价/万美元
第一项:坝和溢洪道	Dumez（法国）	6 550
	Kajima（日本）	7 820
	Hyundai（韩国）	7 920
	Aoki（日本）	8 060
	Shimizu（日本）	8 250
第二项:输水管	Hyundai（韩国）	7 260
	SBTP（法国）	6 730
	Lsinger（瑞士）	8 230
	Laisei（日本）	8 550
	Kajima（日本）	8 760
第三项:电站厂房和开关站	Maeda（日本）	3 680
	Hyundai（韩国）	3 970
	Dumez（法国）	4 000
	Kajima（日本）	4 330
	Lsinger（瑞士）	4 660

评标小组报世界银行的中标者的建议为：第一项由 Kajima（日本）中标；Dumez（法国）虽报价低，但因施工机械不足，不能中标。第二项由 SBTP（法国）中标，因为在开标以后规定期限内法郎贬值，以当年 5 月 5 日的折算值，Hyundai（韩国）为 7 260 万美元，SBTP（法国）为 6 730 万美元，此时 SBTP（法国）的报价低于 Hyundai（韩国）。第三项由 Maeda（日本）中标，因报价最低。

世界银行收到评标小组的评标报告后，马上派出工作组对评标报告进行了详细研究和调查，对于评标小组建议的第一项和第三项的中标者提出了异议。世界银行工作组认为，在满足招标文件的要求和技术方案合理的情况下，若无特殊理由，应选取报价最低的投标者，他们数次召集该国能源部的此项目负责人和评议小组及几个投标者分别开会。第一项的投标者 Dumez（法国）表示同意评标小组的看法，他们的施工机械设备确实不足以对该项工程施工，但表示愿意增加施工设备而不额外增加报价。在这种情况下，世界银行同意让 Dumez（法国）公司中标。

对第三项，因为一个投标者投标超过两项时，在评标时可将其标价折扣 4% 之后再进行比较，所以对 Dumez（法国）公司而言，在比较第一项、第三项标价时，应折扣 4% 后再作比较。其标价比较结果计算如下：

（6 550+4 000）×（1−0.04）= 10 128（万美元）

6 550+3 680 = 10 230（万美元）

因此，在考虑折扣的条件下，Dumez（法国）第一项和第三项的报价之和（10 128 万美元）低于 Demez（法国）第一项与 Maeda（日本）第三项的报价之和（10 230 万美元），故第三项也应由 Dumez（法国）中标。

3. 综合评定法

综合评定法是在充分阅读标书、认真分析标书优劣的基础上，经评委充分讨论确定中标单位的评标定标方法。

标书内容包括工程预算书、工期目标、质量等级目标、施工组织设计、优惠条件、报价、本次投标的项目经理两年内施工实绩及优良工程证书等。标书中的预算价与经审定的标底价比偏差在 3%～5% 范围内，该标书为有效标书。按照招标文件的规定，标书中的报价在低于标底的某一范围内，该标书为有效标书。若标书预算价均超出了有效标书的范围，则由招标投标办事机构召集有关部门对标底重新审定。若标底有误，则按调整后的标底评标；若标底无误，则该工程可转为议标。招标文件中应明确规定报价均超出有效范围时的处理办法，但中标价不得高于标底价。

评委按招标文件中确定的评标原则进行综合评标，若评委意见分歧较大，不能取得一致意见，可采用投票法决定中标单位。

4. 计分法

计分法是由评委对投标单位的预算主材用量、报价、工期目标、质量等级目标、施工组织设计、施工实绩等按事先确定的评分标准分别打分，汇总得分后，根据总得分和总报价综合评定，择优选定中标人的评标定标方法。

计分法常采用百分比，各评分要素的权重（分值分布）可根据工程具体情况确定。

常用分值分布为：工程预算5~15分，主材用量5~10分，工期目标5分，质量等级目标5~8分，施工组织设计10~30分，施工实绩0~10分，总分100分。

计分法常将评委分成经济、技术两组分别打分。评分时，评委应经过充分讨论形成一致意见，对每个投标人每组只打出一个分值。若分歧较大，不能形成一致意见，可由评委各自对各投标人打分，计分时，去掉一个最高分，去掉一个最低分，其余分值取平均值。各投标得分汇总后，全体评委根据总得分和总报价综合评定，择优选择中标人。

5. 系数法

系数法适用于政府或业主对工期有特殊要求的、边设计边施工、工程开工时尚无法编制准确预算的建筑工程。标书中预算部分以取费率表示，报价部分以按实结算后下浮百分率表示，评委充分阅读标书后，综合评定，择优选择中标人。

在系数法评标过程中，评委应充分阅读标书，认真分析，并按下列顺序优先考虑中标人：

(1) 工期安排合理。
(2) 施工组织设计优良。
(3) 施工实绩好，优良工程多。
(4) 质量目标优良。
(5) 取费标准恰当，让利幅度合理。

若评委不能形成一致意见，可采用投票法确定中标人。

6. 协商议标法

政府有明确规定必须保密的工程项目，经主管部门批准后，评委可全部由招标单位选定。招标投标办事机构和公证机关可不参加评标过程，但招标文件及评标结果必须经招标投标办事机构审查认可。

因公开招标或邀请招标失败而转为议标的工程，可与原投标人按原开标顺序分别协商议定，若均不能定标，经招标投标办事机构同意后，可重新选择投标人协商议标。

评标时评委应认真研究标书，综合考虑，一般应以施工组织设计最优者优先商议，中标价由双方议定，但不得高于标底价。若评委不能达成一致意见，可采用投票法确定中标人。

7. 投票法

投票法是由全体评委投票表决中标人的评标定标方法。采用其他评标办法不能达成一致意见时，经招标投标办事机构批准，可采用投票法，在依据其他评标定标方法产生的两个中标候选人中投票确定一个中标人。

(四) 评标应注意的问题

1. 标价合理

当前一般是以标底价格为中准价，以接近标底价格的报价为合理标价。如果确定低报价的投标人为中标者，应弄清下列情况：企业是否采用了先进技术确实可以降低造价，或有自己的廉价建材采购基地、能保证得到低于市场价的建筑材料；企业是否在管理上有独到的方法；企业是否出于竞争的长远考虑，在一些非主要工程上让利承包，以便提高企业知名度和占领市场，为今后在竞争中获利打下基础。

2. 工期适当

国家规定的建设工程工期定额是建设工期的参考标准，对于盲目追求缩短工期的现象要认真分析，判断是否经济合理。要提前工期，必须要有可靠的技术措施和经济保证。要注意分析投标企业是否为了中标而迎合业主无原则缩短工期的情况。

3. 注意尊重业主的自主权

在社会主义市场经济条件下，特别是在建设项目实行业主负责制的情况下，业主不仅是工程项目的建设者、投资的使用者，也是资金的偿还者。评标组织是业主的参谋，要对业主负责。业主要根据评标组织的评标建议作出决策，这是理所当然的。但是评标组织要防止来自行政主管部门和招标管理部门的干扰。政府行政部门、招标管理部门应尊重业主的自主权，不应参加评标决标的具体工作，主要从宏观上监督和保证评标决标工作公正、科学、合理、合法，为招投标市场的公平竞争创造一个良好的环境。

4. 注意研究科学的评标方法

评标组织要根据本工程特点研究科学的评标方法，保证评标不"走过场"，防止假评暗定等不正之风。

三、定标

定标，也称决标，是指评标小组对投标书按既定的评标方法和程序得出评标结论。

（一）定标的程序

1. 确定中标人。业主根据评委会提供的评标报告，确定中标人。根据招标投标法第41条规定，中标人的投标应符合以下条件之一：（1）能最大限度满足招标文件中规定的各项综合评价指标；（2）能满足招标文件的实质性要求，并且经评审的投标价格最低，但投标价格低于成本的除外。如评委会认为所有投标都不符合招标文件要求，可否决所有投标。通常有以下几种情况：（1）最低评标价大大超过标底和合同估价；（2）所有投标人在实质上均未响应投标文件的要求；（3）投标人过少，没有达到预期竞争力。依法必须进行招标的项目的所有投标被否决时，招标人应依法重新招标。招标投标法第43条规定，在确定中标人前，招标人不得与投标人就投标价格、投标方案等实质性内容进行谈判。

2. 核发中标通知书。中标人确定后，招标人应向中标人发出中标通知书，中标通知书的实质内容应当与中标单位投标文件的内容相一致。中标通知书的格式如下：

中标通知书

_____（建设单位名称）的_____（建设地点）_____工程，结构类型为_____，建设规模为_____。经_____年_____月_____日公开开标后，经评标小组评定并报招标管理机构核准，确定_____为中标单位，中标标价人民币_____元，中标工程自_____年_____月_____日开工，_____年_____月_____日竣工，工期_____天（日历日），工程质量达到国家施工验收规范（优良、合格）标准。

中标单位收到中标通知书后，在_____年____月____日____时前到_____（地点）与建设单位商定合同。

建设单位：（盖章）
法定代表人：（签字、盖章）
　　　　　　　　　　　　　　　　　　日期：_____年_____月_____日

招标单位：（盖章）
法定代表人：（签字、盖章）
　　　　　　　　　　　　　　　　　　日期：_____年_____月_____日

招标管理机构：（盖章）
审核人：（签字、盖章）
　　　　　　　　　　　　　　　　　审核日期：_____年_____月_____日

招标人有义务将中标结果通知所有未中标人。对于依法必须进行招标的项目，招标人应自确定中标之日起15日内，向有关行政监督部门提交招投标情况的书面报告。中标通知书具有法律效力，通知书发出后，中标人改变中标结果或放弃中标项目的，应当承担法律责任。招标单位拒绝与中标单位签订合同的，应当双倍返还其投标保证金，并赔偿相应损失。

3. 授标。中标人接到中标通知书后，即成为该招标工程的施工承包商，应在中标通知书发出之日起30日内与业主签订施工合同，合同自双方签字盖章之日起成立。签约前业主与中标人还要进行决标后的谈判，但不得再行订立违背合同实质性内容的其他协议。在决标后的谈判中，如果中标人拒签合同，业主有权没收他的投标保证金，再与其他人签订合同。

业主与中标人签署施工合同后，对未中标的投标人也应当发出落标通知书，并退还他们的投标保证金，至此，招标工作即告结束。

图2-2和图2-3为某市某大型工程的评标和定标流程图。

评标应在封闭场所进行，评标开始前由评标委员会主任组织专家组学习评标定标办法和细则，细化各标段评审要素和评分标准分值

↓

评审专家分组阅读招标文件、投标文件及相关资料

↓

评审专家讨论、评议，评标委员会应安排投标人进行问题澄清或答疑，答疑记录应签名保存

↓

在澄清会后，评委分组对投标文件经济及技术部分进行记名打分，各评委独立打分完毕后，当场由工作人员和公证人员复核计算无误后密封保存

↓

评委会分组起草技术、经济初评报告，评审报告由评委会通过后再由评审小组签名

图2-2 评标过程框图

```
定标会在交易中心召开，施工招投标领导小组成员参加，由组长主持定标会，市建设局、审计中心、
反贪局、公证处等参加
                    ↓
听取评标委员会评审意见，审查评标报告；对重大问题作出决定；打商务分，评分表由公证处保存
                    ↓
              投标单位进场
                    ↓
          市政府项目审计中心当场公布标底
                    ↓
由公证处检查报价书密封情况，当众公布各家报价，按照打分标准计算出报价分
                    ↓
由公证处当众打开技术、经济、商务密封袋，统计技术、经济、商务得分，按权重计算投标人总分，
按得分高低确定中标人
                    ↓
          建设局填写定标书并由有关各方会签
```

图 2-3　定标过程框图

（二）定标应满足的要求

1. 在确定中标人前，招标人不得与投标人就投标价格、投标方案等实质性内容进行谈判。

2. 评标委员会成员应当客观、公正地履行职务，遵守职业道德，对所提出的评审意见承担个人责任。评标委员会成员不得私下接触投标人，不得接受投标人的财物或其他好处。评标委员会成员和参与评标的有关工作人员不得透露投标文件的评审和比较情况、中标候选人的推荐情况以及与评标有关的其他情况。

3. 评标委员会推荐的中标候选人应该为 1 至 3 人，并且要排列先后顺序，招标人只能选择排名第一的中标候选人作为中标人。对于使用国有资金投资和利用国际融资的项目，如果排名第一的投标人因不可抗力不能履行合同、自行放弃中标或未按要求提交投保金的，招标人可以选取排名第二的中标候选人作为中标人，依此类推。

4. 中标人应当按照合同约定履行义务，完成中标项目。中标人不得向他人转让中标项目，也不得将中标项目肢解后分别向他人转让。按照合同约定或者经招标人同意，中标人可以将招标项目的部分非主体、非关键性工作分包给他人完成。接受分包的人应当具备相应的资格条件，并不得再次分包。中标人应当就分包项目向招标人负责，接受分包的人就分包项目承担连带责任。

复习思考题

1. 施工招标工程和招标人各应具备哪些条件？
2. 公开招标的工作程序有哪些步骤和工作内容？

3. 选择招标方式应考虑哪些因素？
4. 招标文件包括哪些基本内容？
5. 什么是标底？其作用是什么？
6. 试述采用施工图编制标底的基本步骤和方法。
7. 投标须知包含哪些主要内容？
8. 资格预审应评审哪些方面？申请人应提交哪些基本材料？
9. 评标的工作内容有哪些？
10. 评标可采用哪些方法？

第三章 建设工程施工投标

第一节 投标的组织及工作程序

一、投标的组织

投标是建筑施工企业获得工程施工任务的必要途径,也是施工企业经营决策的重要组成部分。在建筑市场实行招投标制的竞争中,项目业主(或招标人)处于买方市场的主动地位,对投标人进行严格的挑选。施工企业在投标过程中除了应在技术、经验、经营管理和信誉等方面具备一定的优势外,还必须建立一个强有力的投标工作班子进行精心组织、积极谋划,才能获得较多的中标机会,在竞争中立于不败之地。

为迎接技术和管理方面的挑战,在竞争中取胜,承包商的投标班子应该由如下三种类型的人才组成:一是经营管理类人才;二是技术专业类人才;三是商务金融类人才。

所谓经营管理类人才,是指专门从事工程承包经营管理、制定和贯彻经营方针与规划、负责工作的全面筹划和安排、具有决策水平的人才。这类人才应具备以下基本条件:

1. 知识渊博、视野广阔。经营管理类人员必须在经营管理领域有相当的造诣,对其他相关学科也应有一定的了解。只有这样,才能全面地、系统地观察和分析问题。

2. 具备一定的法律知识和实际工作经验。该类人员应了解我国乃至国际上的有关法规和国际惯例,并对开展投标业务所应遵循的各项规章制度有充分的了解。同时,丰富的阅历和实际工作经验可以使投标人员具有较强的预测能力和应变能力,对可能出现的各种问题进行预测并采取相应的措施。

3. 勇于开拓,有较强的思维能力和社会活动能力。渊博的知识和丰富的经验,只有和较强的思维能力结合,才能保证经营管理人员对各种问题进行综合、概括、分析,并作出正确的判断和决策。此外,该类人员还应具备较强的社会活动能力,积极参加有关的社会活动,扩大信息交流,不断吸收投标业务工作所必需的新知识和情报。

4. 掌握一套科学的研究方法和手段。如科学的调查、统计、分析、预测。

所谓技术专业类人才,主要是指工程设计及施工中的各类技术人员,诸如建筑师、土木工程师、电气工程师、机械工程师等各类专业技术人员。他们应拥有本学科最新的专业知识,具备熟练的实际操作能力,以便在投标时能从本公司的实际技术水平出发,考虑各项专业实施方案。

所谓商务金融类人才，是指具有金融、贸易、税法、保险、采购、保函、索赔等专业知识的人才。财务人员要懂税收、保险、涉外财会、外汇管理和结算等方面的知识。

以上是对投标班子三类人员个体素质的基本要求。一个投标班子仅仅做到个体素质良好往往是不够的，还需要各方的共同参与、协同作战，充分发挥群体的力量。

除上述关于投标班子的组成和要求外，还须注意保持投标班子成员的相对稳定、不断提高其素质和水平，这对于提高投标的竞争力至关重要。同时，应逐步采用或开发有关投标报价的软件，使投标报价工作更加快速、准确。如果是国际工程（包括境内涉外工程）投标，则应配备懂得专业合同管理的翻译人员。

二、投标的工作程序

投标的工作程序应与招标程序相配合、相适应。为了取得投标的成功，首先要了解图3-1所示的投标工作程序流程图及其各个步骤。

（一）投标的前期工作

投标的前期工作包括获取投标信息与前期投标决策，即从众多招标信息中确定选取哪个（些）作为投标对象。要注意如下问题：（1）获取信息并确定其可靠性。从招标程序中可知，如果是国际贷款项目，在项目批准前的评估阶段采购方式即已决定，因此投标商应尽早介入，与项目方取得联系。在我国，目前全面报道我国和世界各地贷款项目预告信息的有机械部的"机电产品国际招标信息中心"。该中心办有《招标与市场》月刊与快讯，月刊是项目预告，快讯是招标广告。报道的项目包括世界银行、亚洲开发银行、非洲开发银行、加勒比开发银行、日本政府贷款等国际贷款项目。（2）对业主进行必要的调查研究。

（二）申请投标和递交资格预审书

向招标单位申请投标，可以直接报送，也可以采用信函、电报、电传或传真。申请投标和争取获得投标资格的关键是通过资格审查，因此申请投标的承包企业除向招标单位索取和递交资格预审书外，还可以通过其他辅助方式，如发送宣传本企业的印刷品，邀请业主参观本企业承建的工程等，使他们对本企业的实力及情况有更多的了解。

（三）接受投标邀请和购买招标文件

申请者接到招标单位的投标申请书或资格预审通知书，就表明他已具备并获得了参加该项目投标的资格。如果他决定参加投标，就应按招标单位规定的日期和地点，凭邀请书或通知书及有关证件购买招标文件。

（四）研究招标文件

招标文件是投标和报价的主要依据，也是承包商正确分析判断是否进行投标和如何获取成功的重要依据，因此应组织得力的设计、施工、估价等人员对招标文件认真研究。研究重点应放在投标人须知、合同条件或条款、设计图纸、工程范围、工程量清单、技术规范和特殊要求等方面。通过对招标文件的认真研究，全面权衡利弊得失，才能据此作出评价和是否投标报价的决策。

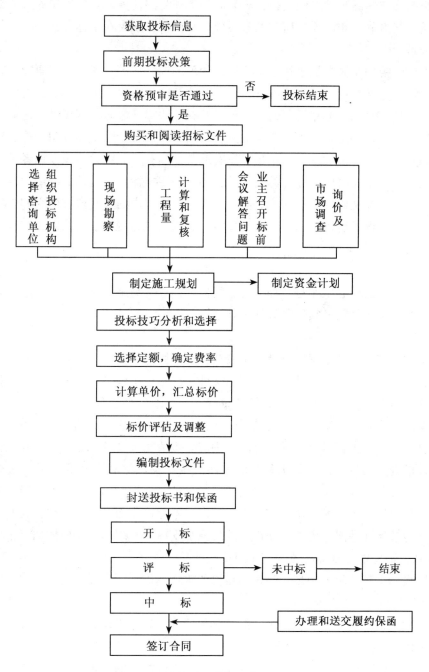

图 3-1 投标程序

从取得招标文件到投标截止日期时间有限,工作任务又重,因此在研究招标文件时,如发现疑问应及时向招标单位质询或核实。同时,还应组织人力抓紧编制施工组织计划(国外称施工计划),估算工程成本并初步确定标价。

（五）调查研究和澄清问题

在研究招标文件的基础上做出投标决策后，下一步的任务就是要尽快通过调查研究和对问题的质询与澄清，获取投标所需的有关数据和情报，解决在招标文件中存在的问题并进行投标准备。

投标者应重视并积极参加由招标单位组织的现场勘察活动，深入调查研究，收集必需的资料，诸如当地材料情况、环境条件、施工场地及内外交通、水电供应、劳力及物资设备供应条件、爆破时间和道路桥梁通行限制以及有关法律、法规。现场勘察之前，应先仔细研究招标文件，特别是文件中的工作范围、专用条款、设计图纸和说明，然后拟定出调研提纲，确定重点要解决的问题，做到事先有准备，因有时业主只组织投标者进行一次现场勘察。此外，除了及时质询存在的问题外，还应利用招标单位组织的澄清问题和交底的机会进一步明确招标文件的有关内容。同时，还应进行国内的某些调查研究和资料收集工作。如国内材料与设备价格、运费标准、保险、出国人员计费标准等，以利于切实做好工程估价和标价编制工作。

（六）编制施工计划

编制投标文件的核心工作是计算标价，而标价计算又与施工方案及施工组织计划密切相关，所以在计算标价前必须编制好施工计划。

1. 核实工程量

这项工作直接关系到工程计价及报价策略，必须做好。如发现有漏误或不实之处，应及时提请有关部门澄清。一般情况下，招标文件中已给定工程量，而且规定对工程量不做增减。在这种情况下，只需复核其工程量即可。若发现所列工程量与调查及核实结果不符，可在编制标价时采取调整单价的策略，即提高工程量可能增加的项目的单价。如招标文件中仅有图纸，而工程量需逐项计算时，则应先搞清招标文件，熟悉图纸和工程量计算规则，合理地划分项目。在计算工程量时应注意按有关国家和地区的惯用方法进行。例如，有的招标文件中规定混凝土的分项内包括了模板，模板就不应再单独列项。有的国家对基坑挖方量是按基础接触土壤的实际面积计算，不留操作面，也不放坡，我们在计量及计价时，就应按实际情况考虑留操作面、放坡或加支撑，其附加费用应摊加于单价中。

2. 编制施工规划（投标阶段为施工组织设计）

编制所投标工程的施工规划，是投标报价的重要基础。

（七）估价和确定投标标价

包括定额分析、单价计算、确定利润及其他费率、计算工程成本及确定标价等。

（八）编制投标文件

编制投标文件，简称编标。投标文件应按招标文件规定的要求进行编制，一般不能带有任何附加条件，否则可能导致被否定和作废。

（九）投标文件的投递

投标文件备齐并由本单位及负责人签印后，分类装订成册封入密封袋中，在规定的期限内投送到指定的地点，逾期作废。但也不宜过早，以便在发生新情况时可做更改。

投标文件送达并被确认合格后，投标人应从收件处领取回执作为凭证。投标文件发出后，在规定的截止日期前或开标前，投标人仍可修改标书的某些事项。

除招标文件要求的内容外，投标人有时还可在标书中写明有关建议和报价依据，并作出报价可以协商或有某种优惠条件等方面的暗示，以吸引业主。

（十）参加开标会、授标与签约

1. 开标会议

当招标者采取公开开标方式时，投标人应按规定的日期参加开标会。招标委员会宣布符合条件的投标者和报价，以及报价低的承包候选人，并予以正式记录。至于秘密开标方式，不允许投标人参加开标会，由招标委员会将开标结果通知候选人。

2. 决标过程中的竞争策略

决标前，投标人应利用决标过程中的这段时间加强与业主的联系。最好能聘请有声望的、活动能力强的代理人进行必要的活动，利用各种方式和途径展开竞争以争取中标。首先，一些发展中国家的招标者在进行定标选择时，常优先考虑投标人所能提供信贷的情况，因而常授标给报价较高、但在资金融通方面对己有利的投标人。其次，在决标中，招标者常常同时选择两个以上的承包候选人，促使他们为争取中标而相互压低价格。例如在沙特阿拉伯的一项水泥厂工程招标中，一家法国公司原以低价领先，但在决标过程中，德国的一家公司却因压价15%而夺标。再如，参加伊拉克某桥的投标时，中标者将原定的工期缩短了3个月，此举对其夺标起到重要的作用。例如在科威特也比延大桥工程中，法国布维克公司提出了较原设计更先进的方案，缩短了工期，造价最低，从而一举夺标。

3. 中标和授标

投标人收到招标单位的授标通知书，即获得工程承建权，称为中标或得标，表示投标人在投标竞争中获胜。投标人接到授标通知书以后，应在招标单位规定的时间内与招标单位谈判，并签订承包合同，同时还要向业主提交履约保函或保证金。如果投标人在中标后不愿承包该工程而逃避签约，招标单位将按规定没收其投标保证金作为补偿。

第二节　投标的准备工作

一、投标前期的准备工作

投标前期的准备工作包括获取投标信息与前期投标决策，即从众多招标信息中确定选取哪个（些）作为投标对象。要注意如下几个问题：

（一）查证信息并确定信息的可靠性

目前，国内建设工程招标仍与国际招标存在一定的差距，特别是在信息的真实性、公平性、透明度、业主支付工程价款、承包商履约的诚意、合同的履行等方面存在不少问题。因此，要参加投标的企业在决定投标的对象时，必须认真分析验证所获信息的真实可靠性。在国内做到这一点并不困难，可通过与招标单位直接洽谈，证实其招标项目确实已立项批准和资金已落实即可。

（二）对业主进行必要的调查分析

对业主的调查了解是确定实施工程的酬金能否收回的前提。有些业主单位长期拖欠工程款，致使承包企业不仅不能获取利润，甚至连成本都无法收回。还有些业主单位的工程负责人与外界勾结，索要巨额回扣，中饱私囊，致使承包企业苦不堪言。承包商必须对获得项目之后履行合同的各种风险进行认真的评估分析。风险可以带来效益，但不良的业主同样也可使承包商陷入泥潭而不能自拔。利润总是与风险并存的。

（三）成立投标工作机构

如果已经核实了信息，证明某项目的业主资信可靠，没有资金不到位及拖欠工程款的风险，则建设施工企业可以做出投标该项目的决定。

为了确保在投标竞争中获胜，建设施工企业必须精心挑选精干且富有经验的人员组成投标工作机构。该工作机构应能及时掌握市场动态，了解价格行情，能基本判断拟建项目的竞争态势，注意收集及积累有关材料，熟悉工程招投标的基本工作程序，认真研究招标文件和图纸，善于应用竞争策略，能针对具体项目的特点制定出恰当的投标报价策略，至少能使其报价进入预选圈内。

若承包工程公司在工程所在国或地区已设有分支机构，有关该工程的投标事宜可由该分支机构进行。否则需组织一个专门班子，包括施工、经济、预算或估价以及设计方面的人才，其人员要有较丰富的业务经验、较强的能力及涉外工作素质。

投标工作机构通常应由以下人员组成：

（1）决策人。通常由部门经理和副经理担任，也可由总经济师负责。

（2）技术负责人。可由总工程师或主任工程师担任，其主要责任是制定施工方案和各种技术措施。

（3）投标报价人员。由经营部门的主管技术人员、预算师等担任。

此外，物资供应、财务计划等部门也应积极配合，特别是在提供价格行情、工资标准、费用开支及有关成本费用等方面给予大力协助。

投标机构的人员应精干、富有经验且受过良好培训，有娴熟的投标技巧和较强的应变能力。这些人应渠道广、信息灵、工作认真、纪律性强，尤其应对公司绝对忠诚。投标机构的人员不宜过多，特别是在最后决策阶段，参与的人数应严格控制，以确保投标报价的机密。组成一个干练的投标班子非常重要，对参加投标的人员要认真挑选。他们要熟悉了解招标文件，包括合同条款；会拟定合同文稿，对投标、合同谈判和合同签约有丰富的经验。此外，还应具有以下方面的知识和能力：

（1）对招标投标法、合同法、建筑法等法律、法规有一定的了解。

（2）不仅有丰富的工程经验、熟悉施工和工程估价，还有设计经验，以便从设计角度或施工角度对招标文件的设计图纸提出改进方案，以节省投资和加快工程进度。

（3）熟悉工程采购，因为材料、设备往往占工程造价的一半。

（4）具备工程报价和解决相关经济问题的能力。

二、投标的准备工作

进入承包市场进行投标，必须做好一系列的准备工作，主要内容如下：

（一）登记注册

承包国际工程的企业要在国外参加投标或承包工程项目，通常需在工程所在地国的有关部门登记注册，取得合法地位后，才能开展有关的业务活动。某些国家如沙特阿拉伯等，对外国公司注册规定较严，未经登记注册取得承包工程许可证的外国公司，不允许开展有关业务和承揽工程；也有的国家如伊拉克、叙利亚等，对于大型国际招标工程只要求投标人在中标后的规定期限内办理注册登记手续。

申请注册时，一般要求递交的文件有：本公司章程或有关本公司基本情况的备忘录，公司注册地国政府颁发的营业证书，公司在世界各地的分支机构，董事会成员，申请注册机构名称、地址及正、副经理委任书等。有的国家如伊拉克，还要求申请人递交国家有关部门开具的互惠证明。上述文件须经申请人注册地国外交部、公证处及工程所在地驻申请法人注册地国使馆认证后生效。

（二）接受资格预审

资格预审是投标人在投标过程中需要通过的第一关。根据招标投标法第18条规定，招标人可以对投标人进行资格预审。投标人在获取招标信息以后，可以从招标人处获得资格预审调查表，投标工作从填写调查表开始。

1. 为了顺利通过资格预审，投标人应在平时就将资格预审的有关材料备齐，最好储存在计算机里面，到针对某个项目填写资格预审调查表时，将有关文件调出来加以补充完善。资格预审内容中，财务状况、施工经验、人员能力等是通用的审查内容，在此基础上再附加一些具体项目的补充说明或填写一些表格，再补齐其他查询项目，即可成为资格预审书送出。公司的业绩与公司介绍最好印成精美图册。此外，每竣工一个工程，宜请该工程业主和有关单位开具证明工程质量良好等的鉴定信，作为业绩的有力证明。如有各种奖状或ISO9000认证证书等，应备有彩色照片及复印件。总之，平时应有目的地积累资格预审所需资料，不能临时拼凑，否则达不到业主要求，失去一次机会。

2. 填表时要加强分析，即要针对工程特点，填好重要内容，特别是要反映本公司施工经验、施工水平和施工组织能力，这往往是业主考虑的重点。

3. 在投标决策阶段，研究并确定本公司发展的地区和项目，注意收集信息，如有合适项目，及早动手做资格预审的申请准备，并参考前面介绍的资格预审方法，为自己打分，找出差距，如不是自己可以解决的，应考虑寻找适宜的合作伙伴组成联合体来参加投标。

4. 做好递交资格预审调查表后的跟踪工作，以便及时发现问题，补充材料。

每参加一个工程招标的资格预审，都应该全力以赴，力争通过预审，成为可以投标的合格投标人。

（三）投标经营准备

1. 寻求代理人、担保人及合伙人

某些国家如科威特、沙特阿拉伯等规定,外国公司在该国参加投标和开展承包业务时,均需有当地的合法代理人、担保人及合伙人。

(1) 代理人

代理人指受雇主(承包商)委托办理有关投标及承包业务或其他事务的个人、公司或集团。代理人可依规定向委托人提供以下服务:

1) 提供有关的信息和咨询服务。诸如提供当地法律、规章制度、市场行情、经济信息以及商业活动经验等。

2) 协助办理有关投标事宜。

3) 协助办理出入境签证、居留、劳工证、物资进出口许可证及进出关手续等。

4) 协助租用土地、房屋及建立通信网络设施等。

(2) 担保人

某些国家还要求外国承包公司必须有当地的担保人,它可以是个人、公司或集团,对所担保的外国公司在法律、财务和工程业务方面向政府承担责任。聘用在当地有威望的担保人有利于承包业务的开展。

(3) 合伙人

有些国家规定,外国公司必须与本国公司组成联合体或联营公司才能共同承包工程项目、共享盈利和共担风险。有的国家规定,外国公司与本国公司联合可享受优惠条件。但实际上有些国家的合伙人并不入股,只是帮助外国公司招揽工程和办理有关业务,而收取一定的佣金。也有的国家规定,外国公司必须有一个以上的本国籍股东,且其拥有股份要在51%以上,即必须采取联营方式。有时承包商为增强竞争力,也选择适当的合伙人(不一定是当地公司)联合投标。

2. 组成联合体

招标投标法第31条规定,两个以上法人或者其他组织可以组成一个联合体,以一个投标人的身份共同投标。

(1) 联合体各方面应具备的条件

我国招标投标法规定,联合体各方均应具备承担招标项目的能力,国家有关规定或招标文件对投标人资格条件有规定的,联合体各方均应具备相应的资格条件。所谓国家有关规定包括三个方面:一是招标投标法和其他有关法律的规定;二是行政法规的规定;三是国务院有关行政主管部门按国务院确定的职责范围所作的规定。招标投标法除对招标人的资格条件作出具体规定外,又专门对联合体作出要求。这一规定对投标人和招标人都具有约束力。

(2) 联合体内部关系及其对外关系

1) 内部关系以协议的形式确定。联合体在组建时,应依据招标投标法和有关合同法律的规定共同订立书面投标协议,在协议中拟定各方应承担的具体工作和责任。如果各方是通过共同注册并进行长期经营的"合资公司",则不属于招标投标法所说的联合体。联合体是联合集团或者联营体。

2) 联合体对外关系。中标的联合体各方应当共同与招标人签订合同并在合同书上签字或盖章。在同一类型的债权债务关系中,联合体任何一方均有义务履行招标人提出的债权要求。招标人可以要求联合体的任何一方履行全部的义务。被要求的一方不得以"内部订立的权利义务关系"为由拒绝履行义务。

3）联合体的优缺点：

A. 可增强融资能力。大型建设项目需要巨额履约保证金和周转资金，资金不足则无法承担这类项目。采用联合体可以增强融资能力，减轻每一家公司的资金负担，实现以最少资金参加大型建设项目的目的，其余资金可以再承包其他项目。

B. 可分散风险。大型工程的风险因素很多，诸多风险如果由一家公司承担是很危险的，所以有必要依靠联合体来分散风险。

C. 弥补技术力量的不足。大型项目需要很多专门技术，而技术力量薄弱和经验不足的企业是不能承担的，即使承担了也要冒很大的风险。同技术力量雄厚、经验丰富的企业联合成立联合体，使各个公司的技术专长可以互相取长补短，就可以解决这类问题。

D. 可互相检查报价。有的联合体报价是每个合伙人单独制定的，要想算出正确、适当的价格，必须互查报价，以免漏报和错报。有的联合体报价是合伙人之间互相交流、检查后制定的，这样可以提高报价的可靠性，提高竞争力。

E. 确保项目按期完工。对联合体合同的共同承担提高了项目完工的可靠性，对业主来说也提高了项目合同、各项保证、融资贷款等的安全度和可靠性。

但是也要看到，联合体是几个公司的临时合伙，因此有时难以迅速作出判断，如协作不好则会影响项目的实施，这就需要在制定联合体合同时明确职责、权利和义务，组成一个强有力的领导班子。

联合体一般在资格预审前即开始组织并制定内部合同与规划，如果投标成功，则贯彻于项目实施全过程；如果投标失败，则联合体立即解散。

3. 与银行建立业务联系

与银行的业务联系有：贷款、存款、提请银行开具保函、信用证、资信证明及代理调查。

（四）报价准备

1. 熟悉招标文件

承包商在决定投标并通过资格预审、获得投标资格以后，要购买招标文件并研究和熟悉招标文件的内容，在此过程中应特别注意可能对标价计算产生重大影响的问题，包括：

（1）合同条件方面。诸如工期、拖期罚款、保函要求、保险、付款条件、税收、货币、提前竣工奖励、争议解决方式、仲裁或诉讼适用的法律等。

（2）材料、设备和施工技术要求方面。如采用哪种规范，特殊施工和特殊材料的技术要求等。

（3）工程范围和报价要求方面。承包商可能获得补偿的权利。

（4）熟悉图纸和实际说明，为投标报价作准备。熟悉招标文件，还应理出招标文件中模糊不清的问题，及时请业主澄清。

2. 投标前的调查与现场勘察

这是投标前的重要一步，如果在投标决策阶段已对拟投标的地区作了较深入的调查研究，则拿到招标文件以后只需作针对性的补充调查，否则还需作深入的调查。

现场勘察主要指去工地现场进行勘察。招标单位一般在招标文件中注明现场勘察的时间和地点，在文件发出后要为安排投标者进行现场勘察作准备工作。现场勘察既是投标者的权利也是其义务，因此，投标者在报价前必须认真进行现场勘察，全面、仔细地调查工地及其周围的政治、经济、地理等情况。

现场勘察由投标者自费进行，应从下述5个方面调查了解：

（1）工程的性质以及与其他工程之间的关系。

（2）投标者投标的那一部分工程与其他承包工程或分包商投标的部分工程之间的关系。

（3）工程的地貌、地质、气候、交通、电力、水源等情况，有无障碍物等。

（4）工地附近的住宿条件，料场开采条件，其他加工条件，设备维修条件等。

（5）工地附近的治安情况等。

3．分析招标文件、校核工程量、编制施工规划

（1）分析招标文件。招标文件是投标的主要依据，应该仔细分析研究招标文件，重点应放在投标者须知、专用条款、设计图纸、工程范围以及工程量表上，最好有专人或小组研究技术规范和设计图纸，明确特殊要求。

（2）校核工程量。对于招标文件中的工程量清单，投标者一定要进行校核，因为这直接影响中标机会和投标报价。对于无工程量清单的招标工程，应当计算工程量，其项目一般可以单位项目划分为依据。在校核中如果发现出入较大，投标者不能随便改变工程量，而应致函或是直接找业主澄清，尤其要特别注意总价合同。如果业主投标前不予更正，而且情况对投标者不利，投标者在投标前应附上说明。投标人在核算工程量时，应结合招标文件中的技术规范弄清工程量中每一细目的具体内容，才不至于在计算单位工程量价格时出错。如果招标的工程是一个大型项目，而且投标时间又比较短，则投标人至少要对工程量大而且造价高的项目进行核实。必要时，可以采取不平衡报价的方法来避免由于业主错误地提供工程量带来的损失。

（3）编制施工规划。为投标报价的需要，投标人必须编制施工规划，包括施工方案，施工方法，施工进度计划，施工机械、材料、设备、劳动力计划。制定施工规划的主要依据为施工图纸，编制的原则是在保证工程质量和工期的前提下，使成本最低，利润最大。

1）编制施工规划的目的

A．招标单位可以通过施工规划具体了解投标人的施工技术、管理水平以及机械装备、材料、人力的情况，使其对所投的标有信心。

当前某些大城市和大型工程的招标文件规定：投标文件须全部由计算机打印，施工进度计划要用网络计划电算绘图，否则不予接受。这也是考验投标人水平的一个手段。

B．投标人可以通过施工规划改进施工方案、施工方法与施工机械的选用，甚至出奇制胜、降低报价、缩短工期而中标。

深圳市国贸大厦工程投标中，某建筑公司按原招标文件支模现浇的施工方案报价的同时，又拟采用该公司擅长的滑模施工该项目的钢筋混凝土结构，并购置2台混凝土泵运送混凝土。它在此新施工工艺的基础上提交了一个"备选报价"，结果中标，并创造了当时"三天一层"的"深圳速度"。这个例子生动地说明招标投标制可通过竞争提高建筑业施

工水平。

2）施工规划的内容

A. 选择和确定施工方法。根据工程类型，研究可以采用的施工方法。对于一般的土方工程、混凝土工程、房建工程、灌溉工程等比较简单的工程，可结合已有施工机械及工人技术水平来选定施工方法，努力做到节约开支、加快进度。

B. 对于复杂的大型工程则要考虑几种施工方案，进行综合比较。如水利工程中的施工导流方式对工程造价及工期均有很大影响，投标人应结合施工进度计划及能力研究确定。又如地下工程（开挖隧道或洞室），要进行地质资料分析，确定开挖方法（用掘进机，还是钻孔爆破法……），确定支洞、斜井、竖井数量和位置以及出渣方法、通风方式等。

C. 选择施工设备和施工设施，一般与研究施工方法同时进行。在工程估价过程中还要不断比较施工设备和施工设施，确定利用旧设备还是采购新设备、在国内采购还是在国外采购。需对设备的型号、配套、数量（包括使用数量和备用数量）进行比较，还应研究哪些类型的机械可以采用租赁办法。对于特殊的、专用的设备折旧率需单独考虑。订货设备清单中还应考虑辅助和修配机械、备用零件，尤其是订购外国机械时应特别注意这一点。我国某公司在国外承包某拦河闸时，由于施工机械订购得当，取得了显著的经济效益。

D. 编制施工进度计划。编制施工进度计划应紧密结合施工方法和施工设备，施工进度计划中应提出各时段应完成的工程量及限定日期。施工进度计划是采用网络进度计划还是线条进度计划，根据招标文件的要求确定。目前国内大型工程招标多要求用电算方法绘制网络计划，这也体现了 21 世纪对建筑施工管理的新要求。

E. 考虑设备的来源以及辅助设备、零配件等问题。

第三节　编制投标文件

投标文件是投标活动的一个书面成果，它是投标人能否通过评标、决标而签订合同的依据。因此，投标人应对投标文件的编制给予高度的重视。

一、投标文件的内容

投标文件在实用中也称为"投标书"，其内容一般包括下列各项：

（一）投标函

招标文件中一般附有规定格式的投标函，投标人只需按要求在相应的空格处填写必要的内容和数据，并在最后位置签字盖章，以表明对填写内容的确认。

投标函的内容一般包括：

1. 投标者在熟悉了招标文件的全部内容和所提出的条件之后，愿意承担该项施工任务，并保证在招标文件规定的日期内完工并移交。

2. 承包总报价。
3. 愿意按要求提供银行保函或其他履约担保作为履约保证金。

（二）填有单价的工程量表

一般是在招标文件所附的工程量清单上填写相应的单价，每页算出小计金额，最后汇总得出总价。

（三）投标辅助文件

一般包括施工组织设计、施工进度、技术说明书、主要设备清单、某些特殊材料的说明和样本，以及项目经理及主要管理人员情况介绍表格等。

（四）投标保证金

一般为银行保函，也可以是其他合格担保人出具的担保书。

（五）附件

附件包括法定代表人身份证明、代理人授权委托书、投标人的资质证书、营业证书、财务报表、银行资信证明，以及近年来完成的工程和正在承建的工程情况一览表等。如果以上有些资料在资格预审时已提交评审，则在投标文件中可不必提交。此外，如果是联合体投标，投标文件中应附有"联合体协议书"。投标函的标准式样见附录Ⅰ［4］

二、编制投标文件的准备工作

1. 组织投标班子，确定人员的分工。
2. 仔细阅读招标文件中的投标须知、投标书及附表、工程量清单、技术规范等部分。发现需业主解释澄清的问题，应组织讨论。需要提交业主组织的标前会的问题，应书面寄交业主。标前会后发现的问题应随时函告业主，切勿口头商讨。来往信函应编号存档备查。
3. 投标人应根据图纸审核工程量清单中分项、分部工程的内容和数量。发现错误，应在招标文件规定的期限内向业主提出。
4. 收集现行定额、综合价单、取费标准、市场价格信息和各类有关标准图集，并熟悉政策性调价文件。
5. 准备好有关计算机软件系统，力争投标文件全部用计算机打印，包括网络进度计划。

三、编制投标文件的原则和应注意的事项

编制投标文件的原则是：
1. 严格保证所有定额、费率、单价和工程量的准确性。
2. 不同的承包方式应采用相应的单位计算标价。如按建筑工程的单位平方面积单价承包，按工程图纸及说明资料总价承包等。
3. 规范与标准统一，文字与图纸统一。
4. 投标书中各条款具有法律效力，是合同的依据，一经报出即不能撤回，故文字要

力求准确、完整。

编制投标文件应注意的事项有：

1. 投标文件必须采用招标文件规定的文件表格格式。填写表格应符合招标文件的要求，否则在评标时就被认为放弃此项要求。重要的项目和数字，如质量等级、价格、工期等如未填写，将作为无效或作废的投标文件处理。

2. 所编制的投标文件"正本"只有一份，"副本"则按招标文件附表要求的份数提供。正本与副本若不一致，以正本为准。

3. 投标文件应打印清楚、整洁、美观。所有投标文件均应由投标人的法定代表人签字，加盖印章以及法人单位公章。

4. 应核对报价数据，消除计算错误。各分项、分部工程的报价及单方造价、全员劳动生产率、单位工程一般用料、用工指标、人工费和材料费等的比例是否正常等，应根据现有指标和企业内部数据进行宏观审核，防止出现大的错误和漏项。

5. 全套投标文件应当没有涂改和行间插字。如投标人造成涂改或行间插字，则所有这些地方均应由投标文件签字人签字并加盖印章。

6. 如招标文件规定投标保证金为合同总价的某一百分比时，投标人不宜过早开具投标保函，以防止泄露自己一方的报价。

7. 投标文件必须严格按照招标文件的规定编写，切勿对招标文件要求进行修改或提出保留意见。如果投标人发现招标文件确有不少问题，应将问题归纳为以下三类，区别对待处理。

（1）对投标人有利的，可以在投标时加以利用或在以后提出索赔要求，这类问题投标者在投标时一般不提。

（2）发现的错误明显对投标人不利的，如总价包干合同工程项目漏项或工程量偏少的，这类问题投标人应及时向业主提出质疑，要求业主更正。

（3）投标者企图通过修改招标文件的某些条款或希望补充某些规定，以使自己在合同实施时能处于主动地位的问题。

在准备投标文件时，以上问题应单独写成一份备忘录摘要。但这份备忘录摘要不能附在投标文件中提交，只能自己保存，留待合同谈判时使用。这就是说，当招标人对该投标书感兴趣、邀请投标人谈判时，投标人再根据当时的情况，把这些问题一个一个地拿出来谈判，并将谈判结果写入合同协议书的备忘录中。

8. 编制投标文件的过程中，投标人必须考虑开标后如果成为评标对象，其在评标过程中应采取的对策。比如在我国鲁布格引水工程招标中，一家日本公司在这方面做了很好的准备，决策及时，因而在评标中取胜，获得了合同。如果情况允许，投标人也可以向业主致函，表明投送投标文件后考虑到同业主长期合作的诚意，决定降低标价百分之几。如果投标文件中采用了替代备选方案，函中也可阐明此方案的优点。也可在函中明确表明，将在评标时与业主招标机构讨论，使此报价更为合理等。应当指出，投标期间来往信函要写得简短、明确，措词要委婉、有说服力。来往信函不单是招标与投标双方交换意见与澄清问题，也是使业主对致函的投标人加深了解、建立信任的重要手段。

9. 投标文件中的每项要求填写的空格都必须填写，不得空着不填，否则被视为放弃意见；重要数字不填写，可能被作为废标处理。

10. 填报文件应反复校核，保证分项和汇总计算均准确无误。

11. 最好用打字的方式填写投标文件，或用钢笔正楷书写。

12. 所有投标文件的装帧应美观大方，投标商要在每一页上签字，较小工程可以装成一册，大、中型工程可分为下列几部分封装：

（1）有关投标者资历的文件。如投标委任书，证明投标者资历、能力、财力的文件，投标保函，投标人在项目所在地国的注册证明，投标附加说明等。

（2）与报价有关的技术规范文件。如施工规划，施工机械设备表，施工进度表，劳动力计划表等。

（3）报价表。包括工程量表、单价、总价等。

（4）建议方案的设计图样及有关说明。

（5）备忘录。

总之，要避免因细节的疏忽和技术上的缺陷而使标书无效。

四、投标文件的格式

投标文件都必须使用招标文件第三卷中提供的格式或大纲，除另有规定外，投标人不得修改投标文件格式，如果原有的格式不能表达投标意图，可另附补充说明。不要复制、抄写或复印，要用计算机打印。

投标书（FIDIC 合同条件 99 版称其为投标函）是由业主准备的供投标单位填写投标总报价的一份空白文件。投标书主要反映以下内容：投标单位、投标项目名称、投标总报价（签字盖章）及投标人投标后需要注意和遵守的有关规定等。投标人在详细研究招标文件、进行现场勘察和参加标前会议之后，即可依据所掌握的信息确定投标报价策略，然后进行施工预算的单价分析和报价决策，填写工程量清单，并确定该工程的投标总报价，最后将投标总报价填写在投标书上。招标文件提供了投标书的统一格式。

随同投标文件应提交初步的工程进度计划和主要分项工程施工方案，以表明其计划与方案能符合技术规范的要求和投标须知中规定的工期。

《公路工程国内招标文件范本》（1999 年版）中投标书、投标书附录、投标担保格式和授权书的格式如下：

A. 投标书格式

_____省_____公路项目_____合同段（或_____大桥）

致：（招标人全称）

1. 在研究了上述项目第_____合同段（或_____大桥）的招标文件（含补遗书第_____号）和考察了工程现场后，我们愿意按人民币（大写）_____元（_____元）的投标总价，或根据上述招标文件核实后确定的另一金额，遵照招标文件的要求承担本合同工程的实施、完成及其缺陷修复工作。

2. 第_____合同段由 K_____+_____至 K_____+_____，长

约_____km，技术标准_____级。路面有立交桥_____处；大中桥_____座，计长_____m，以及其他构造物工程等。

3. 如果你单位接受我们的投标，我们将保证在接到监理工程师的开工通知书后，在本投标书附录写明的开工期内开工，并在_____个月的工期内完成本合同工程，达到合同规定的要求，该工期从本投标书附录写明的开工期的最后一天算起。

4. 如果你单位接受我们的投标，我们将保证按照你单位认可的条件，以本投标书附录写明的金额提交履约担保。

5. 我们同意在从规定的开标之日起_____天的投标文件有效期内严格遵守本投标书的各项承诺。在此期限届满之前，本投标书将始终对我方具有约束力，并随时接受中标。

6. 在合同协议书正式签署生效之前，本投标书连同你单位的中标通知书将构成我们双方之间共同遵守的文件，对双方具有约束力。

7. 我们理解，你单位不一定接受最低标价的投标或你单位接到的其他任何投标。同时也理解，你单位不负担我们的任何投标费用。

8. 随同本投标书，我们出具金额为人民币_____元的投标担保。如果我们在本投标文件有效期内撤回投标文件，或在接到中标通知书后的28天内未能或拒绝签订合同协议书，或未能提交履约担保，你单位有权没收投标担保金，另选中标单位。

投标人地址：_____
邮政编码：_____   投标人：（全称）（盖章）
电话：_____   法定代表人或其授权的代理人
传真：_____   （职务）（姓名）（签字）_____
                                      日期：____年____月____日

B. 投标书附录

说明：1. 下表所有数据应在招标文件发出前由招标人填写，由投标人签署确认；
2. 数据栏中，对数据的限额说明见招标文件的专用条款数据表。

序号	事项	合同条款	数据
1	投标担保金额	---	不低于投标的__%，或人民币__万元
2	履约担保金额	10.1	合同价格的10%
3	发开工令期限（从签订合同协议书之日算起）	41.1	_____天内
4	开工期（接到监理工程师的开工令之日算起）	41.1	_____天内
5	工期	43.1	_____个月
6	拖期损失偿金	47.1	人民币_____元/天
7	拖期损失偿金限额	47.1	合同价格的10%
8	缺陷责任期	49.1	_____年

续表

序号	事项	合同条款	数据
9	中期（月进度）支付证书最低限额	60.2	合同价格的＿＿%，或人民币＿＿万元
10	保留金的百分比	60.3	月支付的10%
11	保留金限额	60.3	合同价格的5%
12	开工预付款	60.5	合同价格的＿＿%
13	材料、设备、预付款	60.7	＿＿＿等主要材料、设备单据所列费用的＿＿%
14	支付时间	60.15	中期支付证书开出后＿＿天，最后支付证书开出后42天
15	未付款额的利率	60.15	＿＿%/天

C. 投标担保格式

说明：投标人提交的投标担保可以是投标银行保函，也可以是其他可接受的担保。

投标银行保函

致：（招标人全称）

鉴于（投标人全称）（下称"投标人"）拟向（招标人全称）（下称"招标人"）送交关于（公路项目名称）第＿＿合同段（或＿＿大桥）的投标书，根据招标文件的规定，投标人须按规定的金额由其委托的银行出具一份投标保函（下称"保函"）作为履行招标文件中规定义务的担保。

我行同意为投标人出具人民币（大写）＿＿元（＿＿元）的保函，作为向招标人的投标担保。本保函的条件是：

（a）如果投标人在投标文件有效期内撤回投标文件；或

（b）如果投标人不接受按投标人须知第23条规定的对其投标价格算术错误的修正；

（c）如果投标人在接到中标通知书后几天内：

（1）未能或拒绝签署合同协议书；或

（2）未能按照招标文件规定提供履约担保；或

（3）不接受对投标文件中算术差错的修正。

我行将履行担保义务，保证在收到招标人说明其索款是由于出现了上述任何一种原因的具体情况的书面要求后，即凭招标人出具的索款凭证向招标人支付上述款项。

本保函在按投标须知第12条规定的投标文件有效期或经延长的投标文件有效期届满后28天内有效，任何索款要求应在上述期限内交到我行。招标人延长投标文件有效期的决定，应通知我行。

银行地址： 　　　　　　　　　　　　　担保银行（全称）＿＿＿＿＿＿＿＿（盖章）

邮　　编：　　　　　　　　　　　　　　法定代表人或其授权的代理人
电　　话：　　　　　　　　　　　　　　_____（职务）（姓名）（签字）
传　　真：　　　　　　　　　　　　　　日期：____年____月____日

D. 授权书格式

授　权　书

致：（招标人全称）

授权书宣告：（投标人全称）（职务）（姓名）合法地代表我单位，授权（投标人或其下属单位全称）的（职务）（姓名）为我单位代理人，该代理人有权在（公路项目名称）第____合同段（或____大桥）工程的投标活动中，以我单位的名义签署投标书和投标文件，与招标人（或业主）协商，签订合同协议书以及执行一切与此有关的事项。

投标人：_____（盖章）

授权人：_____（签字）

被授权的代理人：_____（签字）

公证单位：_____（盖章）

公证人签字：_____

日期：____年____月____日

第四节　投标决策和报价策略

一、投标决策

（一）投标决策的含义及内容

承包商通过投标取得项目，是市场经济条件下的必然。在招投标市场的激烈竞争中，任何建筑施工企业都必须重视对投标报价决策问题的研究。投标报价决策是企业经营成败的关键。所谓建筑施工企业的投标决策，实际就是解决投标过程中的问题，决策贯穿于竞争的全过程，对于投标的各个主要环节，都必须及时作出正确的决策，才能取得竞争的全胜。投标决策的正确与否，关系到能否中标和中标后的效益大小，关系到施工企业的发展前景和职工的经济利益。因此，企业的决策班子必须充分认识到投标决策的重要意义，把这一工作摆在企业的重要议事日程上。投标报价应遵循经济性和有效性的原则。所谓经济性，是尽量利用企业的有限资源，发挥企业的优势，积极承揽工程，保证企业的实际施工能力和工程任务的平衡。所谓有效性，是指决策方案必须合理可行，必须促进企业的兴旺发达，谨防因决策不正确致使企业经营管理背上包袱。

投标决策的主要内容可概括为下列四个方面：（1）分析本企业在现有资源条件下，在一定时间内，应当和可以承揽的工程任务数量。（2）对可投标工程的选择和决定。只有一项工程可供投标时，决定是否投标；有若干项工程可供投标时，正确选择投标对象，决定向哪个或哪几个工程投标。(3) 确定进行某工程项目的投标后, 在满足招标单位对工程质量和工期要求的前提下对工程成本的估价作出决策, 即结合实际工程对本企业的技术优势和实力作出合理的评价。(4) 在收集各方信息的基础上, 从竞争谋略的角度确定"高价"、"微利"、"保本"等方面的投标报价决策。

分述如下:

1. 确定企业承揽工程任务的能力

若企业承揽的工程任务超过了企业的生产能力, 就只能追加单位工程量投入的资源, 从而增大成本; 若企业承揽任务不足, 人力窝工, 设备闲置, 维持费用增加, 则可能导致企业亏损。因此, 正确分析企业的生产能力十分重要。

(1) 用企业经营能力指标确定生产能力

企业经营能力指标包括: 技术装备产值率、流动资金周转率、全员劳动生产率等。这些指标均以年为单位, 根据历史数据, 采用一元线性回归等方法考虑生产能力的变动趋势, 确定未来的生产能力和经营规模。

(2) 用量、本、利分析法确定生产能力

根据量、本、利关系计算出盈亏平衡点, 即确定企业或内部核算单位保本的最低限度的经营规模。盈亏平衡点可按实物工程量、营业额等分别计算。

(3) 用边际收益分析方法确定生产能力

产品的成本可分为固定成本和变动成本两部分, 在一定限度下总成本随着产量的增加而增加, 但单位产品的成本却随着产量的增加而逐渐减少。因为固定成本是不变的, 产量越多, 摊入每个产品的固定成本越少, 但产量超过一定限度时, 必须追加设备、管理人员等, 这样平均成本又会随着产量的增加而增加。我们把每增加一个产品而同时增加的成本, 称为边际成本, 即每增加一个单位产量而需追加的成本。

当边际成本小于平均成本时, 平均成本随产量的增加而减少; 若边际成本大于平均成本, 这时再增加产量就会增大平均成本。因此企业生产存在一个最高产量点, 在盈亏平衡点与最高产量点之间的产量都是可盈利的产量。

2. 决定是否参加某项工程的投标

(1) 确定投标的目标

决定是否参加某项工程的投标, 首先应根据企业的经营状况确定投标的目标, 投标的目标可能是"获得最大利润"或"确保企业有活干即可", 也可能是克服一次生存危机。

(2) 确定判断投标机会的标准

即达到什么标准就决定参加投标, 达不到该标准则不参加投标。投标的目标不同, 确定的判断标准也不同。

判断标准一般从三个方面综合拟定。一是现有技术条件对招标工程的满足程度, 包括技术水平、机械设备、施工经验等能否满足施工要求; 二是经济条件, 如资金运转能否满足施工进度, 利润的大小等; 三是生存与发展方面的考虑, 包括招标单位的资信, 是否已经履行各项审批手续, 工程会不会中途停建或缓建, 有没有内定的得标人, 能不能通过该工程的施工而取得有利于本企业的社会影响, 竞争对手的情况, 自身的优势等。针对上述三方面的内容分别制定评分标准, 若该工程得分达到某一标准则决定参加投标。

(3) 确定是否投标的步骤

首先应确定影响是否投标的因素，其次确定评分方法，再依据以往经验确定最低得分标准。

举例如表 3-1，该工程影响投标因素共八个方面，权数合计为 20 分，每个因素按 5 分制打分，满分 100 分。该工程最低得分标准 65 分，实际得分 70 分，满足最低得分标准，可以投标。

表 3-1　　　　　　　　　　投标条件评分表

影响投标的因素	权数	评分	得分
技术水平	4	5	20
机械设备能力	4	3	12
设计能力	1	3	3
施工经验	3	5	15
竞争的激烈程度	2	3	6
利润	2	2	4
对今后机会的影响	2	0	0
招标单位信誉	2	5	10
合计	20		70
最低可接受的分数			65

(4) 与竞争者对比分析，确定是否投标

首先确定对比分析的因素及评分标准，再收集各竞争对手的信息，采用表 3-2 的方法综合评分。若得分高于对手，显然参加投标是合适的；若与对手不相上下，则应考虑应变措施；若明显低于对手，则应慎重考虑是否投标。

3. 选择投标工程

当企业有若干工程可供投标时，选择其中一项或几项工程投标。

(1) 权数计分评价法

即采用表 3-2 所示的方法对不同的投标工程评分，选择得分高的一个或几个工程投标。

(2) 其他决策方法

有条件时可采用线性规划模型分析、决策树等现代管理中的决策方法确定是否投标。

(二) 决策阶段的划分

投标决策可以分为两阶段进行，即前期阶段和后期阶段。

投标决策的前期阶段必须在购买招标人资格预审资料前完成。决策的主要依据是招标广告，以及公司对招标工程、业主情况的调研和了解程度。如是国际工程，还包括对工程所在地国和工程所在地的调研和了解程度。前期阶段必须对投标与否作出论证。通常情况下，应放弃下列招标项目的投标：

表 3-2　　　　　　　　　　　　　　投标优劣评价表

评价因素（满分5分）	投标单位			
	A	B	C	D
劳动功效与技术装备水平 L	3	3	5	3
施工速度 V	4	3	5	3
施工质量 M	3	4	4	2
成本控制水平 C	2	3	4	5
在本地区的信誉与影响 B	3	3	5	3
与招标单位的关系及交往渠道 R	3	3	4	5
过去中标的概率 P	3	3	4	3
合计	21	22	31	24

1. 本施工企业主营和兼营能力之外的项目。
2. 工程规模、技术要求超过本施工企业技术等级的项目。
3. 本施工企业生产任务饱满，而招标工程的盈利水平较低或风险较大。
4. 本施工企业技术等级、信誉、施工水平明显不如竞争对手的项目。

如果决定投标，就进入投标决策的后期阶段。它是指从申报资格预审至投标报价前的决策研究阶段，主要研究倘若去投标，是投什么性质的标，以及在投标中采取何种策略。

按性质分，投标有风险标和保险标；按效益分，投标有盈利标、保本标和亏损标。

（1）风险标　明知工程承包难度大、风险大，且技术、设备、资金上都有未解决的问题，但由于队伍窝工，或因为工程盈利丰厚，或为了开拓新技术领域而决定参加投标，同时设法解决存在的问题，就是风险标。投标后，如果问题解决得好，可取得较好的经济效益，可锻炼出一支较好的施工队伍，使企业更上一层楼；解决得不好，企业的信誉、效益就受到损害，严重者可以导致企业亏损以致破产。因此，投风险标必须谨慎从事。

（2）保险标　对可以预见的情况从技术、设备、资金等方面都想好对策之后再投标，叫做保险标。企业经济实力较弱，经不起失误的打击，往往投保险标。当前我国施工企业大多数都愿意投保险标，特别是在国际工程承包市场上。

（3）盈利标　如果招标工程是本企业的强项，却是竞争对手的弱项；或建设单位意图明确；或本企业任务饱满，利润丰厚：这些情况下的投标，才投盈利标。

（4）保本标　若企业无后继工程，或已经出现部分窝工而必须争取中标，但对于招标的工程项目，本企业无优势可言，竞争对手又不多，此时，就是投保本标。

（5）亏损标　亏损标是一种非常手段，一般在下列情况下采用，即：本企业已大量窝工，严重亏损，中标后至少可以使部分工人、机械运转，减少亏损；或者是为在对手林立的竞争中夺得头标，不惜血本压低标价。以上这些虽然是不正常的，但在激烈的竞争中时有发生。

(三) 影响投标决策的主观因素

"知己知彼，百战不殆"。工程投标决策研究就是知己知彼的研究。这个"己"就是影响投标决策的主观因素，"彼"就是影响投标决策的客观因素。

投标或是弃标，首先取决于投标单位的实力。实力表现在如下几个方面：

1. 技术方面的实力

(1) 有精通本行业的估算师、建筑师、工程师、会计师和管理专家组成的组织机构。

(2) 有工程项目设计、施工的专业特长，能解决技术难度大的各类工程施工中的技术难题。

(3) 有国内外与招标项目同类型工程的施工经验。

(4) 有技术实力较强的合作伙伴，如实力强的分包商、合营伙伴和代理人。

2. 经济方面的实力

(1) 具有垫付资金的能力。如预付款是多少？在什么条件下拿到预付款？应注意在国际上有的业主要求"带资承包工程"，是指工程由承包商筹资兴建，从建设中期或建成后某一时期开始，业主分批偿还承包商的投资和利息，但有时这种利率低于银行贷款利息。承包这种工程时，承包商需投入大部分工程项目建设资金，而不只是一般承包所需的少量流动资金。所谓"实物支付工程"，是指有的发包方用该国滞销的农产品、矿产品折价支付工程款，而承包商推销上述物资以谋求利润将存在一定难度。因此，遇上这种项目需要慎重考虑。

(2) 具有一定的固定资产和机具设备及其投入所需的资金。大型施工机械的投入不可能一次完成，因此，新增施工机械将会占用一定资金。另外，为完成项目必须要有一批周转材料，如模板、脚手架等，这也是占用资金的组成部分。

(3) 具有一定的周转资金用来支付施工用款。因为，对已完成的工程量需要监理工程师确认后办理一定手续、经过一定时间后才能将工程款拨入。

(4) 承担国际工程尚需筹集承包工程所需外汇。

(5) 具有支付各种担保的能力。承包国内工程需要担保，承包国际工程更需要担保。担保的形式多种多样，而且费用也较高，诸如投标保函（或担保）、履约保函（或担保）、预付款保函（或担保）、缺陷责任期保函（或担保）等。

(6) 具有支付各种税赋和保险的能力。尤其在国际工程中，税种繁多，税率也高，诸如关税、进口调节税、营业税、印花税、所得税、建筑税、排污税以及临时进入机械押金等。

(7) 不可抗力带来的风险。即使是属于业主的风险，承包商也会有损失；如果是不属于业主的风险，则承包商损失更大，要有财力承担不可抗力带来的风险。

(8) 承担国际工程往往需要重金聘请有丰富经验或有较高地位的代理人，以及其他"佣金"，需要承包商具有这方面的支付能力。

3. 管理方面的实力

建筑承包市场属于买方市场，承包工程的合同价格对作为买方的发包方起支配作用。

承包商为打开承包工程的局面,应以低报价甚至低利润取胜。为此,承包商必须在成本控制上下工夫,向管理要效益。如缩短工期,进行定额管理,辅以奖惩办法,减少管理人员,工人一专多能,节约材料,采用先进的施工方法不断提高技术水平,特别是要有"重质量"、"重合同"的意识,并有相应的切实可行的措施。

4. 信誉方面的实力

承包商一定要有良好的信誉,这是投标中标的一条重要标准。要建立良好的信誉,就必须遵守法律和行政法规,或按国际惯例办事;同时认真履约,保证工程的施工安全、工期和质量。

(四)决定投标或弃标的客观因素及情况

1. 业主和监理工程师的情况

业主的合法地位、支付能力、履约信誉,监理工程师处理问题的公正性、合理性等,也是投标决策的影响因素。

2. 竞争对手和竞争形势的分析

应注意竞争对手的实力、优势及投标环境的优势情况。另外,竞争对手的在建工程情况也十分重要。如果对手的在建工程即将完工,可能急于获得新承包项目,投标报价不会很高;如果对手在建工程规模大、时间长,仍参加投标,则标价可能很高。从总的竞争形势来看,大型工程的承包公司技术水平高,善于管理大型复杂工程,其适应性强,可以承包大型工程;中小型工程由中小型工程公司或当地的工程公司承包的可能性大,因为当地中小型公司拥有诸多优势,如在当地有自己熟悉的材料、劳力供应渠道,管理人员相对比较少,有自己惯用的特殊施工方法等。

3. 法律、法规的情况

国内工程承包自然适用本国的法律和法规,其法制环境基本相同,因为我国的法律、法规具有统一或基本统一的特点。如果是国际工程承包,则有一个法律适用问题。法律适用的原则有5条:

(1)强制适用工程所在地法律原则。

(2)意思自治原则。

(3)最密切联系原则。

(4)适用国际惯例原则。

(5)国际法效力优于国内法效力原则。

其中,所谓"最密切联系原则"是指把与投标或合同有最密切联系的因素作为客观标志,并以此作为确定准据法的依据。至于最密切联系因素,在国际上主要有投标或合同签订地、合同履行地、法人国籍、债务人住所地、标的物所在地、管辖合同争议的法院或仲裁机构所在地等。事实上,多数国家是以上述诸因素中的一种因素为主,结合其他因素进行综合判断。如我国规定:"工程承包合同,适用工程所在地法律。"

很多国家规定,外国承包商或公司在本国承包工程,必须同当地的公司成立联合体。因此,我们对合作伙伴需要作必要的分析,具体说来是对合作者的信誉、资历、技术水平、资金、债权与债务等方面进行全面分析,然后再决定投标还是弃标。

又如外汇管制情况。外汇管制关系到承包公司能否将在当地所获外汇收益转移出国的问题。目前，各国管制法规不一，有的规定可以自由兑换、汇出，基本上无任何管制；有的则有一定限制，必须履行一定的审批手续；有的规定外国公司不能将全部利润汇出，在缴纳所得税后其剩余部分的50%可兑换成自由外汇汇出，其余50%只能在当地用作扩大再生产或再投资。这是在该类国家承包工程必须注意的"亏汇"问题。

4. 风险问题

在国内承包工程，其风险相对要小一些，国际承包工程的风险则要大得多。

决定投标与否要考虑的因素很多，需要投标人广泛、深入地调查研究，系统地积累资料，并作出全面的分析，才能作出正确决策。决定投标与否，更重要的是看它的效益如何。投标人应对承包工程的成本、利润进行预测和分析，以供投标决策之用。

二、投标价格的计算与确定

（一）标价的计算依据

招标工程的标底按定额编制，反映行业平均水平。标价是企业自定的价格，反映企业的水平。建筑施工企业的管理水平、装备能力、技术力量、劳动效率和技术措施等均影响工程报价。因此，对同一工程，不同企业做出的报价是不同的。计算标价的主要依据有：

1. 招标文件，包括工程范围和内容、技术质量和工期的要求等。
2. 施工图纸和工程量清单。
3. 现行的建筑工程预算定额、单位估价表及取费标准。
4. 材料预算价格、材差计算的有关规定。
5. 施工组织设计或施工方案。
6. 施工现场条件。
7. 影响报价的市场信息及企业内部的相关因素。

（二）标价的确定策略

1. 计算和确定工程预算造价

首先按工程预算方法计算工程预算造价，这一价格接近于标底，是投标报价的基础。

2. 分析各项技术经济指标

分析投标工程的各项技术经济指标，与平时积累的同类工程的相关指标对比分析，有可能的话，将其他单位报价资料加以分析比较，从而发现预算中不合理的内容，并作出适当的调整。

3. 考虑报价技巧与策略，确定标价

投标报价应根据工程条件和当时、当地各种具体情况确定，以最优的施工方案为基础。决策报价要考虑策略，报"高标"虽会有理想的利润，但得标的几率小；报"低标"虽得标几率大，但只能保本薄利；多数企业是报"中标"，即根据建筑企业的经营水平中等的利润来报价。一般情况下，报价为工程成本的1.15倍时，中标率较高，企业的利润也较好。

（三）标价的费用组成及计算方法

投标标价的费用一般由工程成本（直接工程费、间接费）、利润、其他费用和风险费等组成。标价的估价计算和确定是一项技术和经济相结合且涉及设计、施工、材料、经营、管理等方面知识的综合性工作。

工程成本估价计算是工程投标报价的基础。成本估价的准确性和合理性直接影响投标的成败。工程成本估价以工程预算造价为基础，考虑本企业的经营管理、生产技术水平，合理确定本企业的人工、材料、机械的消耗量和价格水平，确定其他直接费、现场经费及企业管理费的消耗水平。此外，成本估价还应考虑工期长短对间接费的影响、支付条件对资金周转的影响等。

风险费的估价计算是工程投标报价应考虑的重要因素。风险费即为不可预见费。风险费估计太大，就会降低中标概率；风险费估计太小，一旦发生风险，就会降低企业的利润甚至造成亏损。风险费率的大小受下列因素的影响：设计深度；工程量计算的准确程度；工程成本估价的精确程度；施工中自然条件的不可预见因素；市场竞争中价格波动的风险因素等。风险费率依据上述因素综合估计。

预期利润的估价也是工程项目投标报价的重要内容。投标单位确定合理的预期利润是一项艰巨的任务。投标单位在报价中估计合理的预期利润，不仅要考虑在投标竞争中获胜，还要争取达到一定的利润目标。在确定预期利润时，可结合长期利润、近期利润以及单项工程的利润综合考虑。由于建筑业竞争日趋激烈，长期利润率必然受到建筑业全行业平均利润率的局限，大部分建筑施工企业的长期利润率只能与行业平均利润率持平；在确定近期利润率时，应考虑本企业的工程任务饱满程度、近期市场行情等因素；在具体确定某项工程的利润目标时，则应考虑竞争对手的情况、工期、环境、风险等因素，综合估计预期利润。总之，工期预期利润应全面考虑，慎重确定。

国际上通用的工程标价具体计算方法如下：

1. 直接费用

直接费用是指由工程本身的因素决定的费用。其构成受市场现行物价的影响，但不受经营调价的影响。直接费用一般由以下费用组成：

（1）施工机械费

用于工程施工的机械和器具的费用。由于工程建设项目大都采用机械化施工，所以施工机械费占直接费用的主要部分。该费用在工程建成后不构成发包人的固定资产，而是承包人的设备。主要施工机械费以台时费为单位；辅助施工机械费则只计算总费用，类似于概预算中的小型机具使用费。

主要施工机械台时费为：

A. 台时折旧费 = 机械 FOB 价 × 折旧率/使用小时

式中：机械 FOB 价——进口机械离岸价或当地采购机械出厂价。

折旧率——中小型机具、旧施工机械的折旧率按 100% 折旧。新施工机械折旧率计算有如下几种方法：

第一，按机械寿命等值折旧。一般重型通用设备寿命为 20000 小时（我国采用 25000 小时）；一般轻小型设备寿命为 10000 小时。

第二，按规定的折旧年限不等值折旧。一般规定为 5 年，每年折旧率为：第一年折 35%，第二年折 30%，第三年折 20%，第四年折 10%，第五年折 5%。

第三，按规定的折旧年限等值折旧。一般规定为 5 年，则每年等值折旧 20%。

使用小时是施工组织设计中确定的使用小时。

B. 海洋运保费＝外运公司运价×运输货物计量×海洋运保系数/使用小时

式中：外运公司运价——采用最新价格表，如没有，则可用相邻里程和航线的中国对外贸易运输总公司运价标准计算。

运输货物计量——机械设备的体积或质量中的较大者。

海洋运保系数——包括海洋运输保险费、清关提货费、港口费等的扩大系数。其中保险费一般相当于机械 FOB 价加海洋运费的 0.4% 左右。

使用小时——施工组织设计中确定的小时数。

C. 陆地运保费＝吨公里运价×里程×运输货物计量×陆地运保系数/使用小时

式中：吨公里运价——依据当地实际运价计算。

里程——港口至工地现场的距离（km）。

运输货物计量——机械设备运输重量（t），但应计入亏吨数量。

陆地运保系数——包括装卸费、保险费等，按当地实际费用计算。

使用小时——同上。

D. 进口税＝机械 CIF 价×进口税率/使用小时

式中：机械 CIF 价——进口施工机械到岸价，即机械 FOB 价加上海洋运保费。

进口税率——按招标文件规定或工程所在地国法律规定。有的国家还有退税的规定，应扣除返还部分。

使用小时——同上。

E. 安装拆卸费＝机械 FOB 价×安拆系数/使用小时

式中：机械 FOB 价——进口机械离岸价或当地采购机械出厂价。

安拆系数——机械体积或质量过大无法运输时，才计安装拆卸费，应以实际可能发生的费用测算。

使用小时——同上。

F. 修理费＝机械 CIF 价×修理系数/机械寿命

式中：机械 CIF 价——进口施工机械到岸价，即机械 FOB 价加上海洋运保费。

修理系数——因机械种类不同而不同，一般为 20%～60%，轻型机械为 20%，重型机械为 40%～60%。

机械寿命——重型机械寿命为 20000 小时左右，轻型机械寿命为 10000 小时左右。

（说明：在不同的使用条件下，施工机械的修理费有很大的差异，根据国内有关单位统计，修理费约为折旧费的 50%～100%，一般可取为折旧费的 70%。）

G. 燃料费＝机械额定马力×马力小时耗油标准×油价×使用系数

式中：机械额定马力——按机械铭牌或厂家规定计算。

马力小时耗油标准——按厂家说明书中规定计算，柴油机一般可按 0.162kg/HP·h 计算。

油价——通过工程所在地市场调查的油价确定。

使用系数——实际运行不可能始终处于最大马力满负荷状态，所以使用系数一般在 0.4~0.8 选定：轻型车辆为 0.4 左右；机械和重型车辆为 0.6~0.7；柴油发电机、骨料加工等连续运行机械为 0.8 左右。

H. 操作人工费＝工人小时工资标准×工人数

式中：工人小时工资标准——平均小时工资再计入加班费（月基本工资×0.3 加班系数）、生活补贴（劳保费、人身保险、房屋津贴等）、个人所得税及其他费用；

工人数——操作每台机械使用的工人数，包括辅助工。

以上八项费用合计为施工机械台时费，其中属于固定费用的有台时折旧费、海洋运保费、陆地运保费、进口税，即使机械不运转，这些费用也要计算；属于运转费用的有安装拆卸费、修理费、燃料费、操作人工费。

(2) 永久设备费。系指工程建成后构成发包人固定资产的设备费用。由以下各项费用组成：

第一，设备 FOB 价。即设备离岸价，包括设备出厂价（含包装费）、由工厂运至港口的费用、港口各项费用等装船离岸之前的一切费用。

第二，海洋运保费。同施工机械海洋运保费计算方法，但不除以使用小时数。

第三，陆地运保费。同施工机械陆地运保费计算方法，但不除以使用小时数。

第四，进口税。同施工机械进口税计算方法，但税率不同，也不除以使用小时数。

第五，安装费。

设备安装费＝设备 CIF 价×安装系数

式中：设备 CIF 价——永久设备到岸价；

安装系数——可根据经验测算，一般为 10%~15%。

安装人工费可以另计。

第六，试运转费。

试运转费＝设备 CIF 价×试运转系数

式中：设备 CIF 价——永久设备到岸价；

试运转系数——可根据经验测算，一般为 3%~5%。

以上六项费用之和即为永久设备费。

(3) 材料费。由以下四项组成：

第一，材料采购价。按市场调查计算到岸价、离岸价。

第二，材料海洋运保费。同永久设备计算方法。

第三，材料陆地运保费。同永久设备计算方法。

第四，材料进口税。同永久设备计算方法。

如果是在当地采购材料，则仅计算采购价和陆地运保费。

(4) 人工费。人工费单价需根据工人来源情况确定。如果到国外承包工程，人工费单价的计算就是指国内派出工人和当地雇佣工人平均工资单价的计算，是以工程用工量和这两种工人完成工日所占比重加权平均工资单价。如果通过当地劳务市场调查发现当地工

人工效较低时,其工人功效比用小于1.0的数字确定。生产工人人工费计算如下:

A. 当地人工费。包括:

第一,日标准工资(或小时标准工资);

第二,带薪法定假日、带薪休假日工资;

第三,夜间施工或加班工资;

第四,个人所得税、福利费(住房补贴)、劳保费、人身保险费;

第五,工人管理费(包括工人的提供费和下岗费);

第六,工人上下班交通费;

第七,各种津贴和补贴,如高空和地下作业津贴,返家长途补贴等,该项开支高达工资数的20%~30%。

B. 承包国外工程派出工人费。包括国内工资、福利费、派出单位管理费、国内差旅费、劳保和生活用品费、国际差旅费、国际零用费和伙食费、加班费、人身保险费、艰苦地区补贴、奖金等。

C. 工人小时工资的计算。

当地工人小时工资单价=工人月工资总额/月工作小时数

其中,月工作小时数是按每日工作八小时计,并扣除法定节假日。

国内派出工人小时工资单价=工人出国期间全部费用/参加施工年限×年工作日×日工作时

其中,参加施工年限一般为两年;年工作日为12个月乘每月25天共计3 000天;日工作时为每天8小时。

如果承包国外工程时,既雇用当地工人,又从国内派出技术工人,计算综合工人小时单价如下式:

考虑工效的综合工人小时工资单价=国内派出工人日工资单价×国内工人工日占总工日百分数/工效比+雇用当地工人日工资单价×当地工人工日占总工日百分比/工效比

2. 间接费用

间接费用是指除直接费用以外的经营费用。它受不断变化的市场状况影响,另外还要依据招标文件的规定,对间接费用构成项目进行增删。间接费用一般由以下费用组成:

(1) 临时设施工程费

包括全部生产、生活和办公所需的临时设施,施工区内道路、围墙及水、电、通信设施等。如果在工程量清单通用费项目中,有大型临时设施项目,如砂石料加工系统、混凝土拌和系统和附属加工车间等,则间接费用仅包括小型临时设施费用。对于大中型土木工程项目或特殊工程项目,小型临时设施费用约占工程直接费用的2%~8%。具体费用可按单项工程逐项计算。大型临时设施费用作为独立项目,以总价包干方式列入工程量清单中,对承包人更有利,可及时收回工程费用;如以间接费用方式摊入各项目费用中,回收比较慢,影响流动资金周转。

(2) 保函手续费

指为投标保函、预付款保函、履约保函(或履约担保)、保留金保函等交纳的手续费。银行保函均要按保函金额的一定比例收取手续费。例如中国银行一般收取保函金额的

0.4%~0.6%作为年手续费,外国银行一般收取保函金额的1%作为年手续费。

(3) 保险费

承包工程中的一般保险项目有工程险、施工机械险、第三者责任险、人身意外险、材料和永久设备运输保险、施工机械运输保险。其中后三种险已计入人工、材料和永久设备、施工机械单价中,不要重复计算。工程保险、第三者责任险、施工机械险、发包人和监理工程师人身意外险的费用,一般为合同总价的0.5%~1.0%。

(4) 税金

应遵守招标文件规定及工程所在地国的法律。如承包国外工程,由于各国对承包工程的征税办法及税率相差极大,应预先做好调查。一般常见税金项目有合同税、利润所得税、营业税、增值税、社会福利税、社会安全税、养路及车辆牌照税、关税、商检等。上述税中额度最大的是利润所得税或营业税,在有的国家分别达到30%或40%以上。

(5) 业务费

包括投标费、监理工程师费、代理人佣金、法律顾问费。

第一,投标费。包括购买标书文件费、投标期间差旅费、编制标书费等,均按经验估算。承包企业委托中介人办理各项承包手续费,协助收集资料,通报信息,疏通环节等需要支付的报酬及为日常应酬而发生的少量礼品及招待费,也可根据国家政策和规定予以考虑和计列。

第二,监理工程师(或称工程师)和发包人费。指承包人为他们提供现场工作和生活条件而开支的费用。主要包括办公和居住用房及其室内全部设施和用具、交通车辆等费用。有的招标文件在工程量清单中对上述费用开发项目有明确的规定,投标人可按此要求填报该项费用。也可按招标文件规定由投标人配备,并记入间接费用中的业务费。

第三,代理人佣金。代理人协助收集、通报消息,并帮助投标,中标后协助承包人了解当地政治、社会和经济状况,解决工作和生活中的问题,其费用按实际情况计列,一般约占合同总价的0.5%~3%。小工程费率高些,大工程费率低些。上述情况适用于我国施工企业参加国外的国际招标的投标。我国境内工程建设项目进行国际招标时,外国公司参与投标,一般也雇代理人,以便尽快了解国情和市场行情。但是,国内招标时国内施工企业无需雇代理人。

第四,法律顾问费。一般为雇佣当地法律顾问支付固定的月工资。当其受理法律事务时,还需增加一定数量的酬金。

(6) 管理费

包括施工管理费和总部管理费。

第一,施工管理费。包括现场职员工资和补贴、办公费、差旅费、医疗费、文体费、业务经营费、劳动保护费、生活用品费、固定资产使用费、工具用具使用费、检验和试验费等。应根据实际情况逐项计算其费用,一般情况下为总投标价的1%~2%。

第二,总部管理费。是指上级管理总部对所属项目管理企业收取的管理费。一般为投标总价的2%~4%。

(7) 财务费

主要指承包人为实施承包工程向银行贷款将支付的资金利息,并计入成本。首先应根据工程进度计划投入的资金和预计的工程各项收入以及各项支出，以季度为单位编制资金平衡表（即工程资金流量表）。根据资金平衡表算出施工期间各个时期的承包人垫付资金数额及垫付时间，再计算资金利息。一般按季度计算复利，公式如下：

$$利息 = 本金[(1+利率)^n - 1]$$

式中：本金——上述根据资金平衡表得出的垫付资金数；

利率——银行贷款利率值，为季度利率，按现行值；

n——期数，即资金垫付季度数。

另外，发包人为解决资金不足的问题，在招标文件中规定由承包人贷款先垫付部分或全部工程款项，并规定了还款的时间及利息。承包人应对银行贷款利率作出估计，将利息差计入投标报价，即计入成本。

3. 利润和风险

（1）利润

按照国内概预算编制办法的规定，施工企业承包工程任务时计取的计划利润为工程成本的7%（或分为施工技术装备费与计划利润，两项合计7%）。但是建筑市场竞争激烈，工程利润也应随市场需求变化而变化，一般按工程成本的3%~10%估算。

（2）风险费

其内容及费率由投标人根据招标文件的要求及竞争状况自行确定，基本上包括备用金（也称暂定金额）和风险基金等。

A. 备用金

指发包人在招标文件及工程量清单中以备用金标明的金额，提供任何部分施工所需费用，或提供货物、材料、设备或服务，或提供不可预料事件之费用。这项金额须按监理工程师的指示才能全部或部分地使用，或根本不宜动用。中标人的投标报价只能把备用金列入工程总报价，不能以间接费用的方式分摊入各项目单价中。

B. 风险基金

土木工程的承包经营事业是一种在技术经验、经济实力和管理水平等方面的竞争事业。既然是竞争，就必然伴随着风险。风险费用也称不可预见费用，是指标价中难以预料的工程和费用，也就是工程包干范围内的风险系数，在标价中可视情况适当考虑。承包人主要有以下风险：

第一，资金额度和来源的可靠程度、工程所在地国经济状况给承包人带来的风险。

第二，选择何种合同标准范本、承包人对合同条件的理解带来的风险。

第三，对现场调查不够、对困难估计不足造成的风险。

第四，工程设计水平不高、工程水文和地质勘测不深造成的风险。

第五，恶劣天气带来的风险。

第六，工程各控制性工期和总工期的风险。

第七，监理工程师的授权、独立处理合同争议的能力和公正程度、争议裁决委员会的协调能力方面的风险。

第八，承包人自身的施工能力和管理水平的风险等。

风险基金对于投标人来说是一项很难估算的费用。那些在合同实施过程中可通过索赔获得补偿的风险，不计入风险基金，以免投标总价过高而影响得标。但有经验的投标人是能够较准确地估算出风险基金的。据资料统计，风险基金约为工程成本的3%~10%，但在经营条件特殊困难的地区高达35%。

三、投标的技巧

投标技巧研究的实质是在保证质量与工期的前提下，寻求一个好的报价。承包商为了中标并获得期望的效益，在投标程序的全过程中几乎都要研究投标报价的技巧问题。

如果以投标程序中的"开标"为界，可将投标的技巧研究分为两个阶段，即开标前的技巧研究和开标至订立合同前一阶段的技巧研究。

（一）开标前的投标技巧

1. 不平衡报价

不平衡报价，指在总价基本确定的前提下，调整项目和各个子项的报价，以期既不影响总报价，又可以在中标后获取较好的经济效益。通常采用不平衡报价有下列几种情况：

（1）能早期结账收回进度款的项目（如土方、基础等）的单价可报以较高价，以利于资金周转；后期项目（装饰、电气安装等）的单价可适当降低。

（2）今后工程量可能增加的项目，其单价可提高；而工程量可能减少的项目，其单价可降低。

上述两点要统筹考虑，对于工程量计算有错误的早期工程，如不可能完成工程量表中的数量，则不能盲目抬高单价，需要具体分析后再确定。

（3）没有工程量而只需填报价单的项目（如疏浚工程中的开挖淤泥工作等），其单价可抬高。这样，既不影响总的投标价，又可多获利。

（4）对于暂定项目，实施的可能性大的项目，可定高价；不一定实施的项目则可定低价。

采用不平衡报价法，要注意单价调整时不能太高或太低，一般来说，单价调整幅度不宜超过±10%，只有对投标单位特别具有优势的某些分项，才可适当增大调整幅度。

2. 零星用工（计日工）

零星用工一般可稍高于项目单价表中的工资单价。原因是零星用工不属于承包总价的范围，发生时实报实销，可多获利。

3. 多方案报价法

若业主拟定的合同条件过于苛刻，为使业主修改合同，可准备"两个报价"，并阐明，若按原合同规定，投标报价为某一数值，但倘若合同作某些修改，则投标报价为另一数值，即比前一数值的报价低一定的百分点，以此吸引对方修改合同。但必须先报按招标文件要求估算的价格而不能只报备选方案的价格，否则可能会被当作"废标"来处理。

4. 突然袭击法

投标竞争激烈，为迷惑对方，可有意泄露一点假情报，如不打算参加投标，或准备投高报价标，却在投标截止之前几个小时突然前往投标，并压低标底，从而使对手措手不及而败北。

5. 低投标价夺标法

这是一种非常手段。如为减少企业大量窝工造成的亏损，或为打入某一市场，或为挤走竞争对手保住自己的地盘，可以制定亏损标，力争夺标。但若企业无经济实力，信誉又不佳，此法不一定奏效。

6. 联保法

若一家企业实力不足，可联合其他企业分别进行投标。无论哪一家中标，都联合进行施工。

(二) 开标后的投标技巧

招标人通过公开开标这一程序可以得知众多投标人的报价，但低报价若不一定中标，需要综合各方面的因素反复考虑，并经过议标谈判，方能确定中标者。所以，开标只是选定中标候选人，而非确定中标者。投标人可以利用议标谈判施展竞争手段，从而变原投标书中的不利因素为有利因素，以增加中标的机会。

议标谈判又称评标答辩。谈判的内容主要是：其一，技术谈判，业主从中了解投标人的技术水平、控制质量及工期的保证措施、特殊情况下采用何种紧急措施等。其二，业主要求投标人在价格及其他问题上（如自由外汇的比例、付款期限、贷款利率等）作出让步。可见，这种议标谈判中，业主处于主动地位。正因为如此，有的业主将中标后的合同谈判一并进行。

议标谈判的方式通常是选 2~3 家条件较优者进行磋商，由招标人分别向他们发出议标谈判的书面通知，各中标候选人分别与招标人进行磋商。

从招标的原则来看，投标人在投标有效期内是不能修改其报价的，但是，某些议标谈判对报价的修改例外。

议标谈判中的投标技巧主要有：

1. 降低投标报价

投标价格不是中标的惟一因素，但却是中标的关键因素。在议标中，投标人适时提出降价要求是议标的主要手段。需要注意的是：其一，要摸清招标人的意图，在得到招标人希望降价的暗示后，再提出降价的要求。因为，有些国家关于招标的法规中规定，已投出的投标书不得作出任何改动，否则，投标即为无效。其二，降价幅度要适当，不得损害投标人自己的利益。

降低投标价格可以从以下三方面入手，即降低投标利润、降低经营管理费和设定降价系数。投标利润的确定，既要围绕争取最大未来收益这个目标而订立，又要考虑中标率和竞争人数因素的影响。通常，投标人准备两个价格，既准备了应付一般情况的适中价格，又准备了应付竞争条件下的特殊环境的替代价格，即通过调整报价利润所得出的总报价。两个价格中，后者可以低于前者，也可以高于前者。经营管理费，应作为间接成本进行计算，为了竞争的需要，也可适当降低这部分费用。降低系数，是指投标人在投标报价时，预先考虑一个可能降价的系数。如果开标后需要降价应对竞争，就可以参照这个系数进行降价；如果竞争局面对投标人有利，则不必降价。

2. 补充投标优惠条件

除中标的关键性因素——价格外,在议标谈判中,还可以考虑其他许多重要因素,如缩短工期、提高质量、降低支付条件要求、提出新技术和新设计方案(局部的),以及提供补充物资和设备等,以优惠条件争取招标人的赞许,争取中标。

四、报价策略

恰当的报价是能否中标的关键,但它并不一定是最低的报价。报价策略是投标策略的一部分。对某一具体工程作出投标决策之后,为了争取中标,应有一个明确的方略来指导报价工作,即报价策略。报价策略应包括以下四个方面的内容,即:降低预算成本的策略;确定利润(风险报酬)率的策略;平衡报价策略;价格重分配策略;报价方案评价——收益现值法。

(一) 降低预算成本的策略

要确定一个低而适度的报价,首先要编制出先进合理的施工方案,在此基础上计算出能符合合同要求工期和质量标准的最低预算成本。降低预算成本要从降低直接费用入手。

从建筑工程费用组成情况来分析,降低工程预算成本主要是从降低直接费用和间接费用入手。从直接费用的组成情况来看,直接费(工、料、机)的潜力不大,一般按定额标准计取,所以应从其他直接费和现场经费中挖潜,在报价时应根据工程项目施工实际可能发生的情况计取。现场经费包含临时设施费和现场管理费两大项。临时设施费应根据工程项目现场情况结合定额标准适当计取,不一定全取,但不能不取。现场管理费中的基本费用和主副食运费补贴、职工探亲路费、职工取暖补贴、工地转移费等也应根据工程项目施工特性及投标竞争情况灵活取舍。如工程项目较小、施工战线不长,施工转移费计取率可以降低,取暖补贴、探亲路费等也可适当降低。间接费用一般发生在项目经理部的上级单位,在投标报价中,也可适当降低取费率。

总之,要有效地降低直接费用和间接费用,最主要的是要充分发挥施工单位各项生产要素的优势。一是施工人员文化技术素质要高,工作效率要高,工资相对要低;二是技术装备要适合投标工程项目的需要,性能先进,成组配套,使用效率高,运转消耗费低;三是材料来源稳定,质量可靠,价格低廉,运输方便,材料使用费低;四是施工方案切实可行,施工技术先进,施工管理科学,质量优良且成本低,经济效益好;五是施工管理层次少,管理机构精干高效,管理费用低。施工单位应将自身的某些优势最大限度地转化为效能、效益,从而作出最具竞争力的报价,这样,既提高了投标的竞争能力争得中标,又避免了利润损失。

当投标人具有某些优势时,在计算报价的过程中不要照搬统一的预算定额,而应结合本单位的实际情况将优势转化为较低的报价。需要说明的是,投标单位利用优势降低成本进而降低报价,同减少应得利润而降低报价争取中标是有本质区别的。

(二) 确定利润率的策略

1. 适度降低计划利润率

计划利润指按照国家有关文件规定施工企业应取得的利润。但由于目前建筑行业市场竞争十分激烈,施工单位往往不惜降低计划利润(甚至不计利润)而采取微利(保本)

的措施,以低价中标,依靠加强管理来提高经济效益,维系施工单位的生存和发展。在投标实践中,计划利润率是取还是不取,或取多少,是一个复杂的问题,不能一概而论,投标单位应根据本单位实际情况、工程项目及施工条件、业主、竞争对手等情况综合考虑来确定,如表3-3。

表3-3 确定利润率参考因素表

影响因素		宜采取的利润率 高利润率策略	低利润策略
工程方面	施工条件	施工条件差,如场地狭窄、施工受到干扰	交通方便、工程量大,适合大机械化作业
	专业要求	专业要求高的技术密集工程,竞争对手无施工经验,本企业有技术专长	专业要求不高,一般的施工单位都能完成
	工程总价	工程总价低或中小型工程	工程总价高或大型工程
	工期要求	业主对工期要求很急	非业主急需工程,工期充裕
	技术程度	技术密集型	劳动密集型
业主方面	业主类型	政府业主:一般追求工期较短、质量好、正常合理造价	企业业主:追求工期短、投资最省、质量达标
投标人	支付条件	支付条件不理想,风险较大的工程	支付条件好,风险小的工程
	施工任务	在手工程较多	施工任务不足、迫切希望中标
	附近承包项目		工程所在地附近有将竣工工程,可就近调入机械和施工队
竞争对手	投标家数	投标家数少	投标家数多
	对手实力	本企业占优势	本企业占劣势

2. 根据实际情况和潜在风险确定计划利润率

关于潜在风险,除了在保险公司投保的风险外,还可能出现的意外风险主要有:

(1) 施工条件恶劣。有的招标文件对工程地质、水文、气象等条件交代不清,又不符合索赔条件,可能会给投标人造成一定损失。

(2) 业主工程师不公正。

为了使投标人中标后避免不必要的损失,投标小组必须对投标项目潜在的风险因素作出估计,通常是按一定百分比将这笔款项归入利润附加费(或称风险报酬)中。

根据对影响利润率的有关因素的分析和保险外风险的充分考虑即可确定较为合理的利润率。

3. 施工技术装备费的取舍问题

施工技术装备费指施工企业逐步扩大施工技术装备的费用,按定额直接费与间接费之和的3%计算,直接列入企业资本公积金。由此可见,从企业长远发展的角度来说,这项费用应该计取。但鉴于目前市场竞争激烈,大多数施工单位都仅维持现状而生存,在投标时往往舍弃这项费用。一般说来是取还是舍,应根据项目业主及投资渠道、竞争激烈程度综合考虑而确定。

4. 应用其他方法而降低预算成本

这时应注意的是，所选用的方法一定要符合招标文件的要求，以免导致废标。

（1）多方案报价法

多方案报价法是在招标人容许有多个方案选择时采用的方法，通常分为财务性方案（如工期）和技术性方案。投标单位在研究招标文件和进行现场勘察过程中，如果发现有设计不合理并且可以改进之处，或者可以利用某种新技术使造价降低，除了完全按照招标文件要求提出基本报价之外，可另附一个建议方案用于选择性报价。选择性报价应附有详细的价款分析表，否则可能被拒收。另外选择性报价还应附有全面评标所需的一切资料，包括对招标文件所提出的修改建议、设计计算书、技术规范、价款细目、施工方案细节和其他有关细节。

投标人应注意，业主只考虑那些在基本报价之下的选择性报价，亦即选择性报价应低于基本报价。当投标人采取多方案报价时，必须在所提交的每一份文件上都标明"基本报价"或"选择性报价"字样，以免造成废标。在选择性报价方案中明确，如果采用此方案，工期会提前、质量会提高、造价可降低多少等，这将会对业主产生极大的吸引力，有利于本单位中标。而对投标单位来说，虽然降低了报价，但实际成本也降低了，而成本降低幅度可能要大于报价降低幅度（如选择性报价方案中由于采用某种新技术使报价降低了2%，但实际成本可能降低了3%），这样，投标单位既有可能顺利中标，又仍然有利可图。此外，如果可能的话，投标人还可以趁机修改合同中不利于投标人的条款。

（2）开口升降报价法

这种方法是把投标看成是取得议标资格的步骤，并不是真的降低报价，只是在详细研究招标文件的基础上，将其中的疑难问题（如有特殊技术要求或造价较高）找出，作为活口，暂不计入报价，只在报价单中适当加以注释，这样其余部分报的总价就会很低，甚至低到其他投标人无法与之竞争的程度（有时称"开口价"），以此来吸引业主，从而取得与之议标的机会。在与业主议标的过程中，投标人利用自己丰富的施工经验对"活口部分"提出一系列具有远见卓识的方案和相应报价，既赢得了业主的信任，又提高了自己的报价并且获得了工程的承包权。

当然也可以利用"活口"借故加价以达到盈利的目的，但一定要适可而止，不要过分，以免损害本单位的声誉。

投标人拟采用开口报价时，一定要注意招标文件是否允许这种做法。招标文件如果明确规定了疑难问题的澄清办法或合同明确要求必须按给出的格式报价，这种办法就不能使用。

（三）平衡报价策略

投标单位在有策略地确定了最低预算成本和适度的计划利润率后，得出了招标工程项目的初步估价（最初投标报价）。然而，这个报价是否低而适度，仍有待论证。因此，在初步估价的基础上进行平衡报价是十分必要的，需要做好以下两个环节的工作：

1. 报价分析

报价分析主要是分析报价的合理性和竞争性。

报价的合理性分析，首先由报价编制人员对报价计算过程按成本项目进行详细的复核，然后由投标班子领导主持召开标前分析会，对计算依据、工料机价格、其他直接费、现场经费和间接费率等计算的合理性进行内部模拟"评标"，挖掘降低报价的潜力。同时，可根据主要竞争对手的实力、优势和以往类似工程的报价水平、对业主标底的推测，分析本企业报价的竞争力，商定一个降价系数，提出必要的措施和对策。

2. 降价系数

通过预算即可分析出该工程项目的最低预算成本，在这个基础上加上适度的计划利润，即得出该项目的初步估算投标报价，在初步估算投标报价的基础上进行平衡报价，提出最低报价。将最低报价和初步估算投标报价进行比较，可计算出一个降价系数。投标人员要密切关注招标投标各方动态，搜集研究各种重要信息，特别要对竞争对手可能的报价作出充分的估计，同时，要认真研究招标人评标规则及报价的有关规定。如果初步确定的报价具有竞争力，就不动用降价系数，否则，就要在投标之前适当调整自己的报价。一般说来，投标单位不应放过竞争机会，但也不宜盲目过分降价，除非特殊战略策略需要，否则，把投标报价降低到保本价格之下是不可取的。投标单位对此应予以充分重视。

降价系数是投标单位预先给投标人员的调价权限，投标人员是否动用降价系数，要在投标时随机应变。如果本身的报价具有竞争力，就不动用降价系数。在投标中，不管面临什么样的竞争形势，投标单位本身都是有主动权的，不应放过竞争的机会，但也不能盲目降价。

（四）价格重分配（或不平衡报价）策略

价格重分配策略原则上适用于一切分期付款工程合同，但对单价合同最有效。单价合同中工程量清单的计价细目单价只要在合理的范围内，通常不会影响评标。单价重分配是对常规报价的优化，其实质是在保持总报价不变的前提下，通过提高工程量清单中一些计价细目的综合单价、降低另外一些细目的单价来使所获工程款收益现值最大，目的是"早收钱"或"快收钱"，即（1）赚取由于工程量改变而引起的额外收入；（2）改善工程项目的资金流动；（3）赚取由通货膨胀引起的额外收入。

"单价重分配"的原则一般有以下几条：

1. 固定项目宁低毋高。

2. 先期开工的项目（如开办费、土方、基础等隐蔽工程）的单价报高价，后期开工的项目如高速公路的路面、交通设施、绿化等附属设施的单价报低价。

3. 经过核算工程量，估计以后工程量会增加的项目的单价报高价，工程量会减少的项目的单价报低价。

4. 图纸不明确或有错误的、估计今后会修改的项目的单价报高价，估计今后会取消的项目的单价报低价。

5. 没有工程量，只填单价的项目（如土方工程中挖淤泥、岩石、土方超运备用单价）的单价报高价。

6. 对于暂定金额项目，分析其由承包商做的可能性大时，其单价报高价，反之，报低价。

7. 对于允许价格调整的工程项目，当利率低于通胀率时，则后期施工的工程细目的单价报高价，反之，报低价。

需要注意的是：(1) 不平衡报价要适度，一般浮动不要超过30%，否则，"物极必反"。因为近年业主评标时，要分析报价的不平衡系数，不平衡程度高的要扣分，严重不平衡报价的可能成为废标；(2) 对"钢筋"、"混凝土"等常规项目最好不要提高单价；(3) 如果业主要求提供"工程预算书"，则应使工程量清单综合单价与预算书一致；(4) 统一标段中工程内容完全一样的计价细目的综合单价要一致，整个工程所用的工料机单价也要一致。

(五) 报价方案的评价——收益现值法

不平衡报价给出了优化报价的方向，但实际操作时并不方便，因为缺少一个量化的评价指标，不同报价方案的优劣很难判断。一个方案的优劣指的是在总报价一定的前提之下，它内含的价值的大小。这个价值不仅取决于总价，还取决于收款时间和工程的单价布局。因为资金是有时间价值的，现在收到的一元钱与将来收到的一元钱是不等值的，或者说，现在的一元钱更值钱。为了便于比较，可以预期收益的现值作为投标方案的评价指标，预期的收益现值越大，报价方案越好。

所谓收益现值，就是将未来不同时期的收益（例如工程款）折算成现在的价值。设折现率为 i，可取为银行的贷款利率，未来第 n 期末有收益 FV，这里的期可以是年、月或其他与 i 对应的计息期，则此收益的现值为：$PV = FV(1+i)^n$。

可按施工组织设计的进度计划，确定各分项工程的完工时间，分别计算分项工程的现值，汇总后得到投标方案的现值。

设工程第 j 项工程的工程量为 q_j ($j = 1, 2, \cdots, m$)，于第 t_j 个月末开工，预定 n_j 个月内均匀完成，单价为 p_j，工程款当月末支付，月折现率 i，则该分项工程的现值按公式计算：

$$PV_j = (P/F, i, t_j) \times (P/A, i, n_j) \, q_j \times p_j / n_j$$

式中：$(P/F, i, t_j) = (1+i)^{-t_j}$ 为复利现值系数（或贴现系数）；

$(P/A, i, n_j) = [(1+i)^n - 1] / [i(1+i)^n_j]$ 为年金贴现系数。

工程进度款总现值为：$PV = PV_1 + PV_2 + \cdots + PV_m$

采用收益现值作为评价指标，按不平衡报价原理逐步进行报价优化，其具体计算步骤如下：

(1) 确定各分项工程的常规报价及总报价。
(2) 确定主要分项工程报价的允许浮动范围。
(3) 确定主要分项工程的工程量及完工时间。
(4) 按不平衡报价原则，在各分项工程报价的合理浮动范围内取定一组报价。
(5) 计算上述报价方案的现值。
(6) 比较现值，取现值较大的报价方案。
(7) 重复 (4) ~ (6)，直到确定现值相对最大的报价方案。

实际应用收益现值法时，通常有两种情况：

(1) 总报价不变，使实际收益较大。

实际收益较大即收益现值较大。按不平衡报价原则，适当调高前期工程的报价、降低后期工程的报价,并维持总报价不变,按上述计算步骤,通过试算确定现值相对最大的报价方案。

(2) 实际收益不变,降低总报价,以提高中标机会。

实际收益不变,即保持收益现值不变。首先计算出常规报价方案现值,假设总报价不变,按上述情况(1)的计算过程,确定一个现值相对最大的报价方案,然后降低部分分项工程的报价,使投标方案的现值与常规报价方案的现值相近,此时,投标总报价自然就低于常规总报价。

计算表明,对于工期较长、规模较大的工程,采用收益现值法优化报价方案可使项目的收益提高 1%~2%。

第五节 投标中应注意的几个问题

一、明确投标目标

若投标是为创经济效益,投标前应详细计算成本、开支、利润等,对大的项目、时间将拖延的项目,还应将风险计算进去。全面考虑不利因素之后,决定是否投标。若为打开局面、占领市场、创立品牌,则可不考虑利润。

二、投标操作中应注意的问题

1. 商务方面
(1) 应从多渠道获得信息,包括概算、所需产品的主要指标、是否需进口等。
(2) 开标前与项目单位、招标单位进行必要的接触,了解他们的需要。
(3) 要正式购买招标书,并按购到的招标书中的指示来准备投标。
(4) 在开具保函方面,开户行级别、金额、有效期等应符合要求。世界银行范本专门规定应由一家信誉好的银行出具保函。日元贷款项目还要求各地银行开出的保函必须在中国银行总行进行验证。
(5) 若是代理商,则应尽早从制造商那里拿到正式委托书。制造商应提供如下资料:制造商对代理商的授权信;制造商的资格证明;报价单;货物简介;详细的技术应答表;印刷的产品样本;产品的批准或注册文件、获奖文件等。
(6) 投标人应严格按照招标文件规定,做出合格的投标书。
2. 技术方面
技术方面应做到以下几点:
(1) 应达到招标文件中各项指标的要求。
(2) 争取邀请用户进行考察。
(3) 招标文件中的特殊要求应得到满足。

（4）应交代零配件供应及维修点设置的情况。
（5）按要求写明质量保证期期限。

三、计算标价时应注意的问题

我国一些承包公司在分析标价和决策最终标价时，为了争取中标，常常无根据地压低报价。这种压低标价承担风险的做法是不可取的。我们应该在计算标价时实事求是。

另一种做法是，编标人员在计算标价时，对一些工程部位的单价层层加码，多留余地，而在计算另一些工程部位时，却无根据地压价，常常由于标价计算不合理、不准确，连编标人自己都不知道工程的真正成本费用是多少，究竟有多少利润，从而使标价计算混乱，决策不准确，造成失误。在标价计算过程中，编标人应实事求是地计算工程成本，计算标价，以免作出不准确的判断、导致投标或经营失败。

四、对投标风险的处理

一些承包公司习惯用意外费用承担投标报价中的风险，应付投标中无把握的因素，这种做法也是不可取的。既然投标人认为有风险和无把握因素，正说明投标人心中无底，难以判断风险的大小，也就无法准确地算出意外风险费用的多少。如果意外风险费用算少了，工程承包必然因风险过多而出现亏损；如果风险费用算多了，势必导致标价过高而失去中标的机会。

对于承包工程中可能出现的风险，承包人应设法分清风险的种类及程度，并将风险责任转移。在投标承包中，属于设计变更、自然地质条件变化等因素造成的损失，应由业主负责；另有一部分风险可通过保险来解决，例如水灾、火灾、地震等，承包人应通过保险把尽可能多的风险转移到保险公司身上。

对于一些风险因素较多、而且难以预先估计其风险程度的工程，特别是技术不落实的工程，是否用意外费用来承担其风险，承包人应慎重分析决定。对于这种工程，最稳妥的处理办法是不投标。

五、对投标结果的评价

投标工作带有一定的几率，既不能认为不中标就是失败，也不能认为中标就是胜利。评价投标工作成功与否，取决于承包人自己所编制的标价、经营方案及施工组织等全套计划是否符合实际情况。

还有一种认识，认为得了第一标而且与第二标相差不多就是成功，是好标价。其实这种认识也不尽合理。例如某水渠的二期工程招标，投了第二标的是刚刚完成水渠一期工程的当地承包人，而且这家公司用于水渠一期工程的旧设备就存放在二期工程附近。如果某一公司在这个标上投了第一标，很有可能是不适合的标价。

六、其他应注意的问题

1. 世界银行及亚洲发展银行等国际金融机构贷款的工程项目,对各方面要求比较严格,编制投标文件应符合标书要求,越是大项目越应该严格要求。

2. 单价合同项目的单价不能出错,包干价项目的总价也不能算错。投标文件出现这种错误是不允许更正的,而其他错误一般是可以更正的。

3. 编标过程应保密,最后确定的标价的知情人应限定在一定的范围之内,不允许周围的人包括代理人对投标价格摸底。有关编标的计算方法、施工组织和取费标准等均是商业秘密,应注意保密。

4. 为保证投标竞争力,应分析对手的标价水平。应尽量搜集对手材料并加以分析。除研究对手正常业务水平以外,还应研究对方可能采取的策略。

5. 任何时候均不能相信业主或其代理人等的亲昵表示,绝不能向其泄漏自己的标价,也不能吐露自己的报价策略。

6. 承包公司为打入新市场或维持公司经营,可采用投亏损标策略。但采用这种策略必须慎之又慎,应有弥补亏损的措施,并对市场前景、自身经营状况等方面加以认真分析,不宜轻易效仿外国公司的这种经营策略。

7. 编标时间较紧,可不对报价表中的全部项目作详细计算。在工程项目不是很复杂的前提下,投标人可以只详细计算主要的工程报价项目,对次要的报价项目进行估算。但对于国际承包工程经验少、不熟悉国际市场行情的承包公司,不宜采用此办法,特别是在某国第一次参与投标。

8. 标价的高低不损害承包公司的声誉,但投标之后,切忌标价大起大落,这种波动对投标公司的信誉是有损害的。世行及亚行等贷款的工程项目开标后不允许再降价,以降价争取中标是完全行不通的。业主出资的项目,开标后往往要求降价,这时承包人可视情况作些调整,但不宜大幅度调整标价,更不能在业主压力下一降再降,影响正常施工和承包收益。

复习思考题

1. 投标工作班子应由哪些类型的人员组成?各类人员应具备怎样的知识结构和技能?
2. 投标的程序包括哪些工作步骤和内容?
3. 投标文件包括哪些具体内容?
4. 什么是投标决策?投标决策涉及哪几个方面?
5. 确定报价水平(高、中、低)应考虑哪些方面的因素?
6. 报价策略包括哪些方法?各自的含义是什么?

第四章 建设工程其他项目招投标

第一节 勘测设计招投标

一、勘测设计招投标的基本内容

（一）勘测设计概述

从勘测设计开始，建设工程项目将进入实施阶段。工程勘测是对项目的建设地点的地形、地质、水文、道路条件进行勘测，为工程设计提供基本资料；工程设计是在批准的场地范围内对拟建工程进行详细规划、布局、设计，以保证实现项目投资的各项经济、技术指标。勘测设计是工程建设过程中的关键环节，建设工程进入实施阶段的第一项工作就是工程勘测设计招标。勘测设计质量的优劣，对工程建设是否顺利完成起着至关重要的作用。以招标的方式委托勘测设计任务，是为了使设计技术和成果作为有价值的技术商品进入市场，打破地区、部门的限制，促使设计单位优化管理、采用先进的技术，更好地完成各种复杂的工程勘测设计任务，从而降低工程造价、缩短工期和提高投资效益，所以勘测设计招标与投标对工程建设来说是十分必要的。

（二）勘测设计招标与投标的含义

勘测设计招标是指招标人在实施工程勘测设计工作之前，以公开或邀请书的方式提出招标项目的指标要求、投资限额和实施条件等，由愿意承担勘测设计任务的投标人按照招标文件的要求和条件，分别报出工程项目的构思方案和实施计划，然后由招标人通过开标、评标、定标确定中标人的过程。勘测设计投标是指勘测设计单位根据招标文件的要求编制投标书和报价，争取获得承包权的活动。凡具有国家批准的勘测、设计许可证，并具有经有关部门核准的资质等级证书的勘测、设计单位，都可以按照批准的业务范围参加投标。建设工程勘测设计招标和投标双方都应具有法人资格，招标和投标是法人之间的经济活动，受国家法律的保护和制约。

（三）勘测设计招标承包范围

一般工程项目的设计分为初步设计和施工图设计两个阶段进行，对于技术复杂而又缺乏设计经验的项目，可根据实际情况在初步设计阶段后增加技术设计阶段。招标单位可以将某一阶段的设计任务或几个阶段的设计任务通过招标的方式，委托选定的设计单位实施。

　　招标单位应根据工程项目的具体特点决定发包的范围。实施勘测、设计招标的工程项目，可采取设计全过程总发包的一次性招标，也可以在保证整个建设项目完整性和统一性的前提下，采取分单项、分专业的分包招标。经招标单位同意，中标单位也可以将初步设计和施工图设计的部分工作分包给具有相应资质条件的其他设计单位，其他设计单位就其完成的工作成果与总承包方一起向发包方承担连带责任。

　　勘测任务可以单独发包给具有相应资质条件的勘测单位实施，也可以将其工作内容包括在设计招标任务中。通过勘测工作取得的工程项目建设所需的技术基础资料是设计的依据，直接为设计服务，必须满足设计的要求，因此，勘测任务包括在设计招标的发包范围内，由具有相应能力的设计单位来完成或由他再去选择承担勘测任务的分包单位，对招标单位较为有利。与分为勘测、设计两个合同的分承包相比，勘测、设计总承包的优点在于，不仅在履行合同的过程中，业主和监理单位可以摆脱两个合同实施过程中可能遇到的协调义务，而且可以使勘测工作直接根据设计需要进行，以更好地满足设计对勘测资料精度、内容和进度的要求，必要时可进行补充勘测。

二、勘测设计招标的方式及应具备的条件

　　（一）勘测设计招标的方式

　　勘测设计招标与施工招标、材料供应招标、设备采购招标等项目实施阶段其他工作的招标方式不同，具有其独特之处。设计招标的承包任务是承包者将建设单位对建设项目的设想转变为可实施的蓝图，而施工招标则是根据设计的具体要求，去完成规定的施工任务。因此，勘测设计招标文件对投标者提出的要求不是很具体，而是简单介绍工程项目的实施条件、应达到的技术经济指标、总投资限额、进度要求等。投标者根据相应的规定和要求分别报出工程项目的设计构思方案、实施计划和工程概算；招标单位通过开标、评标等程序对所有方案进行比较后确定中标单位，然后由中标单位根据预定方案去实现。勘测设计招标与其他项目招标的主要区别表现在以下几个方面：

　　1. 招标文件的内容不同。勘测设计招标文件中仅提出设计依据、工程项目应达到的技术经济指标、项目限定的工作范围、项目所在地基本资料、要求完成的时间等内容，没有具体的工作量要求。

　　2. 对投标书编制的要求不同。投标者的投标报价不是按具体的工程量清单填报单价后算出总价，而是首先提出设计构思、初步方案，阐述该方案的优点和实施计划，然后在此基础上提出投标报价。

　　3. 开标方式不同。开标时不是由招标单位按各投标书的报价高低去排定标价次序，而是由各投标人自己说明其勘测设计方案的基本构思、意图以及其他实质性内容，并不排定标价顺序。

　　4. 评标原则不同。评标时不过分追求工程项目的报价高低，而是更多地关注设计方案的技术先进性、合理性，所达到的技术经济指标，对工程项目投资效益的影响。

　　勘测设计招标可采用公开招标方式，即由招标单位通过报刊、广播、电视等媒体公开

发布招标广告；也可以采用邀请招标方式，即由招标单位向有能力的、具备资质条件的勘测设计单位直接发出招标通知书，邀请招标必须在3个以上的投标单位中进行。

一般的民用建筑或中小型工业项目都采用通用的规范设计，为了提高设计水平，可以选取打破地域和部门界限的公开招标方式。而对于专业性较强的大型工业建筑设计，限于专业特点、生产工艺流程要求以及对目前国内外先进技术的了解等方面的要求，只能在行业内的设计单位中通过邀请招标的方式选择投标单位。对于少数特殊工程或偏僻地区的小工程，一般设计单位不愿意参与竞争，可以由项目主管或当地政府指定投标单位，以议标的方式委托设计单位。

（二）勘测设计招标应具备的条件

按照国家颁布的有关法律、法规，勘测设计招标项目应具备如下条件：

1. 具有经过审批机关批准的设计任务书或项目建议书。
2. 具有国家规划部门划定的项目建设地点、平面布置图和用地红线图。
3. 具有开展设计必需的可靠的基础资料，包括：建设场地勘测的工程地质、水文地质初步勘测资料或有参考价值的场地附近的工程地质、水文地质详细勘测资料；水、电、燃气、供热、环保、通信、市政道路等方面的基础资料；符合要求的勘测地形图等。
4. 成立了专门的招标工作机构，并有指定的负责人。
5. 有设计要求说明等。

三、业主或相关单位的权力

按照建设项目实行项目法人负责制的原则，建设单位作为投资责任者和业主享有以下权利：

1. 有权按照法定程序组织工程设计招标活动。
2. 有权按照国家有关规定，选择招标方式，确定投标单位，公正主持评标工作，确定中标者。

如果建设单位不具备独立组织招标活动的能力，可委托具有与工程项目相对应资质条件的中介机构或咨询公司代理。建设单位、中介机构（或咨询公司）应满足以下条件：

1. 是独立法人或有依法成立的董事会机构。
2. 有相应的工程技术、经济管理人员。
3. 有组织编制工程设计招标文件的能力。
4. 有组织设计招标、评标的能力。

四、招标与评标

（一）设计招标与投标程序

依据委托设计的工程项目规模以及招标方式，各建设项目设计招标的程序繁简程度也不尽相同。国家有关建设法规规定了如下的标准化公开招标程序，采用邀请招标方式时可以根据具体情况适当变更或酌减。

1. 招标单位编制招标文件。
2. 招标单位发布招标广告或发出招标通知书。
3. 投标单位购买或领取招标文件。
4. 投标单位报送申请书。
5. 招标单位对投标单位进行资质审查,或委托中介机构或咨询公司进行审查。
6. 招标单位组织投标单位勘察现场,解答招标文件中的问题。
7. 投标单位确定设计主导思想,编制设计方案,编写投标文件。
8. 投标单位按规定时间密封报送投标书。
9. 招标单位当众开标,组织评标,确定中标单位,发出中标通知书。
10. 招标单位与中标单位签订合同。

(二) 招标准备工作

1. 招标的组织准备

业主决定进行设计招标后,首先要成立招标组织机构,具体负责招标工作的有关事宜。目前我国招标组织机构主要有 3 种形式:

(1) 由建设项目的主管部门负责招标的全部工作。组织机构的人员一般从有关部门临时抽调,成立临时工作机构,待招标工作完成后回原单位。这种形式不利于管理专业化的工程项目,也不利于提高招标工作水平。

(2) 由政府行政主管部门设立招投标领导小组或办公室之类的机构,统一处理招标工作。这种形式在推行招标承包制开始阶段采用较多,能够较快地打开局面。但政府行政主管部门过多干预建设单位的招标活动,代替招标单位决策,既不符合经济体制改革"实行政企分开、转换政府职能"的要求,也与工程建设实行建设项目法人责任制、按经济规律搞建设的宗旨相违背。

(3) 专业咨询机构或工程建设监理单位受业主委托承办招标的技术性和事务性工作,决策仍由业主做出。这种形式可使业主节省大量的工作人员。专业咨询机构或工程建设监理单位要在竞争中求得生存和发展,就必须精益求精,不断提高服务质量。这种模式符合讲求实效、节约开支和工程项目管理专业化的原则。通过实践总结可以看出,监理单位从设计招标阶段就参与管理,对于监理设计合同的履行较为有利。若业主还委托监理单位从事施工阶段的监理工作,由于其对业主的项目建设意图了解得比较深刻,对设计过程中关键部位或专项问题有充分的认识,有利于施工过程中采取有效的协调管理措施,保证设计意图的实现,减少风险事件的发生。

在招标组织机构内,除了必要的一般工作人员外,还应包括法律、技术、经济方面的专家,由他们来组织和领导招标工作的进行。

2. 招标文件的准备

招标文件是指导设计单位正确投标的依据,也是对投标人提出要求的文件。招标文件一经发出,招标单位不得擅自修改。如果确需修改,应以补充文件的形式将修改内容通知每一个投标人,补充文件与招标文件具有同等的法律效力。若因修改招标文件给投标人造成经济损失,招标人应承担赔偿责任。

(1) 招标文件的主要内容

为了使投标人能够正确地进行投标，招标文件应包括以下几方面的内容：

1）投标须知。包括工程名称、地址、竞选项目、占地范围、建筑面积、竞选方式等。

2）设计依据文件。包括经过批准的设计任务书或项目建议书及有关行政文件的复制件。

3）项目说明书。包括对工程内容、设计范围或深度、图纸内容、张数和图幅、建设周期和设计进度等方面的说明，工程项目建设的总投资限额。

4）合同的主要条件和要求。

5）设计基础资料。包括提供设计所需资料的种类、方式、时间以及设计文件的审查方式。

6）现场勘察和标前会议的时间和地点。

7）投标截止日期。

8）文件编制要求及评定原则。

9）招标可能涉及的其他有关内容。

（2）设计要求文件的编制

在招标文件中，最重要的是对项目的设计提出明确要求的"设计要求文件"或"设计大纲"。"设计要求文件"通常由咨询机构或监理单位从技术、经济等方面考虑后具体编写，作为设计招标的指导性文件。文件应包括以下几方面的内容：

1）设计文件编制的依据。

2）国家有关行政主管部门对规划方面的要求。

3）技术经济指标要求。

4）平面布置要求。

5）结构形式方面的要求。

6）结构设计方面的要求。

7）设备设计方面的要求。

8）特殊工程方面的要求。

9）其他有关方面的要求，如环境、防火等。

由咨询机构或监理单位准备的设计要求文件需经过项目法人的批准。如果不满足要求，应重新核查设计原则，修改设计要求文件。设计文件的编制，应兼顾以下三方面：

1）严格性。文字表达应清楚，不易产生误解。

2）完整性。任务要求全面，无遗漏。

3）灵活性。要为设计单位发挥创造性留有充分的自由度。

（三）对投标人的资格审查

招标方式不同，招标人对投标人资格审查的方式也不同。如采用公开招标，一般会采取资格预审的方式，由投标人递交资格预审文件，招标人通过综合对比分析各投标人的资质、经验、信誉等，确定候选人参加勘测设计的招标工作。如采用邀请招标，则会简化以上过程，由投标人将资质状况反映在投标文件中，与投标书共同接受招标人的评判。但无论是公开招标时对投标人的资格预审，还是邀请招标时的资格后审，审查内容是基本相同的，一般包括对投标人资质的审查、能力的审查、经验的审查 3 个方面。

1. 资质审查

资质审查主要是检验投标人的资质等级和可承接项目的范围，检查申请投标单位所持有的勘测和设计资质证书等级是否与拟建工程项目的级别相一致，不允许无资格证书单位或低资格单位越级承担工程勘测、设计任务。审查的内容包括以下 3 个方面：

（1）证书的种类。国家和地方主管部门颁发的资格证书分为工程勘测证书和工程设计证书两种。如果勘测任务合并在设计招标中，申请投标人必须同时拥有两种证书。仅持有工程设计证书的单位可联合其他持有工程勘测证书的单位，以总包和分包的形式共同参加投标，资格预审时同时提交总包单位的工程设计证书和分包单位的工程勘测证书。

（2）证书的级别。我国工程勘测或设计证书各分为甲、乙、丙、丁四级，不允许低资格单位承接高等级工程的勘测设计任务。各级证书的适用范围如下：

1）持有甲级证书的单位，可以在全国范围内承接大、中、小型工程项目的勘测或设计任务。

2）持有乙级证书的单位，可以在本省、市范围内承接中、小型工程项目的勘测或设计任务。申请跨省、市承揽勘测或设计任务时，须经过项目所在地省、市级勘测、设计主管部门批准。

3）持有丙级证书的单位，允许在本省、市范围内承担小型工程项目的勘测或设计任务。申请跨省、市承揽勘测或设计任务时，应当持项目主管部门出具的证明，报项目所在地省、市级勘测和设计主管部门批准。

4）持有丁级证书的单位，只能在单位所在地的市或县范围内承担小型简单工程及零星工程项目的勘测或设计项目。

（3）证书规定允许承接任务的范围。尽管申请投标单位所持证书的级别与工程项目的级别相适应，如果工程项目的勘测或设计任务有较强的专业性要求，还需审查证书规定的允许承揽工作范围是否与项目的专业性质相一致。工程设计资格按归口部门分为电力、轻工、建筑工程等 28 类行业；工程勘测资格又分为地址勘测、岩土工程、水文地质勘测和工程测量 4 个专业。

申请投标单位所持有的证书在以上 3 个方面中有任何一项不合格，该单位应被淘汰。

2. 能力审查

能力审查包括对投标单位设计人员的技术力量和所拥有的技术设备两方面的审查。考察设计人员的技术力量主要看设计负责人的资质能力和各类设计人员的专业覆盖面、人员数量、各级职称人员的比例等是否满足完成工程设计任务的需要。审查设备能力主要看开展正常勘测或设计任务所需的器材和设备，在种类、数量方面是否满足要求，不仅看其拥有量，还应考察其完好程度和在其他工程上的占用情况。

3. 经验审查

通过审查投标者报送的最近几年完成的工程项目设计一览表，包括工程名称、规模、标准、结构形式、设计期限等内容，评定其设计能力和设计水平。侧重考察已完成的设计项目与招标工程在规模、性质、形式上是否相适应，即判断投标者有无此类工程的设计经验。

招标单位若关注其他问题，可以要求投标单位报送有关材料，作为资格预审的内容。资格预审合格的申请单位可以参加设计投标竞争。对不合格者，招标单位也应及时发出通知。

（四）设计投标书的内容

设计单位应严格按照招标文件的规定编制投标书，并在规定的时间内送达。设计投标书的内容一般应包括以下几个方面：

（1）方案设计综合说明书。对总体方案构思作详尽的文字阐述，并列出技术、经济指标表，包括总用地面积，总建筑面积，建筑占地面积，建筑总层数、总高度，建筑容积率、覆盖率，道路广场铺砌面积，绿化面积，绿化率，必要时还应计算场地初平土方工程量等。

（2）方案设计内容及图纸。图纸包括总体平面布置图，单体工程的平面、立面、剖面，透视渲染表现图等，必要时可以提供模型或沙盘。

（3）工程投资估算和经济分析。投资估算文件包括估算的编制说明及投资估算表。投资估算编制说明的内容应包括：编制依据；不包括的工程项目和费用；其他有必要说明的问题。投资估算表是反映一个建设项目所需全部建筑安装工程投资的总文件，它是以各单位工程为基本组成基数的投资估算（如土方、道路、围墙、门窗、室外管线等）加上预备费后汇总得到的建设项目的总投资。

（4）项目建设工期。

（5）主要的施工技术要求和施工组织方案。

（6）设计进度计划。

（7）设计费报价。

（五）评标和定标

开标后即可进入评标、定标阶段，从众多投标人中择优选出中标单位后，业主即与其签订合同。评标由招标单位邀请有关部门的代表和专家组成评标小组或评委会进行，通过对各标书的评审写出综合评价报告，并推选出第一、二、三名候选中标单位。业主可分别与候选中标人进行会谈，就评标时发现的问题探讨修改意见或补充原投标方案，或就将其他投标人的某些设计特点融于该设计方案中的可能性等问题进行协商，最终选定中标单位。为了保护非中标单位的权益，如果使用非中标单位的技术成果，须征得其同意后实行有偿转让。

设计评标时评审的内容很多，但主要应侧重考虑以下几个方面：

1. 设计方案的优劣

设计方案评审的内容主要包括：

1）设计指导思想是否正确。

2）设计方案是否反映了国内外同类工程项目较先进的水平。

3）总体布置的合理性和科学性，场地利用系数是否合理。

4）设备选型的适用性。

5）主要建筑物、构建物的结构是否合理，造型是否美观大方，是否与周围环境协调。

6)"三废"治理方案是否有效。

7)其他有关问题。

2. 投入产出和经济效益的好坏

主要涉及以下几个方面：

1)建设标准是否合理。

2)投资估算是否超过投资限额。

3)先进工艺流程可能带来的投资回报。

4)实现该方案可能需要的外汇估算等。

3. 设计进度的快慢

评价投标书内的设计进度计划，看其能否满足招标人制定的项目建设总进度计划要求。大型复杂的工程项目为了缩短建设周期，往往在初步设计完成后就进行施工招标，在施工阶段陆续提供施工详图，此时，应重点审查设计进度是否能满足施工进度要求，避免妨碍或延误施工的顺利进行。

4. 设计资历和社会信誉

没有设置资格预审的邀请招标，在评标时还要对设计单位的设计资历和社会信誉进行评审，作为对各投标单位的比较内容之一。

根据有关建设法规规定，自发出招标文件到开标的时间，最长不得超过半年。自开标、评标至确定中标单位的时间，一般不得超过半个月。确定中标单位后，双方应在 1 个月内签订设计合同。

第二节 建设工程监理招投标

一、建设工程监理招投标的基本内容

（一）建设工程监理的概念

1988 年 7 月 25 日建设部《关于开展建设监理工作的通知》的颁发，标志着我国工程建设监理的起步。经过十多年的不断努力，现在我国建设监理已成为工程建设项目普遍采用的管理方式，逐步实现了产业化、标准化和规范化，并快速向国际监理水准迈进。

建设工程监理常简称为建设监理。建设监理的含义是什么？这是我们首先要搞明白的问题，并在此基础上对工程建设监理招标与投标作更进一步的认识。

何谓监理？监理就是有关执行者根据一定的行为准则，对某些或某种行为进行监督和管理、约束和协调，使这些行为符合原则的要求并协助行为主体实现其行为目的。构成监理需要具备基本条件，即应当有"执行者"，也就是必须有监理的组织；应当有"准则"，也就是实施监理的依据；应当有明确的被监理"行为"，也就是监理的具体内容；应当有明确的"行为主体"，也就是监理的对象；应当有明确的监理目的，也就是行为主体和监理执行者共同的最终追求；应当有监理的方法和手段，否则监理就无法组织实施。

何谓建设监理？建设监理是指针对一个具体的工程项目，政府有关机构根据工程项目建设的方针、政策、法律、法规对参与工程项目建设的主体进行监督和管理，使它们的工程建设行为能够符合公众利益和国家利益，并通过社会化、专业化的工程建设监理单位为工程业主提供工程服务，使工程项目能够在预定的投资、进度和质量目标内得以完成。

（二）建设监理招标的范围

国务院颁布的《建设工程质量管理条例》明确指出，应当实施建设监理的工程包括：国家重点建设工程，大、中型公用事业工程，成片开发建设的住宅小区工程，利用外国政府或者国际组织贷款、援助资金的工程，国家规定必须实行监理的其他工程。其中部分工程因为工程规模、工程性质、投资额、投资方等不同，必须采用招标方式选择建设监理单位。

（三）建设监理招标的方式

建设监理招标一般实行公开招标或邀请招标两种方式。招标人采用公开招标方式的，应在当地建设工程发包承包交易中心或指定的报刊上发布招标公告。招标人采用邀请招标方式的，应当向3个以上具备资质条件的特定监理单位发出邀标通知书。

招标公告和邀标通知书应当载明招标人的名称和地址、招标项目的性质和数量、实施地点和时间以及获取招标文件的办法等事项。

（四）建设监理招标与投标的主体

1. 建设监理招标的主体　建设监理招标主体是承建招标项目的建设单位。招标人可以自行组织监理招标，也可以委托具有相应资质的招标代理机构组织招标。必须进行监理招标的项目，招标人自行办理招标事宜的，应向招标投标办事机构备案。

国务院建设主管部门负责全国建设监理招标投标的管理工作，各省、市、自治区及其工业、交通部门建设行政管理机构负责本地区、本部门建设监理招标投标管理工作，各地区、各部门建设工程招标管理办公室对监理招标与投标活动实施监督管理。

2. 建设监理投标的主体　参加投标的监理单位就是建设工程监理投标的主体。参加投标的监理单位应当是取得监理资质证书、具有法人资格的监理公司、监理事务所或兼承监理业务的工程设计、科学研究及工程建设咨询的单位，同时必须具有与招标工程规模相适应的资质等级。

资质等级是各级建设行政主管部门按照监理单位的人员素质、资金数量、专业技能、管理水平及监理业绩审批核定的。我国监理单位资质分为甲级、乙级、丙级3级。各级监理单位资质标准如下：

（1）甲级。由取得监理工程师资格证书的在职高级工程师、高级建筑师或者高级经济师作单位负责人，或者由取得监理工程师资格证书的在职高级工程师、高级建筑师作技术负责人；取得监理工程师资格证书的工程技术与管理人员不少于50人，且专业配套，其中高级工程师和高级建筑师不少于10人，高级经济师不少于3人；注册资金不少于100万元；一般应监理过5个一等一般工业与民用建设项目或者2个一等工业、交通建设项目。

（2）乙级。由取得监理工程师资格证书的在职高级工程师、高级建筑师或者高级经济师作单位负责人，或者由取得监理工程师资格证书的在职高级工程师、高级建筑师作技术负责人;取得监理工程师资格证书的工程技术与管理人员不少于 30 人,且专业配套,其中高级工程师和高级建筑师不少于 5 人,高级经济师不少于 2 人;注册资金不少于 50 万元;一般应监理过 5 个二等一般工业与民用建设项目或者 2 个二等工业、交通建设项目。

(3) 丙级。由取得监理工程师资格证书的在职高级工程师、高级建筑师或者高级经济师作单位负责人,或者由取得监理工程师资格证书的在职高级工程师、高级建筑师作技术负责人;取得监理工程师资格证书的工程技术与管理人员不少于 10 人,且专业配套,其中高级工程师和高级建筑师不少于 2 人,高级经济师不少于 1 人;注册资金不少于 10 万元;一般应监理过 5 个三等一般工业与民用建设项目或者 2 个三等工业、交通建设项目。

(五) 建设监理招标与投标程序

建设监理招标与投标的基本程序如下:

1. 招标人组建项目管理班子,确定委托监理的范围,自行办理招标事宜的,应在招标投标办事机构办理备案手续;
2. 编制招标文件;
3. 发布招标公告或发出邀标通知书;
4. 向投标人发出投标资格预审书,对投标人进行资格预审;
5. 招标人向投标人发出招标文件,投标人组织编写投标文件;
6. 招标人组织必要的答疑、现场勘察,解答投标人提出的问题,编写答疑文件或补充招标文件等;
7. 投标人递送投标书,招标人接受投标书;
8. 招标人组织开标、评标、决标;
9. 招标人确定中标单位后向招标投标办事机构提交招标投标情况的书面报告;
10. 招标人向投标人发出中标或者未中标通知书;
11. 招标人与中标单位进行谈判,订立委托监理书面合同;
12. 投标人报送监理规划,实施监理工作。

二、建设工程监理招标

(一) 选择委托监理的内容和范围

建设监理的工作内容遍布项目的全过程,因此,在选择监理单位前,应首先确定委托监理的工作内容和范围,既可将整个建设过程委托给一个单位来完成,也可按不同阶段的工作内容或不同合同的内容分别交与几个监理单位来完成。在划分委托监理工作范围时,一般要考虑以下几方面的因素:

1. 工程规模。对于中小型工程项目,有条件时可将全部监理工作委托给一个单位;对于大型复杂工程,则应按阶段和工作内容分别委托监理单位,如将设计和施工两个阶段分开。
2. 项目的专业特点。不同的施工内容对监理人员的素质、专业技能和管理水平的要求也不同,所以在大型、复杂的工程建设阶段,划分监理工作范围时应考虑不同工作内容的要求,若有特殊专业技能要求(如特殊基础处理工程),还可将其工作进一步划分给有该项技能的监理单位。

3. 合同履行的难易程度。建设期间，业主与有关承包商所签订的经济合同较多，对于较容易履行的合同，如一般建筑材料供销合同的履行监督、管理等，其监理工作可以并入某项监理工作的委托合同之中，或者不必委托监理；而设备加工订购合同，则需委托专门的监理单位负责合同履行的监督、控制和管理。

4. 业主的管理能力。若业主的技术能力和管理能力较强，项目实施阶段的某些监理工作内容也可以由业主自己来承担，如施工前期的现场准备工作等。

（二）监理单位的资格预审

业主根据项目的特点确定了委托监理工作范围后，即应开始选择合格的监理单位。监理单位受业主委托进行工程建设的监理工作，用自己的知识和技能为业主提供技术咨询和服务工作，与设计、施工、加工制造等承包经营活动有本质的区别，因此，衡量监理单位的能力的标准应该是技术第一，其他因素从属于技术标准。

目前国内监理单位招标多采用邀请招标，业主的项目管理班子在招标时根据项目的需要和对有关监理公司的了解，初选3~10家公司，分别邀请它们来进行委托监理任务的意向性洽谈，重要项目和大型项目才会核发资格预审文件。洽谈时，首先向对方介绍拟建项目的简单概况、监理服务的要求、监理工作范围、拟委托的权限和要求达到的目的等情况，并听取对方就该公司业务情况的介绍，然后请其对该监理公司资质证明文件中的有关内容作进一步的说明。

监理资格预审的目的是总体考察邀请的监理单位资质、能力是否与拟实施项目特点相适应，而不是评定其实施该项目监理工作的建议是否可行、适用。因此，审查的重点应侧重于投标人的资质条件、监理经验、可用资源、社会信誉、监理能力等方面。

（三）监理招标文件的内容

建设工程监理招标文件的内容一般包括以下几部分：

1. 工程概况。包括项目主要建设内容、规模、地点、总投资金额、现场条件和开竣工日期等。

2. 招标方式。主要是关于监理项目的招标形式、如何招标的问题。

3. 委托监理的范围和要求。

4. 合同主要条款：包括监理费报价、投标人的责任、对投标人的资质要求、对现场监理人员的要求以及招标人的交通、办公和住宿条件等。

5. 投标须知。我国已颁布了建设监理招标文件范本，以规范建设监理的招标行为，它已成为投标监理单位的须知。

（四）建设监理的开标、评标、定标

1. 开标

开标一般在统一的交易中心进行，由工程的招标人或其代理人主持，并邀请招标投标办事机构有关人员参加。

在开标中，属于下列情况之一的，按照无效标书处理：

（1）招标人未按时参加开标会，或虽参加会议但无有效证件。

（2）投标书未按规定的方式密封。

(3) 投标书未加盖单位公章和法定代表人印鉴。

(4) 唱标时弄虚作假,更改投标书内容。

(5) 投标书字迹难以辨认。

(6) 监理费报价低于国家规定的下限。

在建设监理的招标中,业主主要看重的是监理单位的技术水平而非监理报价,并且经常采用邀请招标的方式,因此,有些招标不进行公开开标,也不宣布各投标人的报价。

2. 评标

(1) 评标委员会组成。评标委员会应由招标人代表和技术、经济等方面的专家组成,成员一般为5人以上单数,其中专家不能少于成员组成的三分之二。对组成评标委员会的专家也有特殊要求,例如,参加评标的专家人选应在开标前3日内,由招标人在市招标投标办事机构的评标专家库中随机抽取确定,与投标人有利害关系的人不得进入该项目的评标委员会。评标委员会负责人由招标人担任,评标委员会成员的名单在中标结果确定前应当保密。

(2) 评标方法。监理招标的评标方法一般采用专家评审法和计分评审法。专家评审法是由评标委员会的专家分别就各投标书的内容充分进行优缺点评论,共同讨论、比较,最终以投票的方式评选出最具有实力的监理单位;计分评审法是采用量化指标考察每一监理公司的综合水平,按各项评价因素得分的累计分值高低,排出各标书的优劣顺序。

(3) 评标应注意的事项。在评标过程中,招标人应当采取必要的措施,保证评标在严格保密的情况下进行,任何单位和个人不得非法干预评标过程、影响结果。假如采用评分法,招标人的评标委员会成员根据评分规定,各自进行打分,并记录在综合评分表中,然后计算出各投标人的平均得分,分值一经得出,并核对无误签字后,任何人不得更改。

评标委员会完成评标后,应当向招标人提出书面评标报告,并推荐合格的中标候选人。评标委员会也可接受招标人委托,按得分高低直接确定中标单位。

3. 定标、签约

确定中标单位后,招标人应当向中标单位发出中标通知书,同时将中标结果通知所有未中标的投标人。

招标人和中标单位应当自中标通知书发出之日起的一定时间内,按照招标文件和中标单位的投标文件订立书面委托监理合同。在订立之前,双方还要进行合同谈判,谈判内容主要是针对委托监理工程项目的特点,就工程建设监理合同示范文本中专用条件部分的条款具体协商,一般包括工作计划、人员配备、业主方的投入、监理费的结算、调整等问题,双方在谈判达成一致的基础上签订监理合同。

三、建设工程监理投标

(一) 监理单位接受资格预审

在接到投标邀请书或得到招标方公开招标的信息之后,监理投标单位应主动与招标方联系,获得资格预审文件,按照招标人的要求,提供参加资格预审的资料。资格预审文件的内容应与招标人资格预审的内容相符,一般包括:

1. 企业营业执照,资质等级证书和其他有效证明。

2. 企业简历。

3. 主要检测设备一览表。

4. 近3年来的主要监理业绩等。

资格预审文件制作完毕之后，按规定的时间递送给招标人，接受招标人的资格预审。

（二）编制投标文件

在通过资格预审后，监理投标单位应向招标人购买招标文件，根据招标文件的要求，编制投标文件。

投标文件包含的内容如下：

（1）投标书（格式见附件一）。

（2）监理大纲。

（3）监理企业证明资料。

（4）近3年来承担监理的主要工程。

（5）监理机构人员资料。

（6）反映监理单位自身信誉和能力的资料。

（7）监理费用报表及其依据。

（8）招标文件中要求提供的其他内容。

（9）如委托有关单位对本工程进行试验检测，须明示其单位名称和资质等级。

除以上主要内容外，还需提供附件资料，包括：

（1）投标监理人企业营业执照副本。

（2）投标人监理资质证书。

（3）监理单位3年内所获国家及地方政府荣誉证书复印件。

（4）投标人法定代表人委托书（格式见附件二）。

（5）监理单位综合情况一览表。

（6）监理单位近3年来已完成或在监的单位工程××万平方米（或总造价××万元）以上工程项目的业绩表。

（7）拟派项目监理总工程师资格一览表。

（8）拟派项目监理机构中监理工程师资格一览表。

（9）拟在本项目中使用的主要仪器、检测设备一览表。

（10）投标人需业主提供的条件等。

附件一

投 标 书

合同名称＿＿＿＿＿＿＿＿＿＿＿＿＿＿＿

致（招标人）：

1. 按照招标文件、技术规范和政府的有关说明规定，我方愿以人民币（大写）＿＿＿＿＿＿＿＿＿（小写）＿＿＿＿＿＿＿的监理费报价（费率＿＿＿＿＿＿＿＿）或根据招标文件的规定核实并确定的另一金额，遵照本招标文件的有关支付规定，要求承担上述工程的施工监理任务。

2. 如果贵方接受了我方的投标，我方保证根据合同规定完成全部监理任务。

3. 在正式合同订立之前，本投标书同贵方的中标通知书、双方签订的补充和修正文件以及其他文件、附件成为约束双方的合同。

签名： 单位公章：
以 资格签署投标书。
地址：
电话：

日期：_____年_____月_____日

附件二

授 权 委 托 书

本授权委托书声明：我_____（姓名）系_____（投标人名称）的法人代表，现授权委托_____（姓名，在本单位职务）为我公司代理人，以本公司的名义参加_____（招标人）的工程的投标活动。代理人在评议及合同谈判的过程中所签署的一切合同文件、处理的一切与之有关的事务，我均予以承认。

代理人无权委托。

特此委托。

代理人： 性别： 年龄：
部门： 职务：
投标人：（盖章）
法定代表人：（签字、盖章）

日期：_____年_____月_____日

（三）递送投标文件

投标人应当在招标文件要求提交投标文件的截止时间前，将投标文件送达投标地点。招标人收到投标文件后，应当签收保存，不得开启。如果收到的投标文件少于3份，招标人应当组织人员重新招标。

在招标文件要求提交投标文件的截止时间后送达的投标文件，会被视为废标，招标人会拒收。

投标书应当装入专用的投标袋并密封，投标袋密封处必须加盖投标人两枚公章和法定代表人的印鉴，在规定的期限内送达指定地点。

（四）签订监理合同

收到招标人发来的中标通知书后，中标的监理单位会与业主进行合同签订前的谈判，主要就合同专用条款部分进行谈判，双方达成共识后签订合同，建设监理招标与投标即告结束。

（五）监理单位在承接招标项目时应注意的事项

1. 严格遵守国家的法律、法规及有关规定，遵守监理行业的职业道德。

2. 严格按照批准的经营范围承接监理业务，特殊情况下，承接经营范围以外的监理业务时，须向资质管理部门申请批准。

3. 承揽监理业务的总量要视本单位的力量而行，不得与业主签订监理合同以后把监理业务转包给其他监理单位。

4. 对于监理风险较大的监理项目，建设工期较长的项目，遭受自然灾害或政治、战争影响的可能性较大的项目，工程量庞大或技术难度很高的项目，监理单位除可向保险公司投保外，还可以与几家监理单位组成联合体共同承担监理风险。

第三节　物资采购招投标

一、建设工程物资采购的主要内容

（一）建设工程物资采购的含义

建设工程物资主要是指与建设工程相关的建筑材料、建筑工程设备等，所以建设工程物资采购就是指建设工程材料、设备的采购，即采购主体就其所需要的工程设备、材料向供货商询价，或通过招标的方式，邀请若干供货商通过投标报价进行竞争，采购主体从中选择优胜者并与其达成交易协议，随后按合同实现标的。物资采购不仅包括单纯采购大型建筑材料和定型生产的中小型设备等机电设备，还包括按照工程项目的要求进行设备、材料的综合采购、运输、安装、调试等以及交钥匙工程，即指工程设计、土建施工、设备采购、安装调试等实施阶段全过程的工作。

（二）建设工程物资采购的范围

建设工程物资采购主要是指建筑材料、设备的采购，其采购范围主要包括建设工程所需要的大量建材、工具、用具、机械设备、电气设备等，对有的工程项目而言，这些材料设备占到工程合同总价的60%以上，其采购范围和内容包括以下几类：

1. 工程用料。包括土建、水电设施及一切其他专业工程的用料。

2. 施工用料。包括一切周转使用的模板、脚手架、工具、安全防护网等，以及消耗性用料，如焊条、电石、氧气、铁丝、钉类等。

3. 暂设工程用料。包括工地的活动房屋或固定房屋的材料、临时水电和道路工程及临时生产加工设施的用料。

4. 工程机械。包括各类土方机械、打桩机械、混凝土搅拌机械、起重机械、钢筋焊接机械、吊塔及其维护备件等。

5. 正式工程中的机电设备。包括一般建筑工程中常用电梯、自动扶梯、备用电机、空气调节设备、水泵等。生产性的机械设备，例如加工生产线等，则必须根据专门的工艺设计组织成套设备供应、安装、调试、投产和培训等。

6. 其他辅助办公和试验设备。包括办公家具、器具和昂贵仪器等。

（三）建设工程物资采购的方式

采购建设工程材料、设备时，选择供应商并与其签订物资购销合同或加工订购合同的方法有以下几种：

1. 招标选择供应商

这种方式适用于大批材料、较重要或较昂贵的大型机具设备、工程项目中的生产设备和辅助设备。承包商或业主根据项目的要求，详细列出采购物资的品名、规格、数量、技术性能要求，承包商或业主自己选定的交货方式、交货时间、支付货币和支付条件，以及产品质量保证、检验、罚则、索赔和争议解决等合同条款作为招标文件，邀请有资格的制造厂家或供应商参加投标（也可采用公开招标方式），通过竞争择优签订购货合同。这种方式实际上是将询价和商签合同连在一起进行，在招标程序上与施工招标基本相同。

2. 询价选择供应商

这种方式是采用询价——报价——签订合同的程序，即采购方对三家以上的供货商就采购的标的物进行询价，对报价经过比较后选择其中一家与其签订供货合同。这种方式实际上是一种议标的方式，无需采用复杂的招标程序，又可以保证价格有一定的竞争性，一般适用于采购建筑材料或价值小的标准规格产品。

3. 直接订购

直接订购方式不能进行产品的质量和价格比较，因此，是一种非竞争性物资采购方式，一般适用于以下几种情况：

（1）为了使设备或零配件标准化，向经过招标或询价选择的原供货商增加购货，以便适应现有设备。

（2）所需设备具有专卖性质，只能从一家制造商获得。

（3）负责工艺设计的承包单位要求从指定供货商处采购关键性部件，并以此作为保证工程质量的条件。

（4）在特殊情况下，需要某些特定机电设备早日交货，也可直接签订合同，以免由于时间延误而增加开支。

二、物资采购招标的范围和方式

在现代建设市场竞争中，为了保证工程质量、缩短建设工期、降低工程造价、提高投资效益，建设工程中使用的大额度的物资均采用招标的方式进行采购。

（一）建设工程物资采购招标的范围

物资采购招标的范围大体包含以下几点：

1. 以政府投资为主的公益性、政策性项目需采购的物资，应委托有资格的招标机构进行招标。

2. 国家规定必须招标的物资，应委托国家指定的有资格的招标机构进行招标。

3. 竞争性项目等物资的采购，其招标范围另有规定。

有下列情况之一的物资项目，可以不进行招标：

1. 采购的物资只能从惟一的制造商处获得。
2. 采购的物资可由需求方自己生产。
3. 采购的活动涉及国家安全和秘密。
4. 法律、法规另有规定的。

(二) 建设工程物资采购招标的方式

物质采购招标的方式不同,其工作程序也不同。最常见的招标方式有国际竞争性招标、有限竞争性国际招标和国内竞争性招标三种。

1. 国际竞争性招标

这种招标方式也叫国际公开招标,其基本特点是业主对其拟采购的物资提供者不作民族、国家、地域、人种和信仰上的限制,只要制造商、供货商能按标书要求提供质量优良、价格低廉、能充分满足招标文件要求的物资,均可以参加投标竞争。经过开标、询标等阶段,评出性能价格比最佳的中标者。这种无限竞争性的招标方式要求将招标信息公开发布,便于世界各国有兴趣的潜在投标者及时得到信息。国际公开招标需要组织完善,涉及环节多,时间较长,故要求有相当数量的标的,使中标金额的服务费足以抵消招标期间发生的费用支出。

国际竞争性招标是国际上常见的一种招标方式,我国招标活动与国际惯例接轨,主要是指向这种招标方式过渡。但是由于其面对的物资项目特点不同,较易引起供需双方的矛盾。同时,招标工作的内容与各地环境的不同使招标过程中发生的问题量多面广,协调工作艰巨而繁重。

2. 有限竞争性国际招标

这种招标方式通常在以下几种情况下采用:

(1) 拟采购的物资项目的制造厂商在国际上较少;

(2) 对拟采购的物资项目的制造商、供应商的情况比较了解,对其物资项目特点、性能、供货周期以及它们在世界上特别在中国的履约能力都较为熟悉,潜在投标者资信可靠;

(3) 项目的采购周期很短,时间紧迫;或者考虑到资金或技术条款保密等因素,不宜进行公开竞争招标。

有限竞争性国际招标是在上述情况下,由招标机构向有制造能力的制造商或有供货能力的供货商发出专门邀请函,邀请其前来参加投标的一种招标方式。

3. 国内竞争性招标

这种招标方式适用于下列两种情况:一是利用国内资金;二是利用国外资金中允许进行区域采购的那部分,是通过国内各地区的制造商或代理商采购物资项目的一种公开竞争招标。采用国内竞争性招标,首先要特别掌握投标者的资信和制造或供应物资项目的能力,必要时可组织专人到现场考察。其次要核实投标方资金到位的情况,国内签约要特别注意其履约情况。再次,要注意使投标者有利可图,虽不允许暴利,但也要有合理的利润。

(三) 建设工程物资采购招标投标单位应具备的条件

1. 建设工程物资采购招标单位应具备的条件

建设工程中的材料、设备等物资的采购，有的是由建设单位负责，有的是由施工单位负责，还有的是委托中介机构（或称代理机构）负责。为了确保物资项目质量和招标工作质量，招标单位一般应具备如下条件：

（1）具有法人资格。招标活动是法人之间的经济活动，招标单位必须具有合法身份。

（2）配备与承担招标业务和物资项目配套工作相适应的技术、经济管理人员，他们应具有组织建设工程物资供应工作的经验。

（3）可承担国家或地区大、中型基建、技改项目的成套物资的招标单位应当具有国家有关部门审查认证的相应资质。

（4）有编制招标文件和标底文件、进行资格预审和组织开标、评标、定标的能力。

（5）有对所承担的招标物资项目进行协调服务的人员和设施。

以上除第一条外，都是对招标单位人员素质、技术水平、经济水平、组织管理能力、招标工作经验以及协调能力、服务的能力所作的规定，目的是确保招标工作顺利进行和取得良好的效果。

若建设单位自行组织招标工作，它也应符合上述条件。不具备上述条件的建设单位应委托经招标投标办事机构核准的代理机构进行招标。代理机构除应具备上述五项条件外，还应具有与所承担的招标任务相适应的经济实力，保证代理机构因自身原因给招标、投标单位造成经济损失时，能承担相应的民事责任。

2. 建设工程物资采购投标单位应具备的条件

凡实行独立核算、自负盈亏、持有营业执照的国内制造厂家、设备公司（集团）及物资成套承包公司（集团），如果具备投标的基本要求，均可参加投标或联合体投标，但与招标单位有直接经济联系（财务隶属关系或股份关系）的单位及项目设计单位不能参加投标。

采用联合体投标，必须明确由一个牵头单位承担全部责任，联合体各方的责任和义务应以协议形式加以确定，并在投标文件中加以说明。

（四）建设工程物资采购招标程序

凡应报送项目管理部门审批的项目，必须在报送的项目可行性研究报告中增加有关招标的内容，包括建设项目的重要设备、材料等采购活动的具体招标范围（全部或部分招标）和拟采用的招标组织形式（委托招标或者自行招标）。若自行招标，则应按照国家发展计划委员会颁布的第五号令《工程建设项目自行招标试行办法》中的规定，报送书面材料及拟采用的招标方式（公开招标或者邀请招标）。国家发展计划委员会确定的国家重点项目和省、自治区、直辖市人民政府确定的地方重点项目，拟采用邀请招标的，应对采用邀请招标的理由作出说明。

建设工程物资采购招标的程序如下：

1. 工程建设部门同招标单位办理委托手续。
2. 招标单位编制招标文件。
3. 发出招标公告或邀请投标意向书。
4. 对投标单位进行资格审查。
5. 发放招标文件和有关技术资料，进行技术交底，解释投标单位提出的有关招标文件的疑问。

6. 组成评标组织，制定评标原则、办法、程序。
7. 在规定时间、地点接受投标。
8. 确定标底。
9. 开标，一般采用公开方式开标。
10. 评标、定标。
11. 发出中标通知书，物资需方和中标单位签订供货合同。
12. 项目总结归档，标后跟踪服务。

三、物资采购招标的准备工作

（一）招标前的准备工作

在开始招标工作前，需要完成一些前期准备工作。

1. 作为招标机构，要掌握本建设项目立项的进展情况、项目的目的与要求，了解国家关于招标投标的具体规定。作为招标代理机构，应向业主了解工程进展情况，并向项目单位介绍国家招标投标的有关政策、招标的经验、以往取得的业绩、招标的工作方法、招标程序和招标周期时间的安排等。

2. 根据招标的需要，对于项目中涉及的物资设备、工程和服务等，要开展信息咨询，收集各方面的有关资料，作好准备工作。这种工作一是要做早，二是要做细。做早，就是要尽早介入招标工作，一般在项目建议书上报或主管单位审批项目建议书时就介入，这样在将来编制标书时可以对项目中的各种需要和应坚持的原则问题做到心领神会，配合紧密，才会取得好的效果。招标机构从这时起，就应指定业务人员专门负责这一项目。人员一经确定，就不宜变动，放手让这一专门小组与用户、信息中心多接触、多联系、多发挥这些专业人员的积极性。

（二）招标前的分标工作

由于材料、设备种类繁多，不可能有一个能够完全生产或供应工程所有材料、设备的制造商或供应商，所以不管是询价、直接订购还是以公开招标方式采购材料、设备等，都不可避免地遇到分标的问题。

建设工程物资采购分标和工程施工分标不同，一般是将与工程有关的物资项目采购分为若干个标，也就是说将物资项目招标内容按工程性质和物资项目性质划分为若干个独立的招标文件，而每个标又分为若干个包，每个包又分为若干个项。每次招标时，可根据货物的性质只发一个合同包或划分成几个合同分别发包，如电气设备包、电梯包、建筑材料包等。供货商投标的基本单位是包，在一次招标中，它可以投全部的合同包，也可以只投其中一个或几个包，但不能仅投一个包中的某几项。

建设工程物资采购分标时需要考虑以下因素：

1. 招标项目的规模

根据工程项目中各项物资项目之间的关系、预计金额大小来分标。如果每一个标分得太大，只有技术能力强大的供货商来单独投标或由其他组织投标，而一般中小供货商则无力问津。由于投标者数量减少，可能引起投标报价上涨。反之，如果标分得比较小，可以吸引众多的供货商，但很难引起国外大型供货商的兴趣，同时，招标、评标工作量会增大。因此，分标的大小要适当，既可以吸引足够多的供货商，有利于降低报价，便于买方挑选，又不至于过分增大招标、评标的工作量。

2. 建设工程物资项目的性质和质量的要求

如果分标时考虑到大部分或全部物资材料、设备等由同一厂商制造供货，按相同行业划分可减少招标工作量，吸引更多竞争者。有时考虑到某些技术要求国内制造商完全可以达到，则可单列一个标向国内招标，而将国内制造有困难的物资单列一个标向国外招标。

3. 工程进度与供货时间

如一个工程所需供货时间较长，而在项目实施过程中多类物资材料、设备等的需要时间不同，则应依据资金、运输、仓储等条件来进行分标，以利于保证供应、降低建设工程成本。

4. 市场供应情况

有时一个大型工程需要大量的建筑材料和设备，如果一次采购，势必引起价格上涨，因此应合理计划、分批采购。

5. 货款来源

如果买方是由一个以上单位贷款，而各贷款单位对采购的限制条件有不同要求，则应合理分标，以吸引更多的供货商参加投标。

四、物资采购招投标文件的编制

（一）招标文件的编制

招标文件是投标和评标的主要依据，由招标单位编制。招标文件编制的质量直接关系到下一步招标工作的成败。招标文件的内容应该完整、准确，招标条件应该公平、合理、符合国家的有关法律。下文将论述国际上通用的物资采购招标文件的内容与编制。

国际物资招标文件的内容比较具体、全面，包括投标邀请书、投标须知、货物需求一览表、技术规格、合同条件、合同格式和各类附件等七大部分。

1. 投标邀请书

投标邀请书是招标人向投标人发出的投标邀请，号召供货商对项目所需的物资进行密封式投标。

在投标邀请书中一般明确规定所附的全部招标文件，买方回答投标者咨询的地址、电话、电报、电传和传真，投标书送交的地点、截止日期，开标的时间和地点。

2. 投标须知

（1）对建设工程的简要说明。

（2）招标文件的主要内容，招标文件的澄清、修改。

（3）投标书的编写。

①投标书的语言与工程采购招标文件所用的语言相同。

②投标书的文件应包括按投标须知要求填写的投标书格式（包含单独装在一个信封

内的开标一览表)、投标价格表和物资说明一览表;投标者的资格和能力的证明文件;证明投标者提供的物资及辅助服务合格的资料;投标保证。

(4) 投标书格式。

(5) 投标报价。投标人应在招标文件附件中的投标价格表中报价,指明不同填表要求,说明如果单价与总价有出入,以单价为准;说明按投标文件分组报价只是用于评标时比较,并不限制买方以不同条件签订合同。投标者的报价为履行合同的固定价格,不得随意改动,按可调价格作出的报价将被拒绝。

(6) 投标的货币。在投标书格式和投标报价表格中,应按下列货币报价:国内物资用人民币报价;国外物资用一种国际贸易货币或投标者所在国货币报价,如投标者希望用多种货币报价,应在投标文件中声明。

(7) 投标者的资格证明文件。投标者应提交证明其有资格进行投标和有能力履行合同的文件,作为投标文件的一部分。这些证明文件要证明的内容是:

①若投标者按合同要求提供的物资不是投标者制造或生产的,投标者必须得到物资制造商或生产商的充分授权,向买方所在国提供该物资。

②投标者具有履行合同所需的财务、技术和生产能力。

③如果投标者不在买方所在国营业,应让有能力的代理人履行合同规定的由卖方承担的各种服务性(如维修保养、修理、备件供应等)义务。

(8) 证明物资合格并符合招标文件规定的文件。例如某一物资的主要技术指标和性能指标的详细描述;一份说明所有细节的清单,包括货物在特定时间内所需的所有零配件、特殊工具的货源和价格情况表。

(9) 投标保证。此项内容基本上与工程施工招标文件内容相同。

(10) 投标有效期。此项内容基本上与工程施工招标文件内容相同。

(11) 投标文件格式。此项内容基本上与工程施工招标文件内容相同。

(12) 投标文件的密封和标记。此项内容基本上与工程施工招标文件内容相同。有的招标文件要求投标者在投标时填写附件中规定的"开标一览表",与投标保证单独装在一个信封内送交。"开标一览表"包括投标者名称、投标者国别、制造商国别、品号或包号、总 CIF 价或出厂价、有无投标保证等。

(13) 投标文件的递交截止日期。机电产品国际招标的投标期限自招标文件发售之日起,一般不得少于 20 个工作日,大型设备或成套设备不得少于 50 个工作日。其他内容基本上与工程施工招标文件内容相同。

(14) 迟到的投标文件。此项内容基本上与工程施工招标文件内容相同。

(15) 投标文件的修改和撤销。此项内容基本上与工程施工招标文件内容相同。

(16) 开标。此项内容基本上与工程施工招标文件内容相同。

(17) 初审投标文件,确定其符合性。

对投标文件的初审的目的是确定投标文件是否符合招标文件的要求,在供货范围、质量与性能等方面是否响应了招标文件的要求,有没有重要的、实质性的不符之处。

(18) 评标。说明评标标准以及评标时考虑的因素等。

(19) 投标文件的澄清。此项内容基本上与工程施工招标文件内容相同。

（20）保密程度。此项内容基本上与工程施工招标文件内容相同。

（21）授予合同的准则。买方将把合同授予基本符合招标文件要求的价格最低标，它应是买方认为能圆满履行合同的投标者。

（22）授予合同时变更数量的权利。买方在授予合同时有权在招标文件事先规定的一定幅度内对"货物需求一览表"中规定的货物数量或服务予以增加或减少。

（23）买方有权接受任何投标、拒绝任何或所有的投标。

（24）授予合同的通知。此项内容基本上与工程施工招标文件内容相同。

（25）签订合同或合同格式。

（26）履约保证。此项内容基本上与工程施工招标文件内容相同。

3. 货物需求一览表。见下表：

货物需求一览表

项目号	货物名称	规格	数量	交货期	目的港

4. 技术规格

技术规格文件一般包括以下内容：

（1）总则、说明和评标准则

①前言。提醒投标者仔细阅读全部招标文件，使投标文件能符合招标文件的要求。如承包商有替代方案，应在投标价格表中单独说明。前言规定货物生产厂家的制造经验与资格，列明投标商要在技术部分投标文件中编列的文件资料格式、内容和图纸等。

②供货内容。对单纯的物资采购，其供货范围和要求在货物需求一览表中说明即可，此外还应说明要求供货商承担的其他任务，如设计、制造、运输、安装、调试、培训等。要注意供货商承担的任务与土建工程承包商的任务的衔接。供货内容按分项列开，还应包括备件、维修工具及消耗材料等。

③与工程进度的关系。对单纯的物资采购，在货物需求一览表中规定交货期即可。但对工程项目的综合采购，则应考虑其与工程进度的关系，以便考虑安装和土建工程的配合以及调试等环节，还应明确规定交货期，包括是否允许提前交货。

④备件、维修工具和消耗材料。备件可以分为3大类：第一类是按照标准或惯例应随货物提供的标准备件，这类备件的价格包括在基本报价之内，投标者应在投标文件中列表填出标准备件的名称、数量和总价。第二类是招标文件中规定可能需要的备件，这类备件不计入投标价格，但要求投标者按每种备件规格报出单价，如果中标，买方根据需要数量算出价格，计入合同总价。第三类是保证期满后需要的备件，投标者可列出建议清单，包括名称、数量和单价。以备买方考虑选购。维修工具和消耗材料也分类报价。第一类是随货物提供的标准成套工具和易耗材料，逐个填出名称、数量、单价和总价，此总价应计入投标报价内。第二类是招标文件中提出要求的工具内容，由投标者在投标文件中进行报价，在中标后根据选择的品种、数量计算价格后再计入合同总价。

⑤图纸和说明书。
⑥审查、检验、安装、测试、考核和保证。这些工作是指交货前的有关技术规定和要求。
⑦通用的技术要求。指各分包和分项共同的技术要求，一般包含使用的标准、涂漆、机械、材料和电气设备通用技术要求。招标文件中规定了货物应符合的总的标准体系，如果投标者在设计、制造时采用独自的标准，应事先申请买方审查批准。
⑧评标准则。

（2）技术要求

技术要求也称特殊技术条件，详细说明待采购物资的技术规范。货物的技术规格、性能是判断货物在技术上是否符合要求的重要依据，应在招标文件中规定得详细、具体、准确。对工程项目综合采购中的主体设备和材料的规格及相关联的部分，也应叙述得明确、具体。这些说明加上图纸，就可反映出工程设计及其中准备安装的永久设备的设计意图和技术要求。这也是鉴别投标者的投标文件是否作出实质性响应的依据。我们在编写技术要求时应注意以下几个事项：

①应具体写明待采购货物的型号、规格和性能要求、结构要求、结合部位的要求、附属设备以及土建工程的限制条件等。
②在保证货物质量优良、与有关设备布置相协调的前提下，要使投标者发挥其专长，不宜对货物结构的一般型号和工艺规定得太死。
③工程项目的综合采购中，应注意说明供应的辅助设备、装备、材料、土建工程和其他相关工程项目的分界面，必要时用图纸作为辅助手段进行解释。
④替代方案。要说明买方可以接受的替代方案的范围和要求，以便投标者作出响应。
⑤注意招标文件的一致性。如技术要求与供货范围一致，投标书的技术要求应与招标文件中的要求一致等。

5. 合同条件

6. 合同格式

7. 各类附件

（二）标底文件的编制

标底文件由招标单位编制。非标准物资设备的标底文件应报招标投标办事机构审查，其他设备的标底文件报招标投标办事机构备案。标底文件应当依据设计单位出具的实际概算和国家、地方发布的有关价格政策编制。标底价格应当以编制标底文件时的全国物资设备市场的平均价格为基础，包括不可预见费、技术措施费和其他有关政策规定的应包含在计算内的各种费用。

（三）投标文件的编制

编制投标文件是投标单位进行投标并最后中标的最关键的环节，其中投标书也是评标的主要依据之一。投标文件的内容和形式都应符合招标文件的规定和要求，其基本内容如下：

1. 投标书。

2. 投标物资设备数量及价目表。

3. 偏差说明书（对招标文件某些要求有不同意见的说明）。
4. 证明投标单位资格的有关文件。
5. 投标企业法人代表授权书。
6. 投标保证金（如果需要）。
7. 招标文件要求的其他需要说明的事项。

投标书的有效期应符合招标文件的要求，应满足评标和定标的要求。如招标文件有要求，投标单位投标时，应在投标文件中向招标单位提交投标保证金，金额一般不超过投标物资设备金额的2%。招标工作结束后（最迟不得超过投标文件有效期限），招标单位应将投标保证金及时退还给投标单位。

投标单位对招标文件中某些内容不能接受时，应在投标文件中声明。

投标书编写完毕之后，应由投标单位法人代表或法人代表授权的代理人签字，并加盖单位公章，密封后送交招标单位。

投标单位投标后，在招标文件中规定的时间内，可以对文件作出修改或补充。补充文件作为投标文件的一部分，具有与其他部分相同的法律效力。

五、建设工程物资采购评标、定标与授标签订合同

（一）评标和定标

评标工作由招标单位组织的评标委员会秘密进行。

评标委员会应有一定的权威，由招标人或其委托的招标代理机构中熟悉相关业务的代表以及技术、经济等方面的专家组成，成员人数为5人以上单数，为了保证评标的科学性和公正性，其中技术、经济等方面的专家不得少于成员总数的三分之二，且不得邀请与投标单位有直接经济业务关系的人员参加。评标过程中有关评标情况不得向投标人或与招标工作无关的人员透露。凡招标申请公证的，评标过程在公证部门的监督下进行。招标投标办事机构派人参加评标会议，对评标活动进行监督。

在评标过程中，如果有必要，可请投标单位对其投标书内容做澄清解释，澄清时不得对投标书内容作实质性修改。对于澄清解释，可作局部纪要，经投标单位授权代表签字后，作为投标文件的组成部分。

在建筑物资采购中，机电设备采购的评标与施工的评标有很大的差异，在评标过程中所考虑的因素和评审方法与施工评标不同。招标人不仅要看采购时所报的现价是多少，还要考虑设备在使用寿命周期内可能投入的运营和管理费。如果投标人所报的价格较低，但运营费很高，仍不能符合业主以最合理的价格采购的原则。评标过程中的初评程序与施工评标相同。

在建设工程物资采购评标过程中需要考虑的因素包括：投标价、运输费、交付期、物资设备的性能和质量、设备价格、支付要求、售后服务、其他与招标文件偏离或不符合的因素等。

建设工程物资采购评标过程中采用的评标方法主要是：最低标价法、综合评价法、以寿命周期成本为基础的评价法、综合评分法。

根据以上的评标方法确定出评标结果,然后根据招标单位的原则定出最终要选择的投标单位。评标、定标后,招标单位应尽快向中标单位发出中标通知书,同时通知其他未中标的单位。

(二) 授标签订合同

中标单位在接到中标通知书之日起的一定期限内,与需方签订物资供货合同。如果中标通知发出后,中标单位拒签合同,要受到处罚,应向招标单位和物资需方赔偿经济损失,赔偿金额不超过中标金额的2%,招标单位可将投标单位的投标保证金作为违约赔偿金;如果物资需方拒签合同,同样要受到处罚,应当向招标单位和中标单位赔偿经济损失,赔偿金额为中标金额的2%,由招标单位负责处理。

招标人与中标人签订合同后5个工作日内,应当向中标人和未中标的投标单位退还投标保证金。合同签订后10个工作日内,由招标单位将一份合同副本报招标投标办事机构备案,以便其实施监督。定标后,招标单位和中标单位应向招标投标办事机构缴纳招标、投标管理费。招标、投标管理费的具体标准由当地物价局会同当地财政局制定,一般不超过中标物资项目金额的1.5%。

复习思考题

1. 试述勘测设计招标的含义与特征。
2. 设计招标的任务要求和评标原则和施工招标有哪些区别?
3. 建设监理招标中有哪些工作内容?
4. 划分委托监理的工作内容和范围时一般应考虑哪些因素?
5. 选择物资采购的方式应依据哪些条件?
6. 试述国际通用物资采购招标文件的主要内容。

第五章　合同法律基础

第一节　合同及其法律关系

一、合同法律关系

1. 法律关系的概念和特征

所谓法律关系是指由法律规范产生和调整的、以主体之间的权利与义务关系的形式表现出来的特殊的社会关系。社会关系的不同方面由不同的法律规范调整，因而形成了内容和性质各不相同的法律关系。如行政法律关系，民事法律关系，经济法律关系等。

法律关系由法律关系主体（简称主体）、法律关系客体（简称客体）及法律关系内容（简称内容）三要素构成。主体是法律关系的参与者或当事人，客体是主体享有的权利和承担的义务所指向的对象，而内容即是主体依法享有的权利和承担的义务。

法律关系的主要特征有：
（1）法律关系是以法律规范为前提而形成的社会关系；
（2）法律关系是以法律上的权利和义务为联系而形成的社会关系；
（3）法律关系是以国家强制力作为保障的社会关系。

2. 合同法律关系

合同法律关系是法律关系体系中的一个重要部分，它既是民事法律关系体系中的一部分，同时也属于经济法律关系的范畴，在人们的社会生活中广泛存在。合同法律关系是由合同法律规范调整的、主体在财产交易过程中形成的权利义务关系。同其他法律关系一样，合同法律关系也是由主体、客体和内容三个要素构成的，下面分别加以说明。

（1）合同法律关系的主体即订立合同的当事人。《中华人民共和国合同法》规定，可以充当合同法律关系主体的有自然人、法人和其他社会组织，包括政府机关、非法人企业等。

（2）合同法律关系的客体即合同的标的，是主体的权利和义务所指向的对象。可以作为合同法律关系客体的有物、财产、行为、智力成果等，如买卖合同中的商品、租赁合同中的房屋或设备、借款合同中的货币。

（3）合同法律关系的内容即合同中规定的合同当事人的权利和义务。权利是指当事人一方依法律规定有权按照自己的意志作出某种行为，或要求承担义务一方作出或不作出某种行为，以实现其合法的权益。义务是指承担义务的当事人根据合同规定或依享有权利一方当事人的要求，必须作出或不得作出某种行为，以保证享有权利一方实现其权益，否则要承担相应的法律责任。

3. 合同法律关系的产生、变更与终止

（1）法律事实。合同法律关系的产生、变更与终止不能平白无故地自然发生，也不能仅凭法律规范就可在当事人之间建立起某一合同法律关系，而是要依据一定的客观事实，即法律事实。法律事实是多种多样的，但总体上可以分为两类，即事件和行为。

事件是指不以合同法律关系主体的主观意志为转移的、能够引起合同法律关系产生、变更及终止的一种客观事实。事件可分自然事件、社会事件和意外事件三种。

行为是指合同法律关系主体有意识的活动，是以人们的意志为转移的法律事实，包括作为和不作为两种形式。行为有合法行为和违法行为之分，能影响合同法律关系的仅是合法行为，不包括违法行为。

（2）合同法律关系的产生。合同法律关系的产生是指由于一定的法律事实出现，引起主体之间形成一定的权利义务关系。如承包商中标与业主签订建设工程合同，就产生了合同法律关系。

（3）合同法律关系的变更。合同法律关系的变更是指由于一定的法律事实出现，已经形成的合同法律关系发生主体、客体或内容的变化。这种变化不应是主体、客体和内容全部发生变化，而仅是其中某些部分。如果全部变化则意味着原有的合同法律关系的终止，新的合同关系产生。

（4）合同法律关系的终止。合同法律关系的终止是指由于一定的法律事实的出现而引起主体之间权利义务关系的解除。引起合同法律关系终止的事实可能是合同义务履行完毕，也可能是主体的某些行为，或发生了不可抗拒的自然灾害。如发生地震或特大洪水使原定工程不能兴建，使得合同无法履行而终止。

二、合同的概念和特征

1. 合同的概念

《中华人民共和国合同法》（以下简称《合同法》）第2条规定："本法所称合同是平等主体的自然人、法人、其他组织之间设立、变更、终止民事权利义务关系的协议。婚姻、收养、监护等有关身份关系的协议，适用其他法律的规定。"从以上条文可以看出，我国《合同法》所定义的合同不包括所有法律关系中的合同，而只是其中一部分，即民事合同，主要体现财产交易的法律形式。那些不是以反映财产交易关系为内容的协议，如行政合同、劳动合同、身份合同等，则不属于《合同法》所规定的范畴。通常把《合同法》所定义的"合同"称为狭义的合同概念，而把所有法律关系中一切确定权利、义务关系的协议称为广义的合同概念，以下我们所讨论的合同都是指狭义的合同。

2. 合同的特征

合同作为一项重要的现代法律制度有如下特征：

（1）合同是一种民事法律行为，是以订立合同的民事主体（合同当事人）的意思表示为核心，以达到双方或多方所期望的民事后果为目的的法律行为。

（2）合同是当事人双方或多方的合意达成一致所形成的法律后果。仅有一方的意思，合同不能成立；一方的意思表示不真实，合同无效或可撤销。

（3）合同当事人在合同法律关系上的地位是平等的。双方或多方在为实现自身利益的基础上自愿达成一致协议，任何一方都不得将自己的意志强加给另一方。

三、合同的类别

根据不同的标准可以对合同进行不同的分类，下面列举几种常见的分类：

（1）要式合同和不要式合同。根据法律规定或当事人约定合同是否应采取特定的形式来划分。必须采取特定形式的为要式合同，否则为不要式合同。

（2）诺成合同和实践合同。根据合同是否以交付标的物为成立要件而划分。诺成合同不以交付标的物为成立要件，只要双方当事人的意思表示一致，合同即可成立。而实践合同除了双方当事人意思表示一致外，还须交付标的物，合同才能成立。

（3）双务合同和单务合同。根据当事人双方是否相互承担义务来划分。双方相互享有权利和承担义务的为双务合同。当事人一方只享有权利，而另一方只承担义务的合同为单务合同。现实生活中大多数合同都是双务合同，只有无偿借用等情况而订立的合同才具有单务合同的性质，借用方承担到期完好归还所借物的义务。

（4）有偿合同和无偿合同。根据当事人所享有的权利是否需要偿付相应的代价来划分。当事人所享有的权利需要偿付相应代价的合同为有偿合同，否则为无偿合同。有偿合同和无偿合同的划分同双务合同和单务合同的划分不是等同的，一般说来，双务合同都是有偿合同，但单务合同并非都是无偿合同。如赠与合同属单务无偿合同，而借贷合同则属单务有偿合同。

（5）有名合同和无名合同。根据法律规定是否需要赋予合同一个特定的名称来划分。法律已规定了一定的名称及某些规则的合同为有名合同，否则为无名合同。我国《合同法》已规定了买卖合同、借款合同等15种合同为有名合同。而旅游合同、储蓄合同等则属于无名合同。

（6）主合同与从合同。根据两个以上合同之间的主从关系来划分。能独立存在、不以其他合同的存在为其存在条件的合同为主合同，否则为从合同。从合同也称为"附属合同"，它依附于主合同的存在而存在，也可因主合同的变更而变更。

第二节 合同的订立

一、合同当事人的资格

《合同法》第9条规定："当事人订立合同，应当具有相应的民事权利能力和民事行为能力。当事人依法可以委托代理人订立合同。"合同当事人可以是自然人、法人或其他组织，他们应分别具有法律所赋予的相应的民事权利能力和民事行为能力。民事权利能力是法律赋予民事主体享有民事权利和承担民事义务的资格。民事行为能力是实施法律行为的资格。对于自然人来说，行为能力主要指人的认知能力。法律根据自然人不同的认知能力，将自然人分为：完全民事行为能力人、限制民事行为能力人和无民事行为能力人。自然人订立合同一般应具有完全民事行为能力。限制民事行为能力人只能订立与其年龄、智力、精神状况相适应的合同，否则，订立的合同须经其法定代理人追认。无民事行为能力人不能订立合同。

代订合同的行为人应具有代理人资格。代理人代订合同应取得被代理人（合同一方当事人）的授权，在授权范围内为被代理人的利益订立合同。行为人（签约人）没有代理权、超越代理权或者代理权终止后，以被代理人的名义订立的合同，在未经被代理人追认的情况下，对被代理人不发生效力，由行为人承担由此而产生的一切责任。

二、合同的形式

合同可以是书面形式、口头形式或其他形式。

（1）书面形式。合同的书面形式是指以文字等有形表现方式所订立合同的形式。《合同法》第11条规定："书面形式是指合同书、信件和数据电文（包括电报、电传、传真、电子数据交换和电子邮件）等可以有形地表现所载内容的形式。"书面形式的合同能够准确地表述和固定地记录合同当事人约定的权利和义务条件，履行合同时有明确的依据，容易举证，便于处理，也较为安全。但书面合同须起草条文，并履行必要的签字盖章等手续，在时间紧迫的情况下显得不便捷，因而有时会造成机遇的丧失。《合同法》同时还规定："法律、行政法规规定采用书面形式的，应当采用书面形式。"

（2）口头形式。口头形式的合同是指当事人以对话方式达成的一种协议。以电话交谈方式订立的协议，属于口头形式的合同，其录音可作为口头形式的证据。

口头形式合同的优点在于能保证交易的便捷和迅速，其缺点是缺乏客观记载，一旦发生纠纷，举证困难。因此，口头合同形式大多适用于能即时结清的交易或小额交易，而内容较为复杂、交易额较大的合同不宜采用口头形式。

（3）其他形式。其他形式指书面和口头两种形式以外的合同形式，如视听、默示、公告等。

三、合同的内容

合同的内容即合同的条款，是当事人双方经协商后就某一目的所确定的各自的权利和义务。合同的内容由当事人确定，一般包括以下条款：

（1）当事人的名称或者姓名和住所

当事人的名称或者姓名和住所是有关合同主体的一项内容，即各方当事人的基本情况。当事人应当使用法定的名称或姓名。自然人的法定姓名应是其户口本或身份证上所载明的姓名，住所应是其户籍所在地，经常居住地与户籍所在地不一致的，应以经常居住地为住所。法人和其他组织的法定名称是其在工商行政管理机关或有关机关登记的名称，其住所应是其主要办事机构所在地。

（2）标的

标的是合同当事人双方权利义务共同指向的对象，即合同法律关系的客体。在任何一类合同中，标的都是合同的主要条款和必要条款，如买卖合同中的商品或货物、借款合同中的货币、承揽加工合同中的工作任务等。如果合同没有标的，则空洞无目的，没有成立的意义。标的不明确，合同也无法履行。在涉外合同中，标的的名称有时会涉及关税问题。在国内签订合同时，也会因标的名称的使用不当而带来履约纠纷。因此，对合同中的标的名称一定要准确定位，使用规范的、具体的、准确的称谓。此外，标的还须合法，这是合同生效的前提条件。

（3）数量

数量是衡量标的的尺度，是决定合同双方权利义务大小的依据。如果合同的标的没有相应的数量，合同也无法履行，则合同不能成立。因此，数量条款也是合同的主要条款或必要条款，标的的数量应当确切，同时要选择当事人双方都能接受的计量单位。

（4）质量

质量是标的的内在素质和外观形态的综合指标，是决定产品和劳务价格的重要依据，在合同中应明确规定。在拟定合同的质量条款时，标的的品种、规格、型号、等级、花色等要写具体，对标的的质量标准和技术要求也要注明。有国家强制性标准或行业强制性标准的，应执行这些标准；没有强制性标准的，可由当事人双方协商确定，并明确具体的验收标准或封存样品。

（5）价款或者报酬

价款或者报酬是取得标的物或接受劳务的一方以货币向对方支付的代价。标的为货物时，称其为价款；标的为劳务时，称其为报酬。标的的价款或者报酬由当事人双方协商确定，但必须符合国家的物价政策。同时合同条款中应写明有关银行结算和支付的方法。

（6）履行期限、地点和方式

履行期限是指合同当事人双方履行义务的时间范围，是衡量合同是否按时履行、承担义务一方是否要承担相应的违约责任的标准。履行期限必须明确，分批履行的，应确定每批的履行期限。

履行地点是指合同当事人双方完成合同规定义务的地方和场所，包括标的的交付、提取地点，服务、劳务或工程项目建设地点，价款或报酬的结算地点等。履行地点不仅关系到双方当事人实现权利和承担义务的结果，还关系到人民法院受理合同纠纷案件的管辖权问题。因此，履行地点在合同中必须明确、具体，以避免由此而引起的合同纠纷。

履行方式是指合同当事人双方完成合同义务的方法和途径，如标的物的交付或完成工作的方法，价款、酬金的支付方法等，一般根据合同的类别而定。如买卖合同中的交货次数、交货方式、验收方法及付款方式等。

（7）违约责任

违约责任是指当事人不履行或不完全履行合同时所应承担的法律责任。违约责任往往以支付违约金、赔偿金或其他法律责任形式出现在违约责任条款中。法律有规定责任范围的,按法律规定处理;没有规定责任范围的,由当事人双方协商议定。

(8) 解决争议的方法

指当事人双方约定的解决合同纠纷的方式或方法。解决争议的方法主要是提起仲裁或诉讼。如通过仲裁解决纠纷,则应在合同中约定仲裁条款,包括请求仲裁的意思表示、仲裁的事项、选定的仲裁机构等。如当事人双方不采用仲裁方式,可以在合同中约定双方自行协商解决纠纷,协商不成则向人民法院起诉,此时,还可根据《民事诉讼法》的有关规定,在合同中选定有权管辖的人民法院。

四、合同范本与格式条款

1. 合同范本

合同范本即合同示范文本,是有关部门或机构事先拟定的、含有合同主要条款的、供合同订立人参照选用的示范文本。这种示范文本中的合同条款有些是相对固定并普遍适用的,有些是需要合同订立人根据具体情况填写的。合同范本只供当事人订立合同时参考使用。一些长期广泛应用的较完善的合同范本往往能给当事人订立和履行合同带来很多便利,所以合同范本在世界各国都得到广泛的应用。如"国际咨询工程师联合会"(FIDIC)所编制的《土木工程施工合同条款》。

2. 合同格式条款

合同格式条款是合同当事人一方为了重复使用而预先拟定的、并在合同订立时未与另一方协商的合同条款。格式条款又称为标准条款。合同当事人可以在合同中部分采用格式条款,也可全部采用格式条款。在现代经济生活中,格式条款适应了节省时间、提高交易效率的需要,因而得到广泛采用。但提供格式条款的一方当事人往往利用自己的有利地位,加入一些不公平、不合理的内容,侵犯了另一方当事人的权益,对此,《合同法》专门作了相应规定,以维护订立合同的公平原则和接受格式条款一方的合法权益。《合同法》第 39 条规定:"采用格式条款订立合同的,提供格式条款的一方应当遵循公平原则确定当事人之间的权利和义务,并采取合理的方式提请对方注意免除或限制其责任的条款,按照对方的要求,对该条款予以说明。"它同时规定,对格式条款的理解发生争议的,应当按照通常理解予以解释。对格式条款有两种以上解释的,应当作出不利于提供格式条款一方的理解。格式条款和非格式条款不一致的,应当采用非格式条款。

五、合同订立的方式

合同订立的方式是指当事人各方就合同的主要条款达成合意的方式或方法。《合同法》第 13 条规定:"当事人订立合同,采取要约、承诺方式。"

1. 要约

要约是当事人一方向另一方作出的以一定条件订立合同的意思表示。提出要约的一方称为要约人,另一方称为受要约人,简称受约人。要约要产生法律效力,应当具备以下条件：

（1）要约是特定的合同当事人向相对人所作的意思表示。可以由当事人本人作出，也可以委托其代理人作出。

（2）要约应具有明确的订立合同的意思表示，经受要约人承诺，要约人即受该意思表示的约束。

（3）要约应具有明确具体的内容，即其内容应具备合同成立的必要条款，不能含糊不清，以致受要约人不能完整理解要约的主要含义，无法作出相应的承诺。至于哪些条款是合同成立的主要条款，须根据合同的性质和内容来判断。

如果当事人一方的意思表示不是向特定的相对人表达订约愿望，或是缺少合同成立的必要条款，则不能视为要约，而属于要约邀请。要约邀请是当事人一方希望他人向自己发出要约的意思表示。

要约到达受要约人时即生效。如采用数据电文形式订立合同，收件人指定特定系统接收数据电文的，该数据电文进入该特定系统的时间，视为到达时间；未指定特定系统的，该数据电文进入收件人的任何系统的首次时间，视为到达时间。

要约可以撤回。要约的撤回是指在要约发生法律效力之前，要约人取消要约或阻止要约生效的行为。撤回要约的通知应当在要约到达受要约人之前，或者与要约同时到达受要约人。

要约可以撤销。要约的撤销是指在要约生效后，要约人依法取消要约，使其丧失法律效力的行为。撤销要约的通知应当在受要约人发出承诺通知之前到达受要约人。但有下列情形之一的，要约不得撤销：

（1）要约人确定了承诺期限或者以其他形式明示要约不可撤销；

（2）受要约人有理由认为要约是不可撤销的，并已经为履行合同作了准备工作。

《合同法》还规定，有下列情形之一的，要约失效：

（1）拒绝要约的通知到达要约人；

（2）要约人依法撤销要约；

（3）承诺期限届满，受要约人未作出承诺；

（4）受要约人对要约的内容作出实质性变更。

要约失效就是要约丧失其法律约束力。要约失效后，要约人不再承担必须接受承诺的义务，受要约人也失去了作出承诺的机会。

2. 承诺

承诺是指受要约人同意要约的意思表示。要约一经承诺并送达于要约人，合同便告成立。由于承诺的生效即意味着合同的成立，所以有效的承诺必须符合一定的条件，才能产生法律效力。必要的条件是：

（1）承诺必须由受要约人或经其授权的代理人向要约人作出。

（2）承诺的内容应当与要约的内容一致。承诺是受要约人对要约所作出的答复，这种答复只有在同意要约内容的前提下才构成承诺，而且这种同意不应附有其他条件。倘若受要约人的答复对要约的内容作了实质性的修改、变更，则这一答复不构成承诺，而视为一种新的要约。但承诺也不是不能对要约的内容作任何变更。根据合同法的规定，承诺对要约的内容作出非实质性变更的，除非要约人及时表示反对，或者要约已明示承诺不得对要约的内容作出任何变更以外，该承诺有效，且合同内容以承诺的内容为准。这里所指的非实质性变更，是指不变更要约的实质性条款，如合同标的、数量、质量、价款或报酬、履约方式和违约责任等条款。

（3）承诺应当在要约确定的期限内到达要约人。要约没有确定承诺期限的，承诺应依照下列规定到达：

①要约以对话方式作出的，应当即时作出承诺，当事人另有约定的除外；

②要约以非对话方式作出的，承诺应当在合理期限内到达。采用数据电文形式订立合同，承诺到达的时间适用要约到达的时间规定。受要约人在承诺期限届满后发出承诺，除非要约人及时通知受要约人该承诺有效，否则视为新的要约。受要约人在承诺期限内发出承诺，按照通常情形能够及时到达要约人，但因其他原因承诺到达要约人超过承诺期限的，除要约人及时通知受要约人因承诺超过期限不接受以外，该承诺有效。

承诺可以撤回，撤回承诺的通知应当在承诺到达要约人之前或者与承诺同时到达要约人。由此可以推断，承诺的撤回一般只适用于书面形式的承诺，对于口头形式的承诺，一般一经发出即到达要约人，不存在撤回的时间可能。对于电子数据方式的承诺，一经发出，即刻到达对方的电子信箱，同样也不存在撤回的时间可能。

承诺应当以通知的方式作出，但根据交易习惯或者要约表明可以通过行为作出承诺的除外。承诺通知到达要约人时生效，同时表明合同成立。

六、合同的成立

1. 合同成立的概念

合同的成立是指合同双方或多方当事人已就合同的主要条款达成合意而被法律认为合同已经客观存在。合同的成立与合同的订立既有联系又有区别。合同的订立是合同成立的前提，合同的成立是合同订立的结果。合同的成立并不意味着合同已生效，但又是合同生效的前提，成立的合同只有具备了生效的条件才能产生法律效力。

2. 合同成立的时间

合同成立的时间是当事人之间最终达成协议使合同产生并存在的时间。在大多数情况下，合同成立的时间也就是合同生效的时间。因此，合同成立之时往往也是当事人受合同约束的开始。合同成立的时间因合同的类别不同而有不同的规定，现分述如下：

（1）不要式合同又属诺成合同，有效承诺的通知到达要约人的时间为合同成立时间。

（2）不要式合同但属实践合同，标的物的交付时间为合同成立时间。

（3）要式合同，履行完法定或约定手续的时间为合同成立时间。例如，当事人采用合同书形式订立合同的，自双方当事人签字或者盖章时合同成立。当事人采用信件、数据电文等形式订立合同的，可以在合同成立之前要求签订确认书，双方当事人在确认书上完成签字、盖章时合同成立。

（4）特殊的要式合同，如依照法律、法规的规定应当经过有关部门批准或履行其他手续的合同，当获得批准或手续完毕时，合同成立。

3. 合同成立的地点

合同成立的地点是当事人之间最终达成协议使合同产生并存在的地点。合同成立的地点如同合同成立的时间一样，因合同的类别不同而有不同的规定，具体分述如下：

（1）实践合同的成立地点。对于实践合同，交付标的物的地点为合同成立的地点。如标的物已为一方占有而无须交付，则承诺生效地点为合同成立的地点。当事人对成立地点另有约定的，从其约定。

（2）诺成合同的成立地点。对于诺成合同，承诺生效的地点即为合同成立的地点。但有下列情形的除外：

①当事人采用合同书形式订立合同的，双方当事人签字或者盖章的地点为合同的成立地点。

②当事人采用数据电文形式订立合同的，收件人的主营业地为合同成立地点；没有主营业地的，其经常居住地为合同成立地点。当事人另有约定的，从其约定。

七、缔约过失责任

1. 缔约过失责任的概念

缔约过失责任是指当事人一方在订立合同的过程中，因故意或过失违反先合同义务而给对方造成损失时，应向对方承担的赔偿责任。缔约过失责任是在合同成立前的订立过程中产生的法律责任，是基于诚实信用原则而产生的。先合同义务是指合同成立前双方在接触磋商过程中所应履行的诚实、保密、协助、保护、通知等义务，也是法定的义务。如果当事人一方没有履行这些义务而给对方造成损失，甚至妨害社会秩序，就要承担由此而产生的缔约过失责任。

缔约过失责任是一种损害赔偿责任，责任承担者依据等价有偿原则赔偿对方因信赖合同成立而遭受的损失。缔约过失责任不属于违约责任。违约责任是合同生效后由于当事人一方违约而造成的，其责任形式和赔偿方式都不一样。关于违约责任赔偿方式在以后的章节中再加以详述。

2. 缔约过失责任的成立要件

（1）当事人一方主观上有过错，这种过错包括故意或过失，表现为违背诚实信用原则。如《合同法》中列出的下列情形：

①假借订立合同，恶意进行磋商；

②故意隐瞒与订立合同相关的重要事实或提供虚假情况；

③有其他违背诚实信用原则的行为。

（2）一方的缔约过错行为造成了对方的财产损失，并且这种损失与过错行为有直接的因果关系。

第三节 合同的效力

一、合同效力的概念

合同的效力又称合同的法律效力,是指已成立的合同将对合同当事人乃至第三人产生的法律约束力。合同本身不是法律,其法律约束力不是来源于当事人的约定,而是由法律赋予的。《合同法》第 8 条规定:"依法成立的合同,对当事人具有法律约束力。当事人应当按照约定履行自己的义务,不得擅自变更或者解除合同。依法成立的合同,受法律保护。"

二、合同的生效

合同的生效是指已经成立的合同开始在当事人之间具有法律效力。
1. 合同生效的一般要件
(1) 当事人具有相应的订立合同的能力。法律要求合同主体必须满足前节所述的资格,即主体具有相应的民事权利能力和民事行为能力。
(2) 当事人意思表示真实。要求合同当事人的外部表示行为与内心意思相一致,且订立合同完全出于自愿。意思表示不真实,如一方以欺诈、胁迫的手段订立的合同,或有重大误解的合同,可申请法院撤销。
(3) 不违反法律、行政法规的强制性规定或者社会公共利益。合同的合法性是合同生效的必要条件,违反强制性法律规范或社会公共利益的合同自始无效,是绝对无效合同。
2. 合同生效或失效的时间
(1) 依法成立的合同,自成立时生效。
(2) 法律、行政法规规定应办理批准、登记等手续生效的,依照其规定。
(3) 附生效条件的合同,自条件成就时生效;附解除条件的合同,自条件成就时失效。
(4) 附生效期限的合同,自期限届至时生效;附终止期限的合同,自期限届满时失效。

三、无效合同

无效合同是指虽已成立,但因欠缺法定有效要件,在法律上确定的自始不发生法律效力的合同。《合同法》规定有下列情形之一的合同无效:
(1) 一方以欺诈、胁迫手段订立合同,损害国家利益。
(2) 恶意串通,损害国家、集体或第三人利益。
(3) 以合法形式掩盖非法目的。

(4) 损害社会公共利益。
(5) 违反法律、行政法规的强制性规定。

四、可撤销或可变更合同

1. 概念和特征

可变更或可撤销合同是指已经成立，但欠缺法定的有效要件，可由当事人一方申请取消其法律效力或变更其内容的合同。可撤销或可变更合同有如下特征：

(1) 当事人的意思表示不真实。
(2) 一方当事人可请求人民法院或仲裁机构予以撤销或变更。
(3) 若合同既可以撤销也可以只变更内容，如当事人请求变更，则人民法院或仲裁机构不得撤销合同。
(4) 可撤销合同在未撤销之前是有效的，一旦被撤销，则自始无效。

2. 确认依据

《合同法》规定，有下列情形的合同属于可撤销或可变更合同：

(1) 因重大误解订立的合同。所谓重大误解是指一方当事人因自己的过失导致对合同的性质、内容或对方当事人产生错误认识，使行为的后果与自己的意思相悖，并造成较大的损失。一般情况下，误解主要发生于一方当事人，但有时也存在双方当事人都有误解的情况。
(2) 在订立合同时显失公平。这是指当事人一方在订立合同时利用自己的优势或利用对方没有经验、轻率，致使双方的权利与义务明显违反了公平、等价有偿的原则，使对方的利益受到较大的损失。
(3) 一方以欺诈、胁迫的手段或者乘人之危，使对方在违背真实意思的情况下订立的合同。

3. 撤销权的灭失

享有撤销权的一方当事人，发生下列情形的，其撤销权灭失：

(1) 自知道或者应当知道撤销事由之日起一年内没有行使撤销权的。
(2) 知道撤销事由后明确表示或者以自己的行为放弃撤销权的。

五、无效、被撤销合同的法律后果

1. 无效或被撤销的合同自始没有法律约束力。合同部分无效不影响其他部分效力的，其他部分仍然有效。
2. 合同无效、被撤销或者终止，不影响合同中独立存在的有关解决争议的条款的效力。
3. 对于合同中涉及的财产可采取如下方式处理：
(1) 返还原物。合同无效或被撤销后，因该合同取得的财产，应当予以返还。
(2) 赔偿损失。不能返还或者没有必要返还的，应当折价补偿。有过错的一方应当赔偿对方因此所受的损失。双方都有过错的，应当各自承担相应的责任。

（3）收归国有或返还集体、第三人。当事人双方恶意串通，损害国家、集体或者第三人利益的，应当追缴双方取得的财产，收归国有或返还给集体或者第三人。

第四节　合同的履行

一、合同履行的概念和原则

合同的履行是指合同生效后，当事人双方按照合同约定的标的、数量、质量、价款、履行期限、履行地点和履行方式等，完成各自应承担的全部义务的行为。

合同的履行应遵循诚实信用原则全面履行约定的义务。如果当事人只履行合同约定的部分义务，则属于部分履行或不完全履行。如果当事人完全没有履行合同约定的义务，则属于合同未履行或不履行合同。当事人在遵循诚实信用原则履行合同的过程中应尽的基本义务有：

（1）通知。即当事人任何一方在合同的履行过程中应当及时通知对方工作的进展和情况的变化以及对方所需要的有关信息，不欺诈，不隐瞒。

（2）协助。相互协助有利于双方顺利履行合同，当事人双方应尽力为对方履行合同创造必要的条件。一方在履行过程中遇到困难时，另一方应在法律规定的范围内给予帮助；一方发现问题时，双方应及时协商解决。

（3）保密。当事人在履约过程中获知对方的商务、技术、经营等秘密信息时，应当主动予以保密，不得擅自泄露或自己非法使用。

二、合同履行中的若干规则

1. 合同约定不明确时的履行规则

合同生效后，当事人就质量、价款、履行地点等内容约定有遗漏或不明确的，可以通过双方协商补充协议加以明确。如不能达成补充协议的，可按照合同的有关条款或交易习惯确定，或者根据法律的特别规定解决。按以上两种方式仍不能解决的，《合同法》规定了下列处理原则：

（1）质量要求不明确的，按照国家标准、行业标准履行；没有国家标准、行业标准的，按照通常标准或者符合合同目的的特定标准履行。

（2）价值或者报酬不明确的，按照订立合同时履行地的市场价格履行；依法应当执行政府定价或者政府指导价的，按照规定履行。

（3）履行地点不明确的，给付货币的，在接受货币一方所在地履行；交付不动产的，在不动产所在地履行；其他标的，在履行义务一方所在地履行。

（4）履行期限不明确的，债务人可以随时履行，债权人也可以随时要求履行，但应当给对方必要的准备时间。

（5）履行方式不明确的，按照有利于实现合同目的的方式履行。

（6）履行费用的负担不明确的，由履行义务一方负担。

2. 价格发生变动时的履行规则

《合同法》第 63 条规定："执行政府定价或者政府指导价的，在合同约定的交付期限内政府价格调整时，按照交付时的价格计价。逾期交付标的物的，遇价格上涨时，按照原价格执行；价格下降时，按照新价格执行。逾期提取标的物或者逾期付款的，遇价格上涨时，按照新价格执行；价格下降时，按照原价格执行。"

3. 有关第三人的履行规则

一般情况下，合同义务应当由当事人亲自履行。但在不影响当事人的合法权益的情况下，当事人可约定由第三人来履行。具体有如下两种情况：

（1）由债务人向第三人履行债务

《合同法》第 64 条规定："当事人约定由债务人向第三人履行债务的，债务人未向第三人履行债务或者履行债务不符合约定，应当向债权人承担违约责任。"这种情况还须注意以下两点：

①由债务人向第三人履行债务应是合同约定或经债务人同意的变更行为，如果因此增加了债务人的费用，应由债权人承担。

②合同关系的主体不变，债权人与债务人仍是合同的当事人，第三人不是当事人。这与债权人转让合同权利是不同的。

（2）由第三人向债权人履行债务

《合同法》第 65 条规定："当事人约定由第三人向债权人履行债务的，第三人不履行债务或者履行债务不符合约定，债务人应当向债权人承担违约责任。"这种情况下，合同当事人的关系也未发生变化，而且也应该取得债权人同意方能实行。

4. 提前履行、部分履行的规则

《合同法》第 71 条规定："债权人可以拒绝债务人提前履行债务，但提前履行不损害债权人利益的除外。债务人提前履行债务给债权人增加的费用，由债务人负担。"《合同法》第 72 条又规定："债权人可以拒绝债务人部分履行债务，但部分履行不损害债权人利益的除外。债务人部分履行债务给债权人增加的费用，由债务人负担。"

5. 当事人发生变动时的履行规则

（1）债权人分立、合并或者变更住所，如没有通知债务人，致使履行债务发生困难的，债务人可以中止履行或者将标的物提存。

（2）合同生效后，当事人不得因姓名、名称的变更，或者法定代表人、负责人、承办人的变动而不履行合同义务。

三、合同履行中的抗辩权

1. 抗辩权的概念

在双务合同中，当事人一方依法拒绝对方要求或者否认对方权利主张的权利称为抗辩权。当事人一方行使抗辩权，是在对方不履行应尽义务的情况下，为保护自己的合法利益，中止履行本方义务的行为，是守约方在决定单方终止合同前可以行使的一种保护自身权益的权利。中止履行时合同仍然有效，若对方纠正了违约行为，行使抗辩权的一方应自觉恢复义务的继续履行。但若对方放任违约造成的影响进一步扩大，或无力继续履行合同义务，行使抗辩权的一方就可以采取单方终止合同的行动。

2. 抗辩权的类别

（1）同时履行抗辩权

《合同法》规定："当事人互负债务，没有先后履行顺序的，应当同时履行，一方在对方履行之前有权拒绝其履行要求。一方在对方履行债务不符合约定时，有权拒绝其相应的履行要求。"由此，同时履行抗辩权是当事人双方同时享有的权利。

（2）异时履行抗辩权

当合同约定一方先履行义务是另一方履行义务的先决条件时，可能发生异时履行抗辩权，按照约定履行的先后次序又可以分为两类：

第一类是后履行一方享有的抗辩权。《合同法》规定："当事人互负债务，有先后履行顺序，先履行一方未履行的，后履行一方有权拒绝其履行要求。先履行一方履行债务不符合约定的，后履行一方有权拒绝其相应的履行要求。"

第二类是先履行一方享有的抗辩权，也称"不安抗辩权"。这是指应当先履行义务的一方掌握了后履行的一方丧失或者可能丧失履行义务能力的确切证据时，暂时停止履行其义务的行为。《合同法》规定，应当先履行债务的当事人，有确切证据证明对方有下列情形之一的，可以中止履行：

①经营状况严重恶化。

②转移财产、抽逃资金，以逃避债务。

③丧失商业信誉。

④有丧失或者可能丧失履行能力的其他情形。

先履行义务一方行使抗辩权应及时通知对方，中止履行合同。如对方恢复履行义务能力或提供适当担保时，应当恢复履行义务。若对方在合理期限内未能恢复履行能力，也未提供适当担保，则行使抗辩权一方可以解除合同。当事人不得滥用不安抗辩权，造成违约的，应当承担违约责任。

第五节　合同的转让和终止

一、合同转让的概念

合同的转让是指当事人一方依法将其合同权利和义务的部分或者全部转让给第三人的法律行为。如果是部分转让，被转让部分由第三人与另一方当事人直接建立权利义务关系，转让方对第三人的行为不承担任何责任，未转让部分的权利义务关系仍存在于原合同当事人之间。合同权利义务的全部转让实际上是合同主体的变更,由第三人替代转让方当事人与另一方当事人形成原合同约定的权利义务关系。

二、合同转让的相关规定

《合同法》对合同权利和义务的转让分别作了规定,现分述如下:
(1) 债权人可以将合同的权利全部或部分转让给第三人,但有下列情形之一的不得转让:
①根据合同性质不得转让。
②按照当事人的约定不得转让。
③依照法律规定不得转让。
(2) 债权人转让权利的,应当通知债务人。未经通知,该转让对债务人不发生效力。债权人转让权利的通知不得撤销,但经受让人同意的可以撤销。
(3) 债务人将合同的义务全部或者部分转让给第三人的,应当经债权人同意。
(4) 当事人一方经对方同意,可以将自己在合同中的权利和义务一并转让给第三人。
(5) 法律、行政法规规定转让权利或义务应当办理批准、登记手续的,依照其规定。如专利转让合同应当经国家专利局批准。

三、合同的终止

1. 合同终止的概念
合同终止即合同权利义务的终止,是指合同当事人之间的债权债务关系归于消灭而不复存在。合同终止可以是当事人双方均履行完约定义务后的正常终止,也可以是在双方约定的义务未履行完时,由于某一事件的发生而被迫终止。《合同法》规定了如下几种合同终止的情况:
(1) 债务已经按照约定履行。
(2) 合同解除。
(3) 债务相互抵销。
(4) 债务人依法将标的物提存。
(5) 债权人免除债务。
(6) 债权债务同归于一人。
(7) 法律规定或者当事人约定终止的其他情形。
2. 合同的解除
合同解除是指在合同有效成立后,没有履行或者没有履行完毕之前,当事人双方通过协议或者一方行使解除权,使合同关系提前消灭的行为。根据合同解除的原因不同,合同解除分为约定解除和法定解除,分述如下:
(1) 约定解除。《合同法》规定:"当事人协商一致,可以解除合同。当事人可以约定一方解除合同的条件,解除合同条件成立时,解除权人可以解除合同。"

（2）法定解除。《合同法》规定，发生下列情况之一时，当事人一方可以单方面通知对方解除合同：

①因不可抗力致使不能实现合同目的。

②在履行期限届满之前，当事人一方明确表示或者以自己的行为表明不履行主要债务。

③当事人一方迟延履行主要债务，经催告后在合理期限内仍未履行。

④当事人一方迟延履行债务或者有其他违约行为致使不能实现合同目的。

⑤法律规定的其他情形。

合同解除后，尚未履行的，终止履行；已经履行的，根据履行情况和合同性质，当事人可以要求恢复原状或采取其他补救措施，并有权要求赔偿损失。

3. 债务的抵销

债务抵销是指两人互负给付种类相同的债务时，双方各以其债权充当债务之清偿，而使双方的债务在对等数额内相互消灭的行为。债务抵销包括法定抵销和合意抵销两种：

（1）法定抵销。《合同法》第99条规定："当事人互负到期债务，该债务的标的物种类、品质相同的，任何一方可以将自己的债务与对方的债务抵销，但依照法律规定或者合同性质不得抵销的除外。当事人主张抵销的，应当通知对方。通知自到达对方时生效。抵销不得附条件或者附期限。"

（2）合意抵销。《合同法》还规定："当事人互负债务，标的物种类、品质不相同的，经双方协商一致，也可以抵销。"

4. 债务的提存

提存是指债务人由于债权人的原因难以履行债务时，将该标的物交给提存机关而终止合同关系的一项制度。国家司法部颁布的《提存公证规则》全面规定了提存制度。标的物提存的基本条件是：

（1）提存须有合法原因，具体为：

①债权人无正当理由拒绝受领。

②债权人下落不明。

③债权人死亡未确定继承人或者丧失民事行为能力未确定监护人。

④法律规定的其他情形。

（2）提存的标的物须适合提存，标的物不适合提存或者提存费用过高的，债务人可以依法拍卖或者变卖标的物，将所得价款提存。

（3）提存的标的物须提交法定机关保管。由债务履行地的公证机关办理提存公证业务。

（4）提存必须依据合法程序进行，具体为：

①提存申请人填写提存公证申请表，并提交有关材料。

②公证处应在收到申请之日起3日内作出受理或不予受理的决定。

③若审查后决定受理，则进一步就相关的实质问题进行调查。

④公证处验收提存的标的物，并登记存档。

5. 债务的免除

债务的免除是债权人以消灭债权为目的而放弃债权的单方法律行为,《合同法》第 105 条规定:"债权人免除债务人部分或者全部债务的,合同的权利义务部分或者全部终止。"

债务免除的法律特征是:

(1) 免除为单方法律行为。

(2) 免除为无偿行为。

(3) 免除的意思应当向债务人明确表示或通知债务人。

6. 债务的混同

混同是指债权和债务同归于一人,致使合同关系及其他债务关系归于消灭。《合同法》第 106 条规定:"债权和债务同归于一人的,合同的权利义务终止,但涉及第三人利益的除外。"

第六节 违 约 责 任

一、违约责任的概念

违约是指合同一方当事人不履行合同义务或履行义务不符合合同约定,而使对方受到了损失或损害。违约责任即是依据法律规定或合同约定,违约方对违约造成的后果所应承担的责任。违约责任有如下特征:

(1) 违约责任是一种财产责任,法律只强制违约方补偿因违约给对方造成的财产损失。

(2) 违约责任仅存在于合同当事人之间,没有合同关系就不存在违约责任。

(3) 违约责任基于法律的规定或当事人的约定而产生。违约责任是由合同的法律效力决定的,即使当事人在合同中没有列出违约责任条款,守约一方仍可根据《合同法》的规定要求违约方承担违约责任。双方当事人在合同中对违约责任有约定的,只要该约定不违反法律的禁止性规定,其效力应高于法律规定。

二、违约责任的构成条件

《合同法》第 107 条规定:"当事人一方不履行合同义务或者履行合同义务不符合约定的,应当承担继续履行、采取补救措施或者赔偿损失等违约责任。"由此表明,当事人有违约行为是承担违约责任的惟一要件。违约行为的表现形式有:

(1) 预期违约。即当事人一方明确表示或者以自己的行为表明不履行合同义务。这样,对方可以在履行期届满之前要求其承担违约责任。

(2) 实际违约。即合同当事人违反合同约定的或法律规定的应履行的义务。《合同法》第 107 条将违约行为分为"不履行合同义务"和"履行合同义务不符合约定"两种情形。而"不履行合同义务"又包括"不能履行"和"拒绝履行"两种行为。所谓不能履行,是指债务人由于某种原因已经不可能再履行债务。对于这种可归责于债务人的原因而导致的不能履行,如果不存在法定或约定的免责事由,债务人要承担违约责任。拒绝履行是债务人能够履行债务而拒不履行。"履行合同义务不符合约定"包括不履行以外的一切违反合同义务的情况,在司法实践中,通常指不完全履行、不适当履行及延迟履行等。

三、承担违约责任的方式

《合同法》规定的承担违约责任的方式有:继续履行、采取补救措施和赔偿损失。守约方可以根据合同特点、违约性质和损害程度,采取一种或几种方式追究对方的违约责任。

1. 继续履行

继续履行是指不论违约方是否已经承担赔偿损失或者支付违约金的责任,都应按照守约方的要求,在自己能够履行的情况下,对原合同未履行部分继续按照合同的要求实际履行。如供货合同在履行过程中供货方延误供货,如购货方仍需要该货物,可以要求供货方继续供货并支付延期供货的违约金。

2. 采取补救措施

补救措施是为了使合同的履行符合约定条件,避免或减少违约所造成的损失而采取的各种措施。根据《合同法》的规定,补救措施一般只适用于合同的不适当履行,如果合同根本未履行,就不存在补救的问题。补救措施通常可采用修理、更换、重作、退货、减少价款等形式。

3. 赔偿损失

关于赔偿的数额,《合同法》规定:"损失赔偿应当相当于因违约造成的损失,包括合同履行后可以获得的利益,但不得超过违反合同一方订立合同时预见到或者应当预见到的因违反合同可能造成的损失。"

关于赔偿方式,《合同法》规定:"当事人可以约定一方违约时应当根据违约情况向对方支付一定数额的违约金,也可以约定因违约产生的损失赔偿额的计算方法。"若违约金低于实际造成的损失,当事人通过协商不能达成一致,守约方可以请求法院或仲裁机构予以增加。若按合同约定方法计算的违约金过分高于实际造成的损失,违约方也可以请求法院或仲裁机构予以适当减少,以维护公平合理原则。此外,值得注意的是,赔偿损失可以与继续履行、单方解除合同或其他补救措施并用,但不能与违约金、定金并用,守约方只能选择其一。

第七节 合同的担保

一、担保概述

1. 担保的概念

担保是合同当事人双方为了使合同得到全面履行,根据法律、行政法规的规定,经双方协商一致而采取的一种具有法律效力的保护措施。一方当事人（债务人）提供担保，既是做出自己愿意履行合同义务的表示，也为对方（债权人）提供了在受到损害时获得合理补偿的手段。合同担保应遵循平等、自愿、公平、诚实信用的原则。一个合同是否有担保，一方面取决于合同标的的特点、合同金额的大小等因素，另一方面取决于双方当事人协商的意见。因此，《合同法》没有将担保列入其主要内容。担保的方式通常有保证、抵押、质押、留置及定金等。

2. 担保人

提供担保的人称为担保人。担保人可以是合同当事人，也可以是当事人以外的第三人，具体需根据担保的方式来确定。如定金和留置担保，担保关系存在于当事人之间；保证一定是由第三人为债务人提供；而抵押和质押担保，可以由当事人提供，也可由第三人提供。任何由第三人提供的担保，只担保债务人忠实履行合同义务，而不对债权人产生任何约束。第三人在主合同中没有任何利益，为了维护他的权益，《合同法》规定，提供担保的第三人可以要求债务人向他提供反担保。

3. 担保合同

按照《担保法》的规定，担保可以订立书面的担保合同，也可以仅在主合同中约定担保条款。保证、抵押、质押等担保方式，通常需订立单独的担保合同；留置一般在主合同内由专门条款约定；定金担保可在主合同内约定，也可以订立单独的合同。

担保合同属主合同的从合同，如主合同无效，担保合同也无效。但担保合同另有约定的，按照约定履行。

二、担保的方式

（一）保证

1. 保证的概念

保证是由保证人和债权人约定，当债务人不履行债务时，保证人按照约定履行债务或承担责任的行为。

2. 保证人

保证人要对债务人不履行合同的行为承担责任，因此，《担保法》规定，具有清偿能力的法人、其他组织或公民才可以充当保证人。以下单位均不得做保证人：

①国家机关（经国务院批准的为使用外国政府或国际经济组织的贷款进行转贷的政府行政法人可以做担保人）；

②学校、幼儿园、医院等公益事业单位；

③社会团体；

④企业法人的分支机构、职能部门（有法人的书面授权时，可以在授权范围内提供担保）。

3. 保证合同

保证合同是保证人与债权人订立的书面合同。习惯上把一般企业法人保证人订立的保证合同称为"保证书"，而把银行出具的保证合同称为"保函"。不论是何种形式的保证合同，都应明确如下内容：
①被保证的主债权种类、数额；
②债务人履行债务的期限；
③保证的方式；
④担保的范围；
⑤保证期间；
⑥双方认为需要约定的其他事项。

4. 保证的方式

保证的方式包括一般保证和连带保证两种。没有约定保证方式或约定不明确的，按连带保证承担保证责任。

（1）一般保证。当事人在保证合同中约定，当债务人不能履行债务时，保证人承担保证责任。在主合同纠纷未经审判和仲裁，或虽就债务人财产依法强制执行仍不能履行债务前，保证人可以拒绝对债权人承担保证责任。

（2）连带保证。当事人在保证合同中约定，保证人与债务人对债务承担连带责任。债务人在主合同规定的债务履行期届满而没有履行债务时，债权人可以要求债务人履行债务，也可以要求保证人在其保证范围内承担保证责任。

5. 保证责任的范围

保证责任的范围包括主债权及利息、违约金、损害赔偿金和实现债权的费用。保证合同另有约定时，按照约定执行。当事人对保证范围无约定或约定不明确的，保证人应对全部债务承担责任。债权人与债务人变更主合同时，应当通知保证人，并取得书面同意。未经保证人书面同意的，保证人不再承担保证责任，但若保证合同另有约定，按照约定执行。

6. 保证期间

保证人与债权人未约定保证期间的，保证期间为主债务履行期届满之日起的六个月。在保证期间内，未对一般保证债权人主张权利的（仲裁或诉讼），保证人免除保证责任。债权人已主张权利的，保证期间适用于诉讼时效中断的规定。对于连带保证，在保证期间内债权人未要求保证人承担保证责任的，保证人免除保证责任。

保证期间内，债权人同意债务人转让债务的，应当取得保证人的书面同意。未经保证人同意的，保证人不再承担保证责任。若保证合同另有约定，按约定执行。

（二）抵押

1. 抵押的概念

抵押是以具有一定价值的财产作为债务人履行合同义务的担保。在抵押合同中，享有抵押权的债权人称为抵押权人，提供担保财产方称为抵押人。抵押人和抵押权人应以书面形式订立抵押合同。债务人可以作抵押人，用自己的财产作抵押物。也可以由第三人作为抵押人，以其财产作抵押物为债务人担保，与债权人订立抵押合同。

2. 抵押物

根据《担保法》的规定，可以作为抵押物的财产有：

（1）抵押人所有的房屋和其他地上定着物；

（2）抵押人所有的机器、交通运输工具和其他财产；

（3）抵押人依法有权处分的国有土地使用权；

（4）抵押人依法有权处分的国有机器、交通运输工具和其他财产；

（5）抵押人依法承包并经发包方同意作抵押的荒山、荒滩、荒地等的土地使用权；

（6）依法可以抵押的其他财产。

抵押财产在抵押期间不需转移给抵押权人保管，仍由抵押人自己保管，且抵押人仍拥有该财产的使用权，但不得将其转让给其他人，即该财产的所有权被暂时冻结。

3. 抵押合同

（1）抵押合同的主要内容

抵押合同的主要内容通常包括：

①被担保的主债权种类、数额；

②债务人履行债务的期限；

③抵押物的名称、数量、质量、状况及所在地；

④抵押物的所有权权属或者使用权权属；

⑤抵押担保的范围；

⑥当事人认为需要约定的其他事项。

（2）抵押合同的登记

抵押合同是否办理公证手续由当事人协商决定。但是为了防止担保期间抵押物价值的流失或灭失，以书面形式订立的抵押合同应到有关行政管理部门办理抵押物的登记手续。办理了登记手续的，抵押合同自登记之日起生效；未办理登记手续的，抵押合同自签字之日起生效。按照职权分工的不同，《担保法》规定了不同抵押物的登记部门，即：

①无地上定着物的土地使用权，登记部门为核发土地使用权证书的土地管理部门。

②城市房地产或乡（镇）、村企业的厂房或建筑物，登记部门为县级以上地方人民政府规定的部门。

③森林、树木，登记部门为县级以上林业主管部门。

④航空器、船舶、车辆，登记部门为运输工具的登记部门。

⑤企业的设备和其他动产，登记部门为财产所在地的工商行政管理部门。

4. 违约处置

《担保法》规定，抵押权人在债务履行期届满而未受清偿的，可以与抵押人协议，以抵押物折价或者以拍卖、变卖该抵押物所得的价款受偿。协议不成的，抵押权人可以向人民法院提起诉讼。

抵押物折价或者拍卖、变卖后，其价款超过债权数额的部分归抵押人所有，不足部分由债务人清偿。

（三）质押

1. 质押的概念

质押是债务人或第三人将其动产或者权利作为担保物的合同担保方式。在质押合同中，享有质押权的债权人称为质权人，提供质押物的担保方称为出质人。质押担保的质押物需要转移给质权人保管，这是与抵押担保的明显区别。由于质押物的转移，出质人已丧失了其使用权和保管权,因而也不需办理登记手续。而质权人则要承担质押财产的保管义务及其损坏或灭失的赔偿责任。

2. 质押物

(1) 动产,属于出质人所有、并具有一定价值的动产都可以作为质押物。

(2) 权利,指具有一定经济价值且归出质人所有的权利。一般有:

①汇票、支票、本票、债券、存款单、仓单、提单。

②依法可以转让的股份、股票。

③依法可以转让的商标权、财产权。

④依法可以质押的其他权利。

3. 质押合同的主要内容

一般包括:

(1) 被担保的主债权种类、数额。

(2) 债务人履行债务的期限。

(3) 质押物的名称、数量、质量及状况。

(4) 质押担保的范围。

(5) 质押物移交的时间。

(6) 双方认为需要约定的其他事项。

4. 违约处置

质押担保的违约处置办法与抵押担保基本相同,故不再详述。

(四) 留置

1. 留置的概念

留置是依据法律的规定或合同的约定,合同当事人一方(债权人)有权留存所占有的对方的财产,以保护自己的合法权益。留置财产一方称留置权人。留置担保一般仅在主合同内约定留置条款,而不另签担保合同,因而担保合同关系仍然是主合同当事人之间的关系。

2. 留置物

(1) 留置物一般为动产。

(2) 留置物是在主合同履行期间债权人按合同约定而占有的债务人的财产。

(3) 在留置物被留置期间债权人负有保管义务,因保管不善致使留置物灭失或者损毁的,留置权人应承担相应的责任。

3. 违约处置

留置权人留置财产后,应当给予债务人不少于两个月的期限继续履行其债务。逾期仍不能履行的,则留置权人可以处置所留置的财产以偿还债务。留置财产的处置办法和原则与抵押物和质押物的处置基本相同。

(五) 定金

1. 定金的概念

定金是合同当事人一方为了证明合同的成立和保证履行合同,按合同规定在合同履行前预先向对方给付的一定数额的货币。采用定金的方式担保,当事人可以签订单独的书面合同，也可以在主合同中设立定金的担保条款。因此，定金担保的关系也仍是主合同当事人之间的关系。

2. 定金的数额

定金的数额由合同当事人约定，但不得超过主合同标的额的20%。以定金作为担保的合同从定金实际交付之日起生效。债务人履行债务后，定金可以抵作合同价款的一部分，或予以返还。

3. 违约处置

给付定金的一方不履行约定的债务时，无权要求返还定金；收受定金的一方不履行约定的义务时，应当双倍返还定金。由此可以看出，采用定金担保对双方当事人均有约束，这是和前四种担保方式不同的。

复习思考题

1. 什么是合同法律关系？什么是合同法律关系三要素？
2. 合同的概念是什么？
3. 合同有哪些类型？各类型合同的含义是什么？
4. 经济合同的内容包括哪些主要条款？
5. 什么是合同的格式条款？采用格式条款应遵循哪些原则？
6. 合同成立的概念是什么？合同成立与合同生效有何区别和联系？
7. 什么是合同履行中的抗辩权？抗辩权又分为哪几种类型？
8. 什么是合同违约责任？承担违约责任有哪几种方式？
9. 合同担保有哪几种方式？各种方式的含义是什么？

第六章 建设工程合同管理（一）

第一节 概述

一、建设工程合同的概念和特征

建设工程合同是业主（发包人）与承包人为完成一定的建设工程任务而签订的合同。这里的建设工程任务即合同的标的，它包括工程的勘察、设计，建筑、安装施工，工程监理及物资采购等。由此，建设工程合同也相应地分为勘察、设计合同，建筑、安装施工合同（简称施工合同），工程监理合同及物资采购合同等。《合同法》列举的建设工程合同主要是勘察、设计合同和施工合同，但由于工程监理合同和建设工程物资采购合同和建设工程密切相关，通常也将其列入建设工程合同的范畴。

建设工程合同属双务、有偿合同，业主和承包人在合同关系中均享有一定的权利，且均承担一定的义务。如承包人要承担按合同约定的条件完成工程任务的义务，同时享有按约定获取合同价款的权利。业主则要承担按约定的时间支付承包人应得的价款的义务，同时又享有监督、检查承包人的工作及验收已完成工程等权利。

从合同理论上说，建设工程合同属于广义上的承揽合同。承包人即为承揽人，而业主可看做定做人，建设工程任务即为定做人要求承揽人完成的工作。由于工程建设在国民经济中的重要地位和作用，也由于建设工程合同的标的和内容有别于一般的承揽合同，因此，国家一直将建设工程合同列为单独的一类重要合同。考虑到建设工程合同又具有承揽合同的属性，所以《合同法》规定，建设工程合同中没有规定的，适用承揽合同的有关规定。

建设工程类别繁多、用途和特性各异，如水利水电工程，火电、核电工程，铁路、公路、港口、机场等运输工程，工业及民用建筑工程等等，大多具有规模巨大、投资量大、技术复杂、工期相对较长等特征。建设工程的基本特征也决定了建设工程合同一般都具有条款内容多、范围涉及广、价款数额大、履行周期长等特征，施工合同更是如此。各种建设工程合同还有其具体的特征，在后续各节中将有相关描述。

二、合同管理的概念

广义的合同管理包括两层含义,即宏观的合同管理和微观的合同管理。所谓宏观的合同管理,是指国家授权的有关行业主管部门和工商行政管理部门,根据法律和政策的规定,对合同的订立、履行、变更及解除等行为进行指导、组织、监督、鉴证和核查等,以维护合同当事人的正当权益,确保合同依法履行,纠正和查处违法行为。微观的合同管理是指订立合同的当事人或其设立的相关机构,对其订立、履行合同的行为进行策划、组织、核查、监测、协调等活动,以维护自身的正当权益并确保合同的顺利履行。

宏观的合同管理和微观的合同管理是合同管理相辅相成的两个方面,互为联系,缺一不可。宏观的合同管理主要体现为有关部门的行政管理和执法行为,涉及的内容较少,如不特别指明,以下讨论的合同管理主要是指合同当事人所实施的微观合同管理。

三、建设工程合同管理的基本内容

建设工程合同管理是订立合同双方通过其有关机构或人员,在合同的订立和履行的过程中所进行的一系列管理活动,是双方协调互动的动态过程。其主要内容包括合同订立阶段的管理和合同履行阶段的管理。

1. 合同订立阶段的管理

合同订立阶段的管理包括合同订立前的准备阶段和合同订立过程中的管理。主要体现在招标及签约过程中双方所进行的一系列相关工作。如施工合同中,招标方对合同型式的选择,条款内容的拟定,承包人资格的审查,开标、评标、定标及签约谈判等方面的工作都涉及合同管理的内容。对承包方来说,投标项目的选定,投标文件的编制,报价的确定以及参与签约谈判等工作也都与合同管理相关。

2. 合同履行阶段的管理

合同履行阶段的管理主要有双方对合同内容执行的跟踪、核查、监督,以及合同纠纷的解决等方面的工作。就施工合同来说,业主、承包人及监理工程师三方都必须以合同条件为准则,同时遵循诚实信用、公平合理的原则,全面履行合同,最终取得各方都满意的结果。

四、国家有关行政部门对建设工程合同的管理

建设行政主管部门和工商行政管理部门对建设工程合同的监督管理有如下职能:
1. 贯彻国家和地方有关法律、法规和规章。
2. 制定和推荐使用建设工程合同示范文本。
3. 审查和鉴证建设工程合同,监督合同履行,调解合同争议,依法查处违法行为。
4. 指导合同当事人的合同管理工作,培训合同管理人员,总结交流经验。

第二节 建设工程勘察、设计合同管理

一、勘察、设计合同的概念

建设工程勘察、设计合同是由发包人（业主或总承包人）与承包人（勘察、设计单位）为完成一定的工程勘察、设计任务而签订的合同。根据所签合同，由承包人完成发包人委托的勘察、设计任务，发包人获得符合约定要求的勘察、设计成果，并按约定支付报酬给承包人。

勘察、设计合同的发包人可以是法人或者自然人，但承包人必须是具有法人资格的勘察、设计单位，且持有建设行政主管部门颁布的工程勘察设计资质证书、工程勘察设计收费资格证书和工商行政管理部门核发的企业法人营业执照。

建设工程的勘察任务一般包括工程测量、水文地质勘探及工程地质勘探，其目的是为拟建工程的选址、选线、设计及施工提供所需要的水文资料和地质、地貌资料。设计任务一般包括工程的初步设计、技术设计及施工图设计，也可以是一个系统的总体规划设计。

二、勘察、设计合同的内容

国家建设部和国家工商行政管理局于2000年3月颁布了建设工程勘察合同示范文本（一）、（二）和建设工程设计合同示范文本（一）、（二）。这些合同范本列出了勘察、设计合同所包含的主要内容。

1. 勘察合同的主要内容

勘察合同范本（一）适用于岩土工程勘察、水文地质勘察（含凿井）、工程测量、工程物探等勘察任务的合同，其主要内容有：

(1) 工程概况。
(2) 发包人应提供的资料。
(3) 勘察成果的提高。
(4) 开工及提高成果资料的时间、费用的支付。
(5) 发包人和勘察人各自应承担的责任。
(6) 违约责任。
(7) 合同未尽事宜的处理。
(8) 其他约定事项。
(9) 合同争议的解决方式。
(10) 合同生效和终止的约定。

勘察合同范本（二）适用于岩土工程设计、治理和监测等工作范围的合同，其内容除以上范本（一）的基本内容外还包括变更及费用的调整，材料设备的供应，报告、成

果、文件的检查验收等条款。

2. 设计合同的主要内容

建设工程设计合同范本（一）适用于民用建设工程设计，其主要内容有：

（1）订立合同所依据的文件。

（2）委托设计项目的范围和内容。

（3）发包人应提供的有关资料和文件。

（4）设计人应向发包人交付的资料和文件。

（5）设计费用的估算与支付办法。

（6）双方责任。

（7）违约责任。

（8）其他。

设计合同范本（二）适用于专业工程设计，除以上设计合同范本（一）的基本内容外，还增加了合同签订的依据，设计依据，合同文件的优先次序，保密及仲裁等条款。

三、勘察、设计合同的订立

1. 发包人的相关工作

在合同的订立阶段，发包人的合同管理工作主要有以下几项：

（1）对承包人的资格审查。合同签订前，发包人要审查承包人是否按法律规定成立的法人组织；是否持有勘察设计证书、收费资格证书和营业执照；签订合同的签字人是否承包人的法定代表人，如果是承包人委托的代理人，其代理的资格和权限是否符合法律的规定。

（2）对承包人履约能力的审查。发包人要对承包人的资质等级、业务范围及专业能力进行审查，看其是否具备完成合同任务的履约能力。

（3）合同形式的确定及条款的拟定。勘察、设计合同应当采用书面形式，并参照国家有关部门颁布的示范文本的条款明确双方的权利和义务。条款中要明确提出勘察、设计的工作内容及技术要求，包括质量、进度、完成时间及开工日期等事项。对示范文本未列入的事项，当事人认为需要约定的，也应采用书面形式。对可能发生的问题，要约定解决办法及处理原则。双方协商同意的合同修改文件、补充协议均为合同的组成部分。

2. 承包人的相关工作

（1）对发包人的资信及履约能力的审查。承包人在签约前要审查发包人的财务状况、银行信用情况及项目资金的落实情况等，以验证发包人的资信情况及资金方面的履约能力。

（2）对发包项目有关的批准文件的审查。在签约前，承包人要对发包项目的有关批准文件进行全面审查。这些文件是项目实施的前提条件，直接关系到合同能否顺利履行。包括上级机关批准的设计任务书和建设规划管理部门批准的用地许可文件。如果是单独委托施工图设计任务，还应具有经有关部门批准的初步设计文件。

（3）审查并协商各项各同条款。承包人在签约前要全面审查合同条款，如有质疑要及时提出，同发包人协商并取得一致意见，然后签订合同。

四、勘察合同的履行

在勘察合同的履行过程中，双方当事人均应严格遵循合同的各项条款，以诚实信用的原则履行应尽的义务，并随时了解、核查对方的履约情况，发现问题或对方的违约行为，应及时处理或协商解决。以下是双方主要的责任和义务：

1. 发包人的责任和义务

（1）发包人应及时向勘察人提供下列文件资料，并对其准确性、可靠性负责：

①本工程批准文件（复印件），以及用地（附红线范围）、施工、勘察许可等批件（复印件）。

②本工程勘察任务委托书、技术要求、工作范围的地形图、建筑总平面布置图。

③勘察范围内已有的技术资料及工程所需的坐标与标高资料。

④勘察范围内地下已有的埋藏物资料（如各种电缆、管道、人防设施、洞室等）及具体位置分布图。

发包人不能提供上述资料而需由勘察人收集的，发包人需向勘察人支付相应费用。勘察范围内没有资料、图纸的地区（段），发包人应负责查清地下埋藏物。若因未提供上述资料、图纸，或因提供的资料及图纸不准确、地下埋藏物标示不清，致使勘察人在勘察工作过程中发生人身伤亡或造成经济损失的，由发包人承担民事责任。

（2）发包人应及时为勘察人提供勘察现场的工作条件并解决出现的问题并承担其费用，如落实土地征用、青苗树木赔偿、拆除地上地下障碍物、处理施工扰民及影响施工正常进行的有关问题、平整施工现场、修好通行道路、接通电源水源、挖好排水沟渠以及提供水上作业用船等。发包人还应为勘察人的工作人员提供必要的生产、生活条件并承担费用，如不能提供，应一次性付给勘察人一定的临时设施费。

（3）若勘察现场需要看守，特别是在有毒、有害等危险现场作业时，发包人应负责安全保卫工作。应按国家有关规定，对从事危险作业的现场人员进行保健防护，并承担费用。

（4）工程勘察前，若发包人负责提供材料，应根据勘察人提出的工程用料计划，按时提供各种材料及其产品的合格证明，将材料运到现场并承担费用，还应派人与勘察人的人员一起验收。

（5）勘察过程中的任何变更，经办理正式变更手续后，发包人应按实际发生的工作量支付勘察费。

（6）由于发包人的原因造成勘察工作停工、窝工，除工期顺延外，发包人应支付停工、窝工费。发包人若要求在合同规定的时间内提前完工（或提交勘察成果资料），应按提前天数计算并支付给勘察人相应的加班费。

（7）发包人应保护勘察人的投标书、勘察方案、报告书、文件、资料图纸、数据、特殊工艺（方法）、专利技术和合理化建议。未经勘察人同意，发包人不得复制、泄露、擅自修改及传送，不得向第三人转让或用于本合同外的项目。如发生上述情况，发包人应负法律责任，勘察人有权索赔。

2. 勘察人的责任和义务

（1）勘察人员应按国家技术规范、标准、规程和发包人的任务委托书、技术要求进行工程勘察，按本合同规定的时间提交质量合格的勘察成果资料，并对其负责。

（2）若勘察人员提供的勘察成果资料质量不合格，勘察人应无偿给予补充完善使其达到合格；若勘察人无力补充完善，需另委托其他单位，勘察人应承担全部勘察费用；因勘察质量造成重大经济损失或工程事故时，勘察人除应负法律责任和免收直接受损部分的勘察费外，应根据损失程度向发包人支付赔偿金，赔偿金由发包人、勘察人商定为实际损失的一定百分比。

（3）在工程勘察前，提出勘察纲要或勘察组织设计，派人与发包人的人员一起验收发包人提供的材料。

（4）勘察过程中，根据工程的岩土工程条件（或工作现场地形地貌、地质和水文地质条件）及技术规范要求，向发包人提出增减工作量或修改勘察工作的意见，并办理正式变更手续。

（5）在现场工作的勘察人的人员，应遵守发包人的安全保卫及其他有关的规章制度，承担有关资料的保密义务。

3. 违约责任

（1）由于发包人未给勘察人提供必要的工作、生活条件而造成停工、窝工或来回进出场地，发包人除应付给勘察人停工、窝工费（金额按预算的平均工日产值计算），按实际工日顺延工期外，还应付给勘察人来回进出场费和调遣费。

（2）由于勘察人的原因造成勘察成果资料质量不合格，不能满足技术要求时，其返工勘察费用由勘察人承担。

（3）合同履行期间，由于工程停建而终止合同或发包人要求解除合同的，勘察人未进行勘察工作的，不退还发包人已付定金；已进行勘察工作的，完成的工作量在50%以内时，发包人应向勘察人支付预算额50%的勘察费；完成的工作量超过50%时，发包人应向勘察人支付预算额100%的勘察费。

（4）发包人未按合同规定时间（日期）拨付勘察费的，每超过一日，应偿付逾期违约金，数额为未支付勘察费的千分之一。

（5）由于勘察人的原因未按合同规定时间（日期）提交勘察成果资料的，每超过一日，应减收勘察费的千分之一。

（6）合同签订后，发包人不履行合同的，无权要求退还定金；勘察人不履行合同的，应双倍返还定金。

五、设计合同的履行

在设计合同的履行阶段，发包人和设计人都应严格履行合同规定的权利和义务，遵循诚实、信用、公平、合理的原则，全面履行各项条款。以下是双方应履行的主要责任和义务：

1. 发包人的责任和义务

（1）发包人应按合同有关条款规定的内容，在规定的时间内向设计人提交资料及文件，并对其完整性、正确性及时限负责，发包人不得要求设计人违反国家有关标准进行设计。

发包人提交上述资料及文件超过规定期限 15 天以内的，设计人按合同有关条款规定交付文件时间顺延；超过规定期限 15 天以上的，设计人员有权重新确定提交设计文件的时间。

（2）发包人变更委托设计项目，或改变其规模、条件，或提交的资料错误，或对所提交的资料作较大修改，以致设计人需返工时，双方除需另行协商签订补充协议（另订合同）、重新明确有关条款外，发包人还应按设计人所耗工作量向设计人增付设计费。

经发包人同意，未签合同前设计人为发包人所做的各项设计工作，应按收费标准相应收取设计费。

（3）发包人要求设计人比合同规定时间提前交付设计资料及文件的，如果设计人能够做到，发包人应根据设计人提前投入的工作量，向设计人支付赶工费。

（4）发包人应为派赴现场处理有关设计问题的工作人员提供必要的工作、生活及交通等方便条件。

（5）发包人应保护设计人的投标书、设计方案、文件、资料图纸、数据、计算软件和专利技术。未经设计人同意，发包人对设计人交付的设计资料及文件不得擅自修改、复制或向第三人转让或用于本合同外的项目。如发生以上情况，发包人应负法律责任，设计人有权向发包人提出索赔。

2. 设计人的责任和义务

（1）设计人应按国家技术规范、标准、规程及发包人提出的设计要求进行工程设计，按合同规定的进度要求提交质量合格的设计资料，并对其负责。

（2）设计人应按合同规定的内容、进度及份数向发包人交付资料及文件。

（3）设计人交付设计资料及文件后，按规定参加有关的设计审查，并根据审查结论对不超出原定范围的内容做必要的调整补充。设计人按合同规定时限交付设计资料及文件，若本年内项目开始施工，应负责向发包人及施工单位进行设计交底、处理有关设计问题和参加竣工验收；若一年内项目尚未开始施工，设计人仍应负责上述工作，但可按所需工作量向发包人适当收取咨询服务费，收费额由双方商定。

（4）设计人应保护发包人的知识产权，不得向第三人泄露、转让发包人提交的产品图纸等技术、经济资料。如发生以上情况并给发包人造成经济损失，发包人有权向设计人索赔。

3. 违约责任

（1）在合同履行期间，发包人要求终止或解除合同的，设计人未开始设计工作的，不退还发包人已付的定金；已开始设计工作的，发包人应根据设计人已进行的实际工作量支付费用，不足一半时，按该阶段设计费的一半支付；超过一半时，按该阶段设计费的全部支付。

（2）发包人应按合同有关条款规定的金额和时间向设计人支付设计费，每逾期一天，应承担数额为支付金额千分之二的逾期违约金。逾期超过 30 天以上时，设计人有权暂停履行下阶段工作，并书面通知发包人。发包人的上级或设计审批部门对设计文件不批准或要求本合同项目缓建的，发包人均应按规定支付设计费。

（3）设计人负责对设计资料及文件出现的遗漏或错误进行修改或补充。由于设计人员的错误造成工程质量事故损失，设计人除负责采取补救措施外，应免收直接受损失部分的设计费。损失严重的，根据损失的程度和设计人责任大小向发包人支付赔偿金，赔偿金占实际损失的百分比由双方商定。

（4）由于设计人自身原因，延误了按本合同有关条款规定的设计资料及设计文件的交付时间，每延误一天，应减收该项目应收设计费的千分之二。

（5）合同生效后，设计人要求终止或解除合同的，设计人应双倍返还定金。

第三节　建设工程监理合同管理

一、监理合同的基本概念

1. 监理合同的概念和特征

建设工程监理合同是指发包人（委托人）与监理人就完成一定的工程监理任务而签订的合同。监理合同是委托合同的一种，所以又称为"委托监理合同"。

《合同法》未将监理合同列入建设工程合同的范围，但在"建设工程合同"一章的第 276 条中指出："建设工程实行监理的，发包人应当与监理人采用书面形式订立委托监理合同。发包人与监理人的权利和义务以及法律责任应当依照本法委托合同以及其他有关法律、行政法规的规定。"这就表明监理合同与建设工程合同有紧密的联系，同时又具有委托合同的性质和特点，因而在监理合同的管理中应充分注意这些因素。

监理合同的发包人可以是自然人、法人或其他社会组织，而监理人必须是依法成立且具有法人资格的监理企业，应持有建设行政主管部门核发的资质证书及工商行政管理部门核发的营业执照，而且其所承担的工程监理业务应与企业的资质等级和业务范围相符合。

2. 委托监理的业务范围

建设工程监理的主要内容是控制建设工程的投资、建设工期和工程质量，进行建设工程合同管理，协调有关单位间的工作关系。所以，委托人委托监理的业务范围非常广泛。从工程建设的阶段来说，包括项目的立项、可行性研究、设计、施工及质量责任期阶段等，每一阶段又包括对投资、质量及工期三项控制和信息、合同两项管理。应根据工程的特点和具体要求以及监理人的资质能力等因素来确定每项合同的具体业务范围，并写入合同的专用条款之中。建设工程委托监理的业务范围大体包括以下几个方面：

（1）立项咨询和可行性研究，包括技术上和经济上的方案比较和经济效果评价。

（2）协助业主选择承包人，组织设计、施工及设备采购的招标。

(3) 对工程设计进行技术监督和检查,对材料、设备进行质量检查。

(4) 施工过程的质量、成本、计划和进度的控制;操作和工艺的监督、检测;工程量的计量及价款的结算等。

除以上常规的监理工作外,还可能出现"工程监理的附加工作"和"工程监理的额外工作"。工程监理的附加工作是指委托监理以外,经委托人和监理人双方书面协议另外增加的工作,或由于委托人或承包人的原因,使监理工作受到阻碍或延误而增加的工作或延长工作时间而增加的工作。工程监理的额外工作是指常规工作和附加工作以外,由于非监理人自己的原因而造成监理业务的暂停或终止所带来的善后工作或业务恢复工作。

二、建设工程委托监理合同示范文本

建设部和国家工商行政管理局于 2000 年 2 月联合颁布了《建设工程委托监理合同(示范本)》,示范文本由三部分组成,各部分的主要内容及相互关系大致如下:

第一部分"建设工程委托监理合同",是一个总的协议,主要内容包括委托监理的工程概况(工程名称、地点、规模及总投资);合同的成立时间、生效时间;双方对约定的各项义务的承诺以及合同文件的组成等。

"合同"是一份标准的格式文件,当事人双方在预留的空格内填上相应的具体内容并签字盖章后,合同即成立并生效。

第二部分"标准条件",包括了合同的基本条款,如:词语定义,适用法律和法规,监理人义务,委托人义务,监理人权利,委托人权利,监理人责任,委托人责任,合同生效、变更与终止,监理报酬,其他和争议的解决等部分。

"标准条件"部分是监理合同的通用文件,适用于各类建设工程的委托监理,是签约双方都应遵守的基本条件。

第三部分"专用条件"。由于"标准条件"是适用于各类建设工程委托监理的通用条件,其中的某些条款规定比较笼统,在签订某一具体工程的委托监理合同时,就需要根据其地域特点、专业特点及监理项目的具体要求,对标准条件中的某些条款加以补充和修正。所谓"补充",是指标准条件中的某些条款明确规定,在该条款确定的原则下,在专用条件的条款中进一步明确具体内容,使两个条件中相同序号的条款共同组成一条内容完备的条款。所谓"修正",是指对于标准条件中程序方面的内容,如果双方认为不合适,可以协商修改。

三、监理合同的订立

按照国家的有关规定及市场竞争的规则,监理项目的发包和承包应通过招投标方式进行。目前我国实行工程监理制的时间还不长,有些工作还受到一些客观条件的限制,一些工程的委托监理业务还是通过双向议定承包的。一般情况下,订立监理合同的步骤大致如下:

1. 合同签订前双方的相互考察

（1）业主对监理人的考察。合同签订前，业主应对监理人的资格、资质、履约能力及信誉等方面进行必要的考察或审查。资格和资质方面具体包括：监理人是否是具有法人资格的监理企业，是否持有工商行政管理机关核发的营业执照，是否持有建设主管部门签发的工程监理资质等级证书，其资质等级是否达到合同监理项目的等级要求。履约能力和信誉方面包括：监理单位的技术人员构成情况，主要检测设备情况，企业财务状况，银行信誉情况，社会信誉情况，以前承接的监理业务的完成情况，承担类似业务的监理业绩及合同的履行情况等。

（2）监理人对业主的考察。监理人在与业主签订合同之前要对业主进行必要的了解和考察，如业主是否具有签订合同的合法资格，是否具有履行合同的财力，以及合同标的是否符合国家政策规定等。此外，监理人还应对委托的监理业务进行详尽的了解和分析，根据自身的技术力量、装备和对该项业务的经验等实际情况，对照合同价格，考察承担该项目的盈利情况。

2. 合同的谈判与签订

（1）合同的谈判。无论是直接委托还是通过中标确定的委托，业主和监理人都要就监理合同的主要条款和应负责任进行谈判。在使用《示范文本》时，要依据"合同条件"结合"协议条款"逐条加以讨论，通过协商加以落实哪些条款不宜采用，哪些条款需要修改，还需补充哪些内容，如委托监理的业务范围，业主应提供的外部条件的具体内容，应提供的资料及提供的时间等。

谈判的顺序通常是从工作计划安排开始，其次是人员配备、业主方的投入等，最后再商谈合同价格。谈判的内容应有准确的文字记录。

（2）合同的签订。经过谈判，双方就合同的各项条款达成一致意见，即可正式签订合同文件。

四、监理合同的履行

1. 双方的权利

（1）委托人的权利

①委托人有选定工程总承包人、与其订立合同的权利。

②委托人有对工程规模、设计标准、规划设计、生产工艺设计和设计使用功能要求的认定权，以及对工程设计变更的审批权。

③监理人调换总监理工程师必须事先经委托人同意。

④委托人有权要求监理人提交监理工作月报及监理业务范围内的专项报告。

⑤委托人发现监理人员不按监理合同履行监理职责，或与承包人串通给委托人或工程造成损失的，委托人有权要求监理人更换监理人员，甚至终止合同，并要求监理人承担相应的赔偿责任或连带赔偿责任。

（2）监理人的权利

①选择工程总承包人的建议权。

②选择工程分包人的认可权。

③按照安全和优化的原则，对工程设计中的技术问题向设计人提出建议。如果拟提出的建议可能会提高工程造价，或延长工期，应当事先征得委托人的同意。当发现工程设计不符合国家颁布的建设工程质量标准或设计合同约定的质量标准时，监理人应当书面报告委托人并要求设计人更正。

④审批工程施工组织设计和设计方案，按照保质量、保工期和降低成本的原则，向承包人提出建议，并向委托人提出书面报告。

⑤主持工程建设有关协作单位的组织协调，重要协调事项应当事先向委托人报告。

⑥征得委托人同意，监理人发布开工令、停工令、复工令，但应当事先向委托人报告。如在紧急情况下未能事先报告，则应在24小时内向委托人作出书面报告。

⑦工程上使用的材料和施工质量的检验权。对于不符合设计要求、合同约定及国家质量标准的材料、构配件、设备，有权通知承包人停止使用；对不符合规范和质量标准的工序、分部、分项工程和不安全施工作业，有权通知承包人停工整改、返工，承包人得到监理人的复工令后才能复工。

⑧工程施工进度的检查、监督权，以及工程实际竣工日期提前或超过工程施工合同规定的竣工期限的确认权。

⑨在工程施工合同约定的工程造价范围内，工程款支付的审核确认权，以及工程结算的复核确认权与否决权。未经总监理工程师签字确认，委托人不得支付工程款。

⑩监理人在委托人授权下，可对任何承包合同规定的义务提出变更，如果会严重影响工程费用、质量或进度，则这种变更须经委托人事先批准。在紧急情况下未能事先报委托人批准时，监理人所作的变更应及时通知委托人。在监理过程中如发现工程承包人员工作不力，监理机构可要求承包人调换有关人员。

2. 双方的义务

（1）委托人的义务

①委托人应在监理人开展监理业务之应向监理人支付预付款。

②委托人应当负责工程建设的所有外部关系的协调，为监理工作提供外部条件。如果根据需要将部分或全部协调工作委托监理人承担，则应在专用条件中明确委托的工作范围和相应的报酬。

③委托人应当在双方约定的时间内免费向监理人提供与工程有关的、为监理工作所需要的工程资料。

④委托人应当在专用条件约定的时间内就监理人书面提交并要求作出决定的一切事宜作出书面决定。

⑤委托人应当授权一名熟悉工程情况、能在规定时间内作出决定的常驻代表（在专用条件中约定）负责与监理人联系。更换常驻代表的，要提前通知监理人。

⑥委托人应当将授予监理人的监理权利、监理人主要成员的职能分工及监理权限及时书面通知已选定的承包合同的承包人，并在与第三人签订的合同中予以明确。

⑦委托人应在不影响监理人开展监理工作的时间内提供如下资料：与本工程合作的原材料、构配件、设备等生产厂家名录，与本工程有关的协作单位、配合单位的名录。

⑧委托人应免费向监理人提供办公用房、通信设施、监理人员工地住房及合同专用条

件约定的设施，对监理人自备的设施给予合理的经济补偿（补偿金额=设施在工程使用时间占折旧年限的比例×设施原值+管理费）。

⑨如果双方约定，根据情况需要，由委托人免费向监理人提供其他人员，应在监理合同专用条件中予以明确。

(2) 监理人的义务

①监理人应按合同约定派出监理工作需要的监理机构及监理人员，向委托人报送委派的总监理工程师及监理机构主要成员名单、监理规划，完成监理合同专用条件中约定的监理工程范围内的监理业务。在履行合同义务期间，应按合同约定定期向委托人报告监理工作。

②监理人在履行本合同的义务期间，应认真、勤奋地工作，为委托人提供与其水平相适应的咨询意见，公正地维护各方面的合法权益。

③监理人使用的委托人提供的设施和物品属委托人的财产。在监理工作完成或中止时，应将其设施和剩余的物品按合同约定时间和方式移交给委托人。

④在合同期内或合同终止后，未征得有关方面同意，不得泄露与本工程、本合同业务有关的保密资料。

3. 双方的责任

(1) 委托人的责任

①委托人应当履行委托监理合同约定的义务，如有违反，应当承担违约责任，赔偿给监理人造成的经济损失。

②监理人处理委托业务时，因非可归因于监理人的事由受到损失的，可以向委托人要求补偿损失。

③委托人如果认为监理人提出赔偿的要求不能成立，则应当补偿由该索赔所引起的监理人的各种费用支出。

(2) 监理人的责任

①监理人的责任期即委托监理合同的有效期。在监理过程中，如果因工程建设进度的推迟或延误而超过书面约定的日期，双方应进一步约定相应延长的合同期。

②监理人在责任期间，应当履行约定的义务。如果因监理人的过失造成了委托人的经济损失，应当向委托人赔偿，除另有约定以外，累积赔偿总额不应超过监理报酬总额（除去税金）。

③对于承包人违反合同规定的质量要求和完工（交图、交货）时限，监理人不承担责任。因不可抗力导致委托监理合同不能全部或部分履行，监理人不承担责任。但因监理人未履行其自身的义务而引起的委托人的损失，监理人应向委托人承担赔偿责任。

④监理人向委托人提出的赔偿要求不能成立时，监理人应当补偿由于该索赔导致的委托人的各种费用支出。

4. 合同的生效、变更与终止

①由于委托人或承包人的原因使监理工作受到阻碍或延误，以致发生了附加工作或延长持续时间，则监理人应当将此情况与可能产生的影响及时通知委托人，相应延长完成监

理业务的时间，并得到附加工作的报酬。

②在委托监理合同签订后，实际情况发生变化，使得监理人不能全部或部分执行监理业务时，监理人应当立即通知委托人，该监理业务的完成时间应予以延长。当恢复执行监理业务时，应当增加不超过42日的时间用于恢复执行监理业务，并按双方约定的数量支付监理报酬。

③监理人向委托人办理完竣工验收或移交手续，承包人和委托人签订工程保修责任书，监理人收到监理报酬尾款，本合同即终止。

④当事人一方要求变更或解除合同的，应当在42日前通知对方。因解除合同使一方遭受损失的，除依法可以免除责任的之外，应当由责任方负责赔偿。变更或解除合同的通知或协议必须采取书面形式。协议未达成之前，原合同仍然有效。

⑤监理人在应当获得监理报酬之日起30日内仍未收到支付单据，而委托人又未对监理人提出任何书面解释，或暂停执行监理业务时限超过6个月的，监理人可以向委托人发出终止合同的通知。发出通知后14日内仍未得到委托人答复的，可进一步发出终止合同的通知。如果第二份通知发出后42日内仍未得到委托人的答复，可终止合同或自行暂停执行全部或部分监理业务，委托人应承担违约责任。

⑥监理人由于非可归责于自己的原因而暂停或终止执行监理业务的，其善后工作以及恢复执行监理业务的工作应当视为额外工作，有权得到额外的报酬。

⑦当委托人认为监理人无正当理由未履行监理义务时，可向监理人发出指明其未履行监理义务的通知。若委托人发出通知后21日内没有收到答复，可在第一个通知发出后35日内发出终止委托监理合同的通知，合同即行终止，由监理人承担违约责任。

⑧合同的终止并不影响各方应当享有的权利和应当承担的责任。

第四节 建设工程物资采购合同管理

一、建设工程物资采购合同概述

1. 建设工程物资采购合同的概念

建设工程物资采购合同是指买受人（或称买方）与出卖人（或称卖方）为实现建设工程物资买卖而签订的合同。卖方将建设工程物资的所有权转移给买方，买方向卖方支付价款。

建设工程物资采购合同又分为材料采购合同和设备采购合同，两者的区别主要是合同标的的性质不同。在《合同法》规定的建设工程合同中没有建设工程物资采购合同，而是将它归入买卖合同的范畴。由于建设工程的物资采购合同同建设工程关系密切，同施工合同、设计合同都有密切的联系，所以通常把它列入建设工程合同管理的范畴。建设工程物资采购在工程建设中具有重要的地位，是决定工程项目建设成败的关键因素之一，所以对建设工程物资采购合同的管理也应给予高度的重视。

2. 建设工程物资采购合同的特征

建设工程物资采购合同除具有买卖合同的一般特征外,还具有如下特征:

(1) 建设工程物资采购合同应依据施工合同订立。施工合同中确立了关于物资采购的协商条款,无论是发包方供应材料和设备,还是承包方供应材料和设备,都应依据施工合同采购物资,根据施工合同的工程量来确定所需物资的数量,根据施工合同的类别来确定所需物资的质量要求。因此,施工合同一般是订立建设工程物资采购合同的依据。

(2) 建设工程物资采购合同以转移财物和支付价款为基本内容。建设工程物资采购合同内容繁多,条款复杂,涉及物资的数量条款、质量条款、包装条款、运输方式、结算方式等,但最为根本的是双方应尽的义务,即卖方按质、按量、按时地将建设物资的所有权转归买方,买方按时、按量地支付货款,这两项主要义务构成了建设工程物资采购合同的最主要内容。

(3) 建设工程物资采购合同的标的品种繁多,供货条件复杂。建设工程物资采购合同的标的是建筑材料和设备,它包括钢材、木材、水泥等建筑材料和其他辅助材料,以及机电成套设备和其他工程设备。这些建设物资的特点在于品种、质量、数量和价格差异较大,有的数量庞大,有的技术要求高,因此,在合同中必须根据建设工程的需要对各种物资逐一明细。

(4) 建设工程物资采购合同应实际履行。物资采购合同是根据施工合同订立的,物资采购合同的履行直接影响到施工合同的履行,因此,建设工程物资采购合同一旦订立,卖方义务一般不能解除,不允许卖方以支付违约金和赔偿金的方式代替合同的履行,除非合同的迟延履行对买方成为不必要。

(5) 建设工程物资采购合同应采用书面形式。建设工程物资采购合同的标的物用量大,质量要求复杂,且根据工程进度计划分期分批均衡履行,同时,还涉及售后维修服务工作,所以合同履行周期一般较长,根据有关规定,应采用书面形式。

二、材料采购合同的订立及履行

1. 材料采购合同的订立方式

材料采购合同的订立可采用以下几种方式:

(1) 公开招标。即由招标单位公开发布招标广告,邀请不特定的法人或者其他组织投标,按照法定程序在所有符合条件的材料供应商、建材厂家或建材经营公司中择优选择中标单位。大宗材料采购通常采用公开招标方式进行。

(2) 邀请招标。即招标人以投标邀请书的方式邀请特定的法人或者其他组织投标,只有接到投标邀请书的法人或其他组织才能参加投标。一般必须向3个以上的潜在投标人发出邀请。

(3) 询价、报价、签订合同。物资买方向若干建材厂商或建材经营公司发出询价函,要求他们在规定的期限内作出报价,在收到厂商的报价后,经过比较,选定报价合理的厂商或公司并与其签订合同。

(4) 直接订购。由材料买方直接向材料生产厂商或材料经营公司报价,生产厂商或材料经营公司接受报价、签订合同。

2. 材料采购合同的主要条款

依据《合同法》规定，材料采购合同的主要条款如下：

（1）双方当事人的名称、地址，法定代表人的姓名。委托代理的，应有授权委托书并注明委托代理人的姓名、职务等。

（2）合同标的。它是供货合同的主要条款，主要包括购销材料的名称（注明牌号、商标）、品种、型号、规格、等级、花色、技术标准等，这些内容应符合施工合同的规定。

（3）技术标准和质量要求。质量条款应明确各类材料的技术要求、试验项目、试验方法、试验频率以及国家强制性标准、行业强制性标准。

（4）材料数量及计量方法。材料数量的确定由当事人协商，应以材料清单为依据，并规定交货数量的正负尾差、合理磅差和在途自然减（增）量、计量方法，计量单位采用国家规定的度量标准。计量方法按国家的有关规定执行；没有规定的，可由当事人协商执行。一般建筑材料数量的计量方法有理论换算计量、检斤计量和计件计量，应在合同中注明具体采用何种方式，并明确规定相应的计量单位。

（5）材料的包装。材料的包装是保护材料在储运过程中免受损坏不可缺少的环节。材料的包装条款包括包装的标准、包装物的供应及回收。包装标准是材料包装的类型、规格、容量以及印刷标记等，可按国家和有关部门规定的标准签订，当事人有特殊要求的，可由双方商定标准，但应保证材料包装适合材料的运输方式，并根据材料特点采取防潮、防雨、防锈、防震、防腐蚀等保护措施。同时，应在合同中规定提供包装物的当事人及包装品的回收等。除国家明确规定由买方供应外，包装物应由建筑材料的卖方负责供应。包装费用一般不得向需方另外收取，如果买方有特殊要求，双方应当在合同中商定。如果包装超过原定的标准，超过部分由买方负担费用；低于原定标准的，应相应降低产品价格。

（6）材料交付方式。材料交付可采取送货、自提和代运3种不同方式。由于工程用料数量大、体积大、品种繁杂、时间性较强，当事人应采取合理的交付方式，明确交货地点，以便及时、准确、安全、经济地履行合同。

（7）材料的交货期限。材料的交货期限应在合同中明确约定。

（8）材料的价格。材料的价格应在订立合同时明确，可以是约定价格，也可以是政府指定价或指导价。

（9）结算。结算指买卖双方对材料货款、实际交付的运杂费和其他费用进行货币结算和了结的一种形式。我国现行结算方式分为现金结算和转账结算两种。若转账结算在异地之间进行，可分为托收承付、委托收款、信用证、汇兑或限额结算等方法；若转账结算在同城进行，有支票、付款委托书、托收无承付和同城托收承付等方式。

（10）违约责任。在合同中，当事人应对违反合同所负的经济责任作出明确规定。

（11）特殊条款。如果双方当事人对一些特殊条件或要求达成一致意见，也可在合同中明确规定，成为合同的条款。当事人就以上条款达成一致意见形成书面协议后，经当事人签名盖章即产生法律效力；若当事人要求鉴证或公证，则经鉴证机关或公证机关盖章后方可生效。

（12）争议的解决方式。一般先通过协商、调解的方式解决，调解不成的可申请仲裁或依法向人民法院起诉。

3. 材料采购合同的履行

材料采购合同订立后，应依《合同法》的规定全面地、实际地履行。

（1）按约定的标的履行。卖方交付的货物的名称、品种、规格、型号必须与合同规定相一致，除非买方同意，不允许以其他货物代替合同标的，也不允许以支付违约金或赔偿金的方式代替履行合同。

（2）按合同规定的期限、地点交付货物。交付货物的日期应在合同规定的交付期限内，实际交付的日期早于或迟于合同规定的交付期限的，即视为延期交货。提前交付的，买方可拒绝接受。逾期交付的，卖方应当承担逾期交付的责任。如果逾期交货，买方不再需要，应在接到卖方交货通知后 15 天内通知卖方，逾期不答复的，视为同意延期交货。

合同当事人应在合同指定的地点交付。合同双方当事人应当约定交付标的物的地点，如果当事人没有约定交付地点或者约定不明确，事后又没有达成补充协议，也无法按照合同有关条款或者交易习惯确定的，则适用下列规定：标的物需要运输的，卖方应当将标的物交付给第一承运人以运交给买方；标的物不需要运输的，买卖双方在订立合同时知道标的物在某一地点的，应当在合同订立时的卖方营业地交付标的物。

（3）按合同规定的数量和质量交付货物。对于交付货物的数量，应当当场检验，清点账目后，由双方当事人签字。对质量的检验，外在质量可当场检验，内在质量需做物理或化学试验的，试验的结果为验收的依据。卖主在交货时，应将验收资料交买方据以验收。

材料的检验，对卖方来说既是一项权利也是一项义务，买方收到标的物后，应当在约定的检验期间内检验，没有约定了检验期间的，应当及时检验。

当事人约定了检验期间的，买方应当在检验期间内将标的物的数量或者质量不符合约定的情形通知卖方。买方怠于通知的，视为标的物的数量或者质量符合约定。当事人没有约定检验期间的，买方应当在发现或者应当发现标的物的数量或者质量不符合约定的合理期间内通知卖方。买方在合理期间内未通知或者自标的物收到之日起两年内未通知卖方的，视为标的物的数量或者质量符合约定；但标的物有质量保证期的，适用质量保证期，不适用该两年的规定。卖方知道或者应当知道提供的标的物不符合约定的，买方不受前两款规定的通知时间的限制。

（4）买方的义务。买方在验收材料后，应按合同规定履行支付义务，否则承担法律责任。

（5）违约责任

①卖方的违约责任。卖方不能交货的，应向买方支付违约金；卖方所交货物与合同规定不符的，应根据情况由卖方负责包换、包退，赔偿由此造成的买方损失；卖方承担不能按合同规定期限交货的责任或提前交货的责任。

②买方的违约责任。买方中途退货的，应向卖方偿付违约金；逾期付款的，应按中国人民银行关于延期付款的规定向卖方偿付逾期付款违约金。

4. 标的物的风险承担

这里的风险,是指标的物因不可归责于任何一方当事人的事由而遭受的意外损失。一般情况下,标的物毁损、灭失的风险,在标的物交付之前由卖方承担,交付之后由买方承担。

因买方的原因致使标的物不能按约定的期限交付的,买方应当自违反约定之日起承担标的物毁损、灭失的风险。卖方出卖交由承运人运输的在途标的物,除当事人另有约定的以外,毁损、灭失风险自合同成立时起由买方承担。卖方未按约定交付有关标的物的单证和资料的,不影响标的物毁损、灭失风险的转移。

5. 不当履行合同的处理

卖方多交标的物的,买方可以接收或者拒绝接收多交部分。买方接收多交部分的,按照合同的价格支付价款;买方拒绝接收多交部分的,应当及时通知出卖人。

标的物在交付之前产生的孳息,归卖方所有;交付之后产生的孳息,归买方所有。

因标的物的主物不符合约定而解除合同的,解除合同的效力及于从物;因标的物的从物不符合约定而解除合同的,解除合同的效力不及于主物。

6. 监理工程师对材料采购合同的管理

(1) 对材料采购合同及时进行统一编号管理。

(2) 监督材料采购合同的订立。工程师应监督材料采购合同符合项目施工合同的描述,指明标的物的质量等级及技术要求,并对采购合同的履行期限进行控制。

(3) 检查材料采购合同的履行。工程师应对进场材料进行全面检查和检验,如果认为所检查或检验的材料有缺陷或不符合合同要求,工程师可拒收这些材料,并指示在规定的时间内将材料运出现场;工程师也可指示用合格适用的材料取代原来的材料。

(4) 分析合同的执行。应从投资控制、进度控制或质量控制的角度对执行中可能出现的问题和风险进行全面分析,防止由于材料采购合同的执行原因造成施工合同不能全面履行。

三、设备采购合同的订立及履行

1. 建设工程中的设备供应方式

建设工程中的设备供应方式主要有三种:

(1) 委托承包。由设备成套公司根据发包单位提供的成套设备清单进行承包供应,并收取一定的成套业务费,其费率由双方根据设备供应的时间、供应的难度、是否需要进行技术咨询和开展现场服务的范围等情况商定。

(2) 按设备包干。根据发包单位提出的设备清单及双方核定的设备预算总价,由设备成套公司承包供应。

(3) 招标投标。发包单位对需要的成套设备进行招标,设备成套公司参加投标,按照中标价格承包供应。

2. 设备采购合同的内容

设备采购合同通常采用标准合同格式,其内容可分为三部分:

(1) 约首。即合同的开头部分,包括项目名称、合同号、签约日期、签约地点、双方当事人名称或姓名、地址等条款。

（2）正文。即合同的主要内容，包括合同文件、合同范围和条件、货物及数量、合同金额、付款条件、交货时间和交货地点、验收方法、现场服务、保修内容、合同生效等条款。其中合同文件包括合同条款、投标格式和投标人提交的投标报价表、要求一览表（含设备名称、品种、型号、规格、等级等）、技术规范、履约保证金、规格响应表、买方授权通知书等；货物及数量（含计量单位）、交货时间和交货地点等均在要求一览表中明确；合同金额指合同的总价，分项价格则在投标报价表中确定。

（3）约尾。即合同的结尾部分，规定本合同生效条件，具体包括双方的名称、签字盖章及签字时间、地点等。

3. 设备采购合同的条款

（1）定义。对合同中的术语作统一解释。

（2）技术规范。除应注明成套设备系统的主要技术性能外，还要在合同后附上说明各部分设备的主要技术标准和技术性能的文件。提供和交付的货物的技术规范应与合同文件的规定相一致。

（3）专利权。若合同中的设备涉及某些专利权的使用问题，卖方应保证买方在使用该货物或其他任何一部分时不被第三方起诉侵犯其专利权、商标权和工业设计权。

（4）包装要求。卖方提供的货物包装应适应运输、装卸、仓储的要求，确保货物完全无损地运抵现场，并在每个包装箱内附一份详细装箱单和质量合格证，在包装箱表面作醒目的标志。

（5）装运条件及装运通知。卖方应在合同规定的交货期前30天以电报或电传形式将合同号、货物名称、数量、包装箱号、总毛重、总体积和备妥交货日期通知买方。同时，应用挂号信将详细交货清单以及货物运输、仓储的特殊要求、注意事项通知买方。如果卖方交货超过合同的数量和重量，产生的一切法律后果由卖方负责。卖方在货物装完24小时内以电报或电传的方式通知买方。

（6）保险。根据合同采用的不同价格，由不同当事人办理保险业务。出厂价合同，货物装运后由买方办理保险；目的地交货价合同，由卖方办理保险。

（7）交付。合同中应规定卖方交付设备的期限、地点、方式，并规定买方支付货款的时间、数额、方式。卖方按合同规定履行义务后，可按买方提供的单据，交付资料一套寄给买方，并在发货时另行随货物发运一套。

（8）质量保证。卖方须保证货物是全新的、未使用过的，完全符合合同规定的质量、规格和性能的要求。在货物最终验收后的质量保证期内，卖方应对由于设计、工艺或材料的缺陷而发生的任何不足或故障负责，费用由卖方负担。

（9）检验与保修。在发货前，卖方应对货物的质量、规格、性能、数量和重量等进行准确而全面的检验，并出具证书，但检验结果不能视为最终检验。成套设备的安装是一项复杂的工程，安装成功后，试车是关键，因此，合同中应详细注明成套设备的验收方法，买方应在项目成套设备安装后才能验收。某些必须安装运转后才能发现内在质量缺陷的成套设备，除另有规定或当事人另行商定提出异议的期限外，一般可在运转之日起6个月内提出异议。成套设备是否保修、保修期限、费用负担者都应在合同中明确规定。

（10）违约罚款。在履行合同过程中，卖方如果遇到不能按时交货或提供服务的情况，应及时以书面形式通知买方，并说明不能交货的理由及延误时间。买方在收到通知后，可通过修改合同酌情延长交货时间。如果卖方毫无理由地拖延交货，买方可没收履约保证金，加收罚款或终止合同。

（11）不可抗力。发生不可抗力事件后，受事故影响一方应及时书面通知另一方，双方协商延长合同履行期限或解除合同。

（12）履约保证金。卖方应在收到中标通知书30天内，通知银行向买方提供相当于合同总价10%的履约保证金，其有效期到货物保证期满为止。

（13）争议的解决。执行合同中发生的争议，双方应通过友好协商解决，如协商不能解决，当事人可通过仲裁解决或诉讼解决，具体解决方式应在合同中明确规定。

（14）破产终止合同。卖方破产或无清偿能力时，买方可以书面形式通知卖方终止合同，并有权请求卖方赔偿有关损失。

（15）转让或分包。双方应就卖方能否完全或部分转让其应履行的合同义务达成一致意见。

（16）其他。包括合同生效时间、合同正副本份数、修改或补充合同的程序等。

4. 设备采购合同的履行

（1）交付货物。卖方应按合同规定，按时、按质、按量地履行供货义务，并做好现场服务工作，及时解决有关设备的技术、质量、缺损件等问题。

（2）验收交货。买方应及时对卖方交付的货物进行验收，依据合同规定对设备的质量及数量进行核实检验，如有异议，应及时与卖方协商解决。

（3）结算。买方检验卖方交付的货物没有发现问题时，应按合同的规定及时付款；如果发现问题，在卖方及时处理达到合同要求后，也应及时履行付款义务。

（4）违约责任。在合同履行过程中，任何一方都不应借故延迟履约或拒绝履行合同义务，否则，应追究违约当事人的法律责任。

①卖方交货不符合合同规定的，如交付的设备不符合合同规定，或交付的设备未达到质量、技术要求，或数量、交货日期等与合同规定不符，卖方应承担违约责任。

②卖方中途解除合同的，买方可采取合理的补救措施，并要求卖方赔偿损失。

③买方在验收货物后，不能按期付款的，应按中国人民银行有关延期付款的规定交付违约金。

④买方中途退货的，卖方可采取合理的补救措施，并要求买方赔偿损失。

5. 监理工程师对设备采购合同的管理

（1）对设备采购合同及时编号，统一管理。

（2）参与设备采购合同的订立。工程师可参与设备采购的招标工作，参加招标文件的编写，提出对设备的技术要求及交货期限的要求。

（3）监督设备采购合同的履行。在设备的制造期间，工程师有权对全部工程设备的材料和工艺进行检查、研究和检验，同时检查其制造进度。根据合同规定或取得承包方的同意，工程师可将工程设备的检查和检验授权给一家独立的检验单位进行。

工程师认为检查、研究或检验的结果是设备有缺陷或不符合合同规定，可拒收此类工程设备，并立即通知承包方。任何工程设备必须得到工程师的书面许可后方可运至现场。

复习思考题

1. 试述建设工程合同的概念和特征。
2. 什么是合同管理？建设工程合同管理有哪些基本内容？
3. 勘察、设计合同的发包人和承包人各应具备怎样的资质和条件？
4. 监理合同的承包人应具备怎样的资质和条件？委托监理的业务范围包括哪些工作内容？
5. 建设工程物资采购合同具有哪些特征？

第七章 建设工程合同管理（二）

第一节 建设工程施工合同概述

一、施工合同的概念和特征

1. 施工合同的概念

建设工程施工合同简称施工合同，是工程发包人为完成一定的建筑、安装工程的施工任务与承包人签订的合同，由承包人负责完成拟定的工程任务，发包人提供必要的施工条件并支付工程价款。

建设工程施工合同属建设工程合同中的主要合同，是工程建设质量控制、进度控制和投资控制的主要依据。《中华人民共和国合同法》、《中华人民共和国建筑法》和《中华人民共和国招标投标法》都有相当多的条文对建筑工程施工合同的相关方面作出了规定，这些法律条文都是施工合同管理的重要依据。

建设工程施工合同的当事人是发包人和承包人，双方是平等的民事主体。发包人可以是建设工程的业主，也可以是取得工程总承包资格的总承包人。作为业主的发包人可以是具备法人资格的国家机关、事业单位、企业、社会团体或个人，不论是哪种发包人都应具备一定的组织协调能力和履行合同义务的能力（主要是支付工程价款的能力）。承包人应是具备有关部门核定的资质等级并持有营业执照等证明文件的施工企业。

2. 施工合同的特征

（1）合同标的的特殊性。施工合同的标的是各类建筑产品，是不能移动的不动产，这就决定了每个施工合同的标的都是特殊的，相互间具有不可替代性，同时也决定了施工生产的流动性。建筑产品类别庞杂，其规模、外观结构、使用目的各不相同，这就形成了建筑产品生产的单件性，即每项工程都有单独的设计和施工方案，即使有的建筑工程可重复采用相同的设计图纸，因建筑场地不同也必须进行一定的设计修改。

（2）合同履行期限的长期性。建筑物的施工结构复杂、体积大、建筑材料类型多、工作量大，因此与一般工业产品的生产相比，工期都较长。而合同履行期限肯定要长于施工工期，因为工程建设的施工应当在合同签订后才开始，且需加上合同签订后到正式开工前的一个较长的施工准备时间和工程全部竣工验收后办理竣工结算及保修期的时间。在工程施工过程中，还可能因为不可抗力、工程变更、材料供应不及时等原因导致工期顺延。所有这些情况，决定了施工合同的履行期限具有长期性。

（3）合同内容的多样性和复杂性。虽然施工合同的当事人只有两方，但其涉及的主体却有多种。与大多数合同相比，施工合同的履行期限长，标的额大，涉及的法律关系（包括劳动关系、保险关系、运输关系等）具有多样性和复杂性，这就要求施工合同的内容尽量详尽。施工合同除了应当具备合同的一般内容外，还应对安全施工、专利技术使用、发现地下障碍物和文物、工程分包、不可抗力、工程设计变更、材料设备的供应、运输、验收等内容作出规定，所有这些都决定了施工合同的内容具有多样性和复杂性。

（4）合同监督的严格性。由于施工合同的履行对国家的经济发展、公民的工作和生活都有重大影响，因此，国家对施工合同的监督是十分严格的。

二、施工合同的类别

1. 固定总价合同

固定总价合同就是按商定的总价承包工程项目。它的特点是以施工图纸及工程说明书为依据，明确承包内容和计算包价，并一次包死。在执行过程中，除非发包人要求变更原定的承包内容，承包人一般不得要求变更承包价。这种方式对于发包人比较有利；对承包人来说，具备以下条件时，不致有太大风险：

（1）施工项目的内容、范围清楚、明确。

（2）施工图及设计说明书等设计文件完整齐全。

（3）施工现场情况清楚、工程量计算准确。

（4）充分估计到施工期间的变化因素。

（5）合同中有明确的变更条款。

（6）工期不应超过一年，以免给承包方增加新的可变因素。

2. 计量估价合同

计量估价合同以工程量清单和单价表为依据计算承包报价。通常的做法是由发包人委托设计单位或专业估算师提出工程量清单，列出分部分项工程量，由承包人填报单价，再算出总造价，实施中按每月实际完成的工程量由业主支付工程款。

3. 单价合同

单价合同是指双方在不清楚工程量的情况下就施工项目的单价达成协定，每月按实际完成并能够确认的工程量支付工程款。

这种承包方式适用于以下两种情况：

（1）没有施工详图就需开工；

（2）虽有施工图但工程的某些条件尚不完全清楚的情况下，既不能比较准确地计算工程量，又要避免让任何一方承担较大的风险。实践中这种承包方式又可分为以下三种情况：

①按分部分项工程单价承包。这种方式的具体做法是由发包人开列分部分项工程名称和计量单位，由承包人填报单价，也可由发包人先报单价再由承包人认可或提出修正意见

后作为正式报价,经双方磋商确定承包单价,然后签订合同。每月根据实际完成的工程数量,按此单价计算工程价款。这种方式主要适用于没有施工图纸、工程量不明即开工的紧急工程。

②按最终产品单价承包。这种方式是按每一平方米住宅、每一千米道路等最终产品的单价承包,其报价方式与按分部分项工程单价承包相同。这种方式通常适用于采用标准设计的住宅、中小学校舍和通用厂房等工程。考虑到基础工程因条件不同而造价变化较大,我国按一平方米单价承包某些房屋建筑工程时,一般仅指±0.00标高以上部分,基础工程则按计量估价承包或按分部分项工程单价承包。单价可按国家预算定额或加调价系数一次包死,也可商定允许随工资和材料价格指数的变化而调整,具体的调整方法在合同中明确规定。

③按总价投标和决算,按单价结算工程价款。这种承包方式适用于设计已达到一定的程度,能据此估算出分部分项工程数量的近似值,但因某些情况不完全清楚,在实施过程中可能发生较大变化的工程。为了使承包方、发包方都能避免由此带来的风险,承包方可以按估算的工程量和一定的单价提出总报价,发包方也以此总价和单价为评标和定标的主要依据,并签订单价承包合同。在施工过程中若有变化,双方即按实际完成的工程量与合同单价结算工程价款。

4. 成本加酬金合同

这种承包方式的基本做法是按工程实际发生的直接成本(直接费),加上商定的企业管理费(间接费)、利润和税金来确定工程总造价。它主要适用于签约时对工程的情况和内容尚不清楚、工程量不详(如采用设计—施工连贯式的承包方式,签约时尚无施工图纸及详细设计文件)的情形,如紧急工程、抢险救灾工程、国防工程等。

这种承包方式的承包价有以下几种计算方法:

(1)成本加固定百分比。计算公式为:

$$C = C_d(1+p) = C_d + C_d p$$

式中:C——工程总造价;

C_d——实际发生的工程成本,即直接成本,一般包括基本直接费(人工费、材料费、机械费)、其他直接费、现场管理费;

p——发包方与承包方事先商定的固定百分数。

这种方式的特点是总造价和承包方的酬金部分($C_d p$)随直接成本(C_d)的增加而增加,显然不利于降低成本和缩短工期。因此在上述几种情况下采用这种计价承包方式时,业主方(包括工程监理)必须加强施工现场的管理工作,以保证合理的投资。

(2)成本加固定酬金。这种做法是直接成本仍实报实销,但酬金是事先商定的一个固定数目。计算公式为:

$$C = C_d + F$$

式中:F——固定酬金。

这种承包方式虽然不能鼓励承包商降低成本,但可促使承包商关心工期。因为若不缩短工期,包括酬金在内的企业管理费将随工期延长而增加,而酬金是固定的,于是承包商为早日获得酬金而缩短工期。

(3) 成本加浮动酬金。这种承包方式是由合同当事人双方事先商定一个预期成本（或称目标成本），如果实际成本恰好等于预期成本，则工程总造价就是实际成本加固定酬金；如果实际成本低于预期成本，则增加酬金；如果实际成本高于预期成本，则减少酬金。这种情况下可采用以下公式计算：

$C_d = C_0$ 时，　　　　　$C = F + C_d$
$C_d < C_0$ 时，　　　　　$C = F + F_0 + C_d$
$C_d > C_0$ 时，　　　　　$C = F - F_0 + C_d$

式中：C_0——预期成本；
　　　F_0——浮动酬金，$F_0 < |C_0 - C_d|$。

因浮动酬金小于$|C_0 - C_d|$，节余或超支部分的一部分由承包商获得或承担，其余部分由发包方获得或承担，故这种承包合同有时又称盈亏共享合同。

这种合同有时用一个算式表达，又称为目标成本加奖罚：

$$C = C_d + p_1 C_0 + p_2 (C_0 - C_d)$$

即签约时，发包方与承包方事先商定一个预期成本，同时确定一个固定酬金系数 p_1，从而确定固定酬金 $F = p_1 C_0$。又商定节支或超支后承包方承担奖罚的系数 p_2，则浮动酬金 $F_0 = p_2 (C_0 - C_d)$，节支时 $C_0 - C_d > 0$，则 F_0 为正值，体现为奖；超支时 $C_0 - C_d < 0$，则 F_0 为负值，体现为罚。

这种成本加浮动酬金合同承包方式可以促使承包方降低成本和缩短工期。但事先估算预期成本比较困难，需要承包方、发包方都有一定的水平。

三、建设工程施工合同示范文本

根据有关工程建设施工的法律、法规，结合我国工程建设施工的实际情况，并借鉴国际上广泛使用的"（FIDIC）土木工程施工合同条件"，国家建设部和国家工商行政管理局于1999年12月颁布了新的《建设工程施工合同示范文本》（简称"施工合同范本"）。它是在1991年3月发布的施工合同范本的基础上修订而成的，主要适用于各类公用建筑、民用住宅、工业厂房、交通设施、线路、管道的施工合同和设备安装合同的编制。《建设工程施工合同示范文本》全文及附件见附录。

第二节　施工合同的订立及履行

一、施工合同的订立

1. 施工合同订立应具备的条件
（1）初步设计已经批准。
（2）工程项目已经列入年度建设计划。

(3) 有能够满足施工需要的设计文件和有关技术资料。
(4) 建设资金和主要建筑材料设备来源已经落实。
(5) 招标工程中标通知书已经下达。

2. 施工合同订立应当遵循的原则

(1) 遵守国家法律、行政法规。建设工程施工对经济发展、社会生活有多方面的影响，国家有许多强制性的管理规定，施工合同当事人必须遵守。

(2) 平等、自愿、公平的原则。施工合同当事人双方都具有平等的法律地位，任何一方都不得强迫对方接受不平等的合同条件。当事人有权决定是否订立施工合同和施工合同的内容，合同内容应当是双方当事人真实意思的体现。合同的内容应当是公平的，不能损害一方的利益。对于显失公平的施工合同，当事人一方有权申请人民法院或者仲裁机构予以变更或者撤销。

(3) 诚实信用原则。诚实信用原则要求在订立施工合同时要诚实，不得有欺诈行为，合同当事人应当如实将自身情况和工程情况介绍给对方；在履行合同时，合同当事人应严守信用，认真履行义务。

3. 施工合同的订立方式

施工合同的订立通常通过招标发包的方式，小型工程也有直接发包的。对于国家规定必须进行招标的项目，施工承包人应通过招标确定。中标通知书发出后，中标的施工企业应及时与发包人签订合同。根据招标投标法的规定，中标通知书发出后的30天内，中标单位应与发包人依据招标文件、投标书等签订工程施工承包合同。签订合同的承包人必须是中标的施工企业，投标书中确定的合同条款在签订时不得更改，合同价应与中标价一致。如果中标的施工企业拒绝与发包人签订合同，发包人将不再返还其投标保证金。如果是由银行等金融机构出具投标保函，则保函出具者应当承担相应的保证责任。建设行政主管部门或其授权机构还可对拒签合同的中标人给予一定的行政处罚。

二、施工合同的履行

1. 发包人（监理工程师）的管理工作

在施工合同的履行过程中，发包人对施工合同的管理工作主要是通过监理工程师进行的，一般主要有以下几方面的管理工作：

(1) 进度管理方面。按合同规定，要求承包人在开工前提出包括分月、分阶段施工的总进度计划，并加以审核；按照分月、分阶段进度计划进行实际检查；对影响进度计划的因素进行分析，对于可归责于发包人的原因，应及时主动解决，对于可归责于承包人的原因，应督促其迅速解决；在同意承包人修改进度计划时，审批承包人修改的进度计划；确认竣工日期的延误等。

(2) 质量管理方面。按合同规定，检验工程使用的材料、设备质量；检验工程使用的半成品及构件质量；按合同规定的规范、规程，监督、检验施工质量；按合同规定的程序，验收隐蔽工程和需要中间验收工程的质量；验收单项竣工工程和全部竣工工程的质量等。

(3) 费用管理方面。严格进行合同约定的价款的管理，当出现合同约定的情况时，对合同价款进行调整；对预付工程款进行管理，包括批准和扣还；对工程量进行核实确认；进行工程款的结算和支付；对变更价款进行确认；对施工中涉及的其他费用，如安全施工方面的费用、专利技术方面的费用进行确认，办理竣工结算；对保修金进行管理等。

（4）施工合同档案管理方面。发包人和工程师应做好施工合同的档案管理工作，工程项目全部竣工之后，应将全部合同文件加以系统整理，建档保管。在合同履行过程中，对合同文件，包括有关的签证、记录、协议、补充合同、备忘录、函件、电报、电传等都应做好系统分类，认真管理。

（5）工程变更及索赔管理方面。发包人及工程师应尽量减少不必要的工程变更，对已发生的变更，应按合同的有关规定进行变更工程的估价。

在索赔管理中应按合同规定的索赔程序和方法，切实认真地分析承包人提出的索赔要求，仔细计算索赔费用及工期补偿，公平、合理、及时地解决索赔争议，以便顺利完成合同。

2. 承包人的管理工作

施工合同实施阶段，承包人对合同的管理主要由项目经理以及由他组建的包括合同管理人员在内的项目管理小组进行，其主要工作有如下几项：

（1）建立合同实施的保证体系，以保证合同实施过程中的一切日常事务有秩序地进行，使工程项目的全部合同事件处于控制中，保证合同目标的实现。

（2）监督承包人的工程小组和分包商实施合同，并做好各分包合同的协调和管理工作。承包人应以积极合作的态度履行自己的合同义务，努力做好自我监督，同时应督促发包人、工程师履行他们的合同义务，以保证工程顺利进行。

（3）对合同实施情况进行跟踪。收集合同实施的信息和各种工程资料，并作出相应的信息处理，对合同履行情况作出判断，向项目经理及时通报合同实施情况及问题，提出合同实施方面的意见、建议甚至警告。

（4）合同变更的管理。这里主要包括参与变更谈判，对合同变更进行事务性的处理；落实变更措施，修改变更相关的资料，检查变更措施的落实情况。

（5）日常的索赔管理。在工程实施过程中，承包人与业主、总（分）包商、材料供应商、银行之间很可能有索赔发生，合同管理人员承担着主要的索赔管理任务，负责日常的索赔处理事务。具体包括：对对方的索赔报告进行审查分析，收集反驳理由和证据，复核索赔值。对干扰事件引起的损失，向责任者提出索赔要求，收集索赔证据和理由，分析干扰事件的影响，计算索赔值，起草索赔报告。参加索赔谈判，对索赔中涉及的问题进行处理。

第三节　施工合同管理的主要内容

一、双方的一般义务

1. 发包人的义务

发包人应按专用条款约定的内容和时间完成以下工作：

(1) 负责土地征用、拆迁补偿、平整施工场地等工作，使施工场地具备施工条件，并在开工后继续解决以上事项的遗留问题。

(2) 将施工所需水、电、电信线路从施工场地外部接至专用条款约定地点，并保证施工期间的需要。

(3) 开通施工现场与城乡公共道路的通道以及专用条款约定的施工现场内的主要交通干道，满足施工运输的需要，保证施工期间的道路畅通。

(4) 向承包人提供施工场地的工程地质和地下管线资料，保证数据真实、位置准确。

(5) 办理施工许可证和临时用地、停水、停电、中断道路交通、爆破作业以及可能损坏道路、管线、电力、通信等公共设施的措施的申请批准手续及其他施工所需的证件（证明承包人自身资质的证件除外）。

(6) 确定水准点与坐标控制点。以书面形式交给承包人，并进行现场交验。

(7) 组织承包人和设计单位进行图纸会审和设计交底。

(8) 协调处理施工现场周围地下管线和邻近建筑物、构筑物（包括文物保护建筑）、古树名木的保护工作，并承担有关费用。

(9) 发包人应做的其他工作，由双方在专用条款内约定。

发包人可以将上述部分工作委托给承包人办理，具体内容由双方在专用条款内约定，其费用由发包人承担。

发包人不按合同约定履行以上义务，导致工期延误或给承包人造成损失的，应赔偿承包人的有关损失，并相应顺延工期。

2. 承包人的义务

承包人应按专用条款约定的内容和时间完成以下工作：

(1) 根据发包人的委托，在其设计资质允许的范围内，完成施工图设计或配套设计，经工程师确认后使用，发生的费用由发包人承担。

(2) 向工程师提供年、季、月工程进度计划及相应统计报表。

(3) 按工程需要提供和维修非夜间施工使用的照明、围栏设施，并负责安全保卫。

(4) 按专用条款约定的数量和要求，向发包人提供在施工场地的办公和生活的房屋及设施，发生的费用由发包人承担。

(5) 遵守有关部门对施工场地交通、施工噪声、环境保护和安全生产等的管理规定，按管理规定办理有关手续，并以书面形式通知发包人，发包人承担由此发生的费用，但因承包人的原因造成的罚款除外。

(6) 已竣工工程未交付发包人之前，承包人按专用条款约定负责已完成工程的成品保护工作，若保护期间发生损坏，承包人自费予以修复。要求承包人采取特殊措施保护的单位工程的部位和相应追加的合同价款，在专用条款内约定。

(7) 按专用条款的约定做好施工现场地下管线和邻近建筑物、构筑物（包括文物保护建筑）、古树名木的保护工作。

(8) 保证施工场地符合环境卫生管理的有关规定，交工前清理现场达到专用条款约定的要求，承担因自身原因违反有关规定造成的损失和罚款。

(9) 承包人应做的其他工作，由双方在专用条款内约定。

承包人不履行上述各项义务，给发包人造成损失的，应对发包人的损失给予赔偿。

二、工程进度管理

1. 工程进度计划

（1）承包人应按专用条款约定的日期，将施工组织设计和工程进度计划提交工程师，工程师按专用条款约定的时间予以确认或提出修改意见，逾期不确认也不提出书面意见的，视为同意。

（2）群体工程中单位工程分期进行施工的，承包人应按照发包人提供图纸及有关资料的时间，按单位工程编制进度计划，其具体内容由双方在专用条款中约定。

（3）承包人必须按工程师确认的进度计划组织施工，接受工程师对进度的检查、监督。工程实际进度与经确认的进度计划不符的，承包人应按工程师的要求提出改进措施，经工程师确认后执行。因承包人的原因导致实际进度与进度计划不符的，承包人无权就改进措施要求追加合同价款。

2. 开工及延期开工

（1）承包人应当按照协议书约定的开工日期开工，若不能按时开工，应当不迟于协议书约定的开工日期前7天，以书面形式向工程师说明延期开工的理由和要求。工程师应当在接到延期开工申请后的48小时内以书面形式答复承包人，逾期不答复的，视为同意承包人要求的，工期相应顺延。工程师不同意延期要求或承包人未在规定的时间内提出延期开工要求的，工期不予顺延。

（2）因发包人的原因不能按照协议书约定的开工日期开工的，工程师应以书面形式通知承包人，推迟开工日期。发包人应赔偿承包人因延期开工造成的损失，并相应顺延工期。

3. 暂停施工

工程师认为确有必要暂停施工时，应当以书面形式要求承包人暂停施工，并于提出要求后48小时内提出书面处理意见。承包人应当按工程师的要求停止施工，并妥善保护已完工程。承包人实施工程师作出的处理意见后，可以书面形式提出复工要求，工程师应当在48小时内给予答复。工程师未能在规定时间内提出处理意见，或收到承包人复工要求后48小时内未予答复的，承包人可自行复工。因发包人的原因造成停工的，由发包人承担所发生的追加合同价格，赔偿承包人由此造成的损失，并相应顺延工期。因承包人的原因造成停工的，由承包人承担发生的费用，工期不予顺延。

4. 工期延误

（1）工期可以顺延的情况。因以下原因造成的工期延误，经工程师确认，工期相应顺延：

①发包人未能按专用条款的约定提供图纸及开工条件。

②发包人未能按约定日期支付工程预付款、进度款，致使施工不能正常进行。

③工程师未按合同约定提供所需指令、批准等，致使施工不能正常进行。

④设计变更和工程量增加。

⑤一周内非因承包人的原因停水、停电、停气造成停工累计超过8小时。
⑥不可抗力。
⑦专用条款中约定或工程师同意工期顺延的其他情况。

(2) 办理工期顺延的程序。承包人在上述情况发生后14天内，就延误的工期以书面形式向工程师提出报告。工程师在收到报告后14天内予以确认，逾期不予确认也不提出修改意见的，视为同意顺延工期。

5. 工程竣工

(1) 承包人必须按照协议书约定的竣工日期或工程师同意顺延的工期竣工。

(2) 因承包人的原因不能按照协议书约定的竣工日期或工程师同意顺延的工期竣工的，由承包人承担违约责任。

(3) 施工中发包人如需提前竣工，双方协商一致后签订提前竣工协议，作为合同文件的组成部分。提前竣工协议应包括承包人为保证工程质量和安全采取的措施、发包人为提前竣工提供的条件以及提前竣工所需的追加合同价款等内容。

三、质量与检验

1. 工程质量

工程质量应当达到协议书约定的质量标准，质量标准的评定以国家或行业的质量检验评定标准为依据。若因承包人的原因致使工程质量达不到约定的质量标准，应由承包人承担违约责任。

2. 检查和返工

(1) 承包人应认真按照标准、规范、设计图纸要求以及工程师依据合同发出的指令施工，随时接受工程师的检查检验，为检查检验提供便利条件。

(2) 对于工程质量达不到约定标准的部分，工程师一经发现，应要求承包人拆除和重新施工，承包人应按工程师的要求拆除和重新施工，直到符合约定标准。因承包人的原因达不到约定标准的，由承包人承担拆除和重新施工的费用，工期不予顺延。

(3) 工程师的检查检验不应影响施工正常进行。如果影响施工正常进行，检查检验不合格时，影响正常施工的费用由承包人承担，除此之外影响正常施工的追加合同价款由发包人承担，并相应顺延工期。

(4) 因工程指令失误或其他非可归责于承包人的原因发生的追加合同价款，由发包人承担。

3. 隐蔽工程和中间验收

(1) 工程具备隐蔽条件或达到专用条款约定的中间验收部分，由承包人进行自检，并在隐蔽或中间验收前48小时以书面形式通知工程师验收，通知包括隐蔽或中间验收的内容、验收时间和地点。承包人准备验收记录，待验收合格、工程师在验收记录上签字后，承包人可进行隐蔽和继续施工；验收不合格的，承包人应在工程师限定的时间内修改后重新验收。

(2) 工程师不能按时进行验收的，应在验收前24小时以书面形式向承包人提出延期要求，延期不能超过 48 小时。工程师未能按以上时间提出延期要求，又不进行验收的，承包人可自行组织验收，工程师应承认验收记录。

（3）经工程师验收，工程质量符合标准、规范和设计图纸的要求，验收 24 小时后，工程师不在验收记录上签字的，视为工程师已经认可验收记录，承包人可以进行隐蔽或继续施工。

4. 重新检验

无论工程师是否进行验收，当其要求对已经隐蔽的工程重新检验时，承包人应按要求进行剥离或开孔，并在检验后重新覆盖或修复。检验合格的，由发包人承担由此发生的全部追加合同价款，赔偿承包人损失，并相应顺延工期。检验不合格的，由承包人承担由此发生的全部费用，工期不予顺延。

5. 工程试车

（1）试车的内容、程序及要求。双方约定需要试车的，试车内容应与承包人的安装范围相一致。

设备安装工程具备单机无负荷试车条件的，由承包人组织试车，并在试车前 48 小时以书面形式通知工程师，通知包括试车内容、时间、地点等。承包人准备试车记录，发包人按承包人要求为试车提供必要条件。试车合格的，工程师在试车记录上签字。

投料试车应在工程竣工验收后由发包人负责，发包人要求在工程竣工验收前进行或需要承包人配合的，应征得承包人同意，另行签订补充协议。

（2）双方责任。由于设计原因导致试车达不到验收要求的，发包人应要求设计单位修改设计，承包人按修改后的设计重新安装。由发包人承担修改设计、拆除及重新安装的全部费用和追加合同价款，并顺延工期。

由于设备制造原因导致试车达不到验收要求的，由该设备采购一方负责重新购置或修理，承包人负责拆除和重新安装。设备由承包人采购的，承包人承担修理或重新购置、拆除及重新安装的费用，工期不予顺延。设备由发包人采购的，发包人承担上述各项追加合同价款，并相应顺延工期。

由于承包人施工原因导致试车达不到验收要求的，承包人应按工程师要求重新安装和试车，并承担重新安装和试车的费用，工期不予顺延。

除已包括在合同价款之内或专用条款另有约定外，试车费用均由发包人承担。

试车合格后工程师不在试车记录上签字的，试车结束 24 小时后，视为工程师已经认可试车记录，承包人可继续施工或办理竣工手续。

工程师不能按时参加试车的，须在开始试车前 24 小时以书面形式向承包人提出延期要求，延期不能超过 48 小时。工程师未能按以上时间提出延期要求，也不参加试车的，应承认试车记录。

四、安全施工

1. 安全施工及检查

承包人应遵守工程建设安全生产的有关管理规定，严格按标准组织施工，并随时接受行业安全检查人员依法实施的监督检查，采取必要的安全防护措施，消除事故隐患。由于承包人的安全措施不力造成事故的责任和因此发生的费用，由承包人承担。

发包人应对其在施工现场的工作人员进行安全教育，并对他们的安全负责。发包人不得要求承包人违反安全管理的规定进行施工，因发包人的原因导致的安全事故，由发包人承担相应责任及发生的费用。

2. 安全防护

承包人在动力设备、输电线路、地下管道、密封防震车间、易燃易爆地段以及临街交通要道附近施工时，施工开始前应向工程师提出安全保护措施，经工程师认可后实施，防护措施费用由发包人承担。

实施爆破作业，在放射性、毒害性环境中施工（含储存、运输、使用）及使用毒害性、腐蚀性物品施工时，承包人应在施工前14天以书面形式通知工程师，并提出相应的安全防护措施，经工程师认可后实施，由发包人承担安全防护措施费用。

3. 事故处理

发生重大伤亡及其他安全事故，承包人应立即通知工程师，并按有关规定上报有关部门，按其要求进行处理，由事故责任方承担发生的费用。

发包人、承包人对事故责任有争议时，应按政府有关部门的认可处理。

五、价款与支付

1. 合同价款及调整

招标工程的合同价款由发包人、承包人依据中标通知书中的中标价格在协议书内约定，非招标工程的合同价款由发包人、承包人依据工程预算书在协议书内约定。合同价款在协议书内约定后，任何一方不得擅自改变，双方可在专用条款中约定采用的合同价款方式（固定价格合同、可调价格合同或成本加酬金合同中的任何一种）。

2. 工程预付款

（1）实行工程预付款的，双方应当在专用条款内约定发包人向承包人预付工程款的时间和数额，开工后按约定的时间和比例逐次扣回。预付时间应不迟于约定的开工日期前7天。

（2）发包人不按约定预付的，承包人在约定预付时间届至7天后向发包人发出要求预付的通知。发包人收到通知仍不能按照要求预付的，承包人可在发出通知后7天内停止施工。发包人应从约定应付之日起向承包人支付应付款的贷款利息，并承担违约责任。

（3）工程师收到承包人报告后7天内未进行计量的，从第8天起，承包人报告中开列的工程量即视为被确认，作为工程价款支付的依据。工程师不按约定时间通知承包人，致使承包人未能参加计量的，计量结果无效。

3. 工程款（进度款）支付

（1）在确认计量结果后14天内，发包人应向承包人支付工程款（进度款）。按约定时间发包人应扣回的预付款，与工程款（进度款）同期结算。

（2）本条款中确定调整的合同价款、变更调整的合同价款及其他的追加合同价款，应与工程款（进度款）同期调整支付。

（3）发包人超过约定的支付时间不支付工程款（进度款）的，承包人可向发包人发出要求付款的通知。发包人收到承包人通知后仍不能按要求付款的，可与承包人协商签订延期付款协议，经承包人同意后可延期支付。协议应明确延期支付的时间，并从计量结果确认后第15天起计算应付款的贷款利息。

（4）发包人不按合同约定支付工程款（进度款），双方又未达成延期付款协议，导致施工无法进行的，承包人可停止施工，由发包人承担违约责任。

六、材料设备供应

1. 材料设备的质量及其他要求

（1）材料生产和设备供应单位具备法定条件。建筑材料、构配件及设备供应单位必须具备相应的生产条件、技术装备和质量保证体系，具备必需的检测人员和设备，把好产品看样、定货、储存、运输和试验的质量关。

（2）材料设备的质量应符合下列要求：

①符合国家或行业现行有关技术标准的设计要求；

②符合建筑材料、构配件及设备或其包装上注明采用的标准，符合以建筑材料、构配件及设备说明、实物样品等方式表明的质量状况。

（3）材料设备或者其包装上的标识应符合以下要求：

①有产品质量检验合格证明。

②有中文标明的产品名称、生产厂家和厂址。

③产品包装和商标样式符合国家规定的标准要求。

④设备应有详细的使用说明书，电气设备还应附有线路图。

⑤实施生产许可证或使用产品质量认证标志的产品，应有许可证和质量认证的编号、批准日期和有效期限。

2. 发包人供应材料设备

（1）发包人供应材料设备的，双方应当约定发包人供应材料设备的一览表，作为本合同附件。一览表包括发包人供应材料设备的品种、规格、型号、数量、单价、质量等级、提供时间和地点。

（2）发包人按一览表约定的内容提供材料设备，并向承包人提供产品合格证明，对其质量负责。发包人在所供材料设备到货前24小时，以书面形式通知承包人，由承包人与发包人共同清点。

（3）对于发包人供应的材料设备，承包人派人参加清点后由承包人妥善保管，发包人支付相应的保管费用。因承包人原因发生丢失、损坏的，由承包人负责赔偿。

发包人未通知承包人清点的，承包人不负责材料设备的保管，丢失、损坏由发包人负责。

（4）发包人供应的材料设备与一览表不符时，由发包人承担有关责任。发包人应承担的责任的具体内容，由双方根据下列情况在专用条款中约定：

①材料设备单价与一览表不符,由发包人承担所有价差。

②材料设备的品种、规格、型号、质量等级与一览表不符,承包人可拒绝接收保管,由发包人运出施工场地并重新采购。

③发包人供应的材料规格、型号与一览表不符,经发包人同意,承包人可代为调剂串换,由发包人承担相应费用。

④到货地点与一览表不符,由发包人负责运至一览表指定地点。

⑤供应数量少于一览表约定的数量时,由发包人补齐;多于一览表约定的数量时,发包人负责将多出部分运出施工场地。

⑥到货时间早于一览表约定时间,由发包人承担因此发生的保管费用;到货时间迟于一览表约定的供应时间,发包人赔偿由此造成的承包人损失,造成工期延误的,相应顺延工期。

(5) 发包人供应的材料设备投入使用前,由承包人负责检验或试验,不合格的不得使用,检验或试验费用由发包人承担。

(6) 发包人供应材料设备的结算办法,由双方在专用条款内约定。

3. 承包人采购材料设备

(1) 承包人负责采购材料设备的,应按专用条款约定、设计和有关标准要求采购,并提供产品合格证明,对材料设备质量负责。承包人在材料设备到货前24小时通知工程师清点。

(2) 承包人采购的材料设备与设计或标准要求不符时,承包人应按工程师要求的时间运出施工场地,重新采购符合要求的产品,承担由此发生的费用,由此延误的工期不予顺延。

(3) 承包人采购的材料设备在使用前,承包人应按工程师的要求进行检验或试验,不合格的不得使用,检验或试验费用由承包人承担。

(4) 工程师发现承包人采购并使用不符合设计或标准要求的材料设备时,应要求由承包人负责修复、拆除或重新采购,并承担发生的费用,由此延误的工期不予顺延。

(5) 承包人需要使用代用材料的,应经工程师认可后才能使用,由此增减的合同价款由双方以书面形式议定。

(6) 由承包人采购的材料设备,发包人不得指定生产商或供应商。

七、工程变更

1. 工程设计更变

(1) 发包人对原设计进行变更。施工中发包人需对原设计进行变更的,应提前14天以书面形式向承包人发出变更通知。变更超过原设计标准或批准的建设规模的,发包人应报规划管理部门和其他有关部门重新审查批准,并由原设计单位提供相应的变更图纸和说明。合同履行中,发包人要求变更工程质量标准或发生其他实质性变更的,由双方协商解决。

(2) 承包人要求对原设计进行变更。施工中承包人不得对原工程设计进行变更,承包人变更设计及换用材料、设备,须经工程师同意。未经工程师同意擅自更改或换用的,承包人承担由此发生的费用,并赔偿发包人的有关损失,延误的工期不予顺延。

工程师同意采用承包人合理化建议所发生的费用和获得的收益,由发包人、承包人另行约定分担或分享。

(3) 设计变更事项。能够构成设计变更的事项包括:

①更改工程有关部分的标高、基线、位置和尺寸。

②增减合同中约定的工程量。

③改变有关工程施工时间和顺序。

④工程变更需要的其他附加工作。

发包人对原设计进行变更,或经工程师同意的承包人要求进行的设计变更,导致合同价款增减及造成承包人损失的,由发包人承担,延误的工期相应顺延。

2. 确定变更价款

(1) 确定变更价款的方法。承包人在工程变更确定后 14 天内,提出变更工程价款的报告,经工程师确认后调整合同价款。变更合同价款按下列方法进行:

①合同中已有适用于变更工程的价格,按合同已有价格变更合同价款。

②合同中只有类似于变更工程的价格,可以参照类似价格变更合同价款。

③合同中没有适用于或类似于变更工程的价格,由承包人提出适当的变更价格,经工程师确认后执行。

(2) 确定变更价款的程序及应注意的问题。

①在双方确定变更后 14 天内承包人不向工程师提出变更工程价款报告的,视为该项变更不涉及合同价款的变更。

②工程师应在收到变更工程价款报告之日起 14 天内予以确认。工程师无正当理由不确认的,自变更工程价款报告送达之日起 14 天后视为变更工程价款报告已被确认。

③工程师不同意承包人提出的变更价款的,按合同规定的有关争议解决的约定处理。

④工程师确认增加的工程变更价款作为追加合同价款的,与工程款同期支付。对于因承包人自身原因导致的工程变更,承包人无权要求追加合同价款。

八、竣工验收与结算

1. 竣工验收

(1) 竣工工程必须符合的基本要求。竣工交付使用的工程必须符合下列基本要求:

①完成工程设计和合同中规定的各项工作内容,达到国家规定的竣工条件。

②工程质量应符合国家现行有关法律、法规、技术标准、设计文件及合同规定的要求,并经质量监督机构核定为合格。

③工程所有的设备和主要建筑材料、构件应具有产品质量合格证明和技术标准规定的必要的进场试验报告;具有完整的工程技术档案和竣工图,已办理工程竣工交付使用的有关手续。

④已签署工程保修证书。

（2）竣工验收中承包方、发包方的具体工作程序和责任：

①若工程具备竣工验收条件，承包人按国家工程竣工验收的有关规定，向发包人提供完整的竣工资料及竣工验收报告。双方约定由承包人提供竣工图的，应当在专用条款内约定提供的日期和份数。

②发包人收到竣工验收报告后28天内组织有关单位验收，并在验收后14天内给予认可或提出修改意见。承包人按要求修改，并承担由自身原因造成的修改费用。

③发包人收到承包人送交的竣工验收报告后28天内不组织验收，或验收后14天内不提出修改意见的，视为竣工验收报告已被认可。

④工程竣工验收通过的，承包人送交竣工验收报告的日期为实际竣工日期。工程按发包人要求修改后通过竣工验收的，实际竣工日期为承包人修改后提请发包人验收的日期。

⑤发包人收到承包人的竣工验收报告后28天内不组织验收的，从第29天起承担工程保管义务及一切意外责任。

⑥中间交工工程的范围和竣工时间，由双方在专用条款内约定。其验收程序按前述条款规定办理。

⑦因特殊原因，发包人要求部分单位工程或工程部位甩项竣工的，双方应另行签订甩项竣工协议，明确双方责任和工程价款的支付方法。

⑧工程未经竣工验收或竣工验收未通过的，发包人不得使用。因发包人强制使用发生的质量问题，由发包人承担责任。

2. 竣工结算

（1）工程竣工验收报告经发包人认可后28天内，承包人向发包人递交竣工结算报告及完整的结算资料，双方按照协议书约定的合同价款及专用条款约定的合同价款调整内容，进行工程竣工结算。

（2）发包人在收到承包人递交的竣工结算报告及结算资料后28天内进行核实，给予确认或者提出修改意见。发包人确认竣工结算报告后通知经办银行向承包人支付工程竣工结算价款，承包人收到竣工结算价款后14天内将竣工工程交付发包人。

（3）发包人收到竣工结算报告及结算资料后28天内无正当理由不支付工程竣工结算款的，从第29天起按同期银行贷款利率向承包人支付拖欠工程价款的利息，并承担违约责任。

（4）发包人收到结算报告及结算资料后28天内不支付工程竣工结算价款的，承包人可以催告发包人支付。发包人在收到竣工结算报告及结算资料后56天内仍不支付的，承包人可以与发包人协议将该工程折价，也可以由承包人申请人民法院将该工程依法拍卖，承包人就该工程折价或者拍卖的价款优先受偿。

（5）工程竣工验收报告经发包人认可后28天内，承包人未能向发包人递交竣工结算报告及完整的结算资料，造成工程竣工结算不能正常进行或工程竣工结算价款不能及时交付，发包人要求交付工程的，承包人应当交付；发包人不要求交付工程的，由承包人承担保管责任。

3. 质量保修

（1）质量保修书的内容。承包人应按法律、行政法规或国家有关工程质量保修的规定,对交付发包人使用的工程在质量保修期内承担质量保修责任。承包人应在工程竣工验收之前,与发包人签订质量保修书,作为合同附件。质量保修书的主要内容包括:

①质量保修项目内容及范围。

②质量保证期。

③质量保修责任。

④质量保修金的支付方法。

(2) 工程质量保修范围和内容。质量保修范围包括地基基础工程、主体结构工程、屋面防水工程、双方约定的其他土建工程,以及电气管线、上下水管线的安装工程,供热、供冷系统工程项目。工程质量保修范围是国家强制性规定,合同当事人不能约定减少国家规定的工程质量保修范围,应按工程质量保修的内容分别计算质量保证期。

(3) 质量保证期。质量保证期从工程竣工验收合格之日起算。分单项验收的工程,按单项工程分别计算质量保证期。

合同当事人双方可以根据国家的有关规定,结合具体工程约定质量保证期,但双方的约定不得低于国家规定的最低质量保证期。《建设工程质量管理条例》和建设部颁布的《房屋建筑工程质量保修办法》规定,建设工程在正常使用条件下的最低保修期限为:

①地基基础工程和主体结构工程为设计文件规定的该工程的合理使用年限。

②屋面防水工程、有防水要求的卫生间、房间和外墙面的防渗漏,为5年。

③供热与供冷系统,为2个采暖期和供冷期。

④电气管线和给排水管道、设备安装和装修工程,为2年。

(4) 质量保修工作程序。建设工程在保修范围和保修期内发生质量问题时,由发包人或房屋建筑所有人向施工承包人发出保修通知,承包人接到保修通知后,应在保修书约定的时间内及时到现场核查情况,履行保修义务。发生涉及结构安全或严重影响使用功能的紧急抢修事故时,应在接到保修通知后立即到达现场抢修。

若发生涉及结构安全的质量缺陷,发包人或房屋建筑所有人应当立即向当地建设行政主管部门报告,并采取相应的安全防范措施。原设计单位或具有相应资质等级的设计单位提出保修方案后,由施工承包人实施保修,由原工程质量监督机构负责监督。

保修完成后,发包人或房屋建筑所有人组织验收。涉及结构安全的质量保修,还应当报当地建设行政主管部门备案。

(5) 保修责任。在工程质量保修书中应当明确建设工程的保修范围、保修期限和保修责任。因使用不当或者第三方造成的质量缺陷以及不可抗力造成的质量缺陷,不属于保修范围。保修费用由质量缺陷的责任方承担。

若承包人不按工程质量保修书的约定履行保修义务或拖延履行保修义务,经发包人申请,由建设行政主管部门责令改正,并处以10万元以上20万元以下的罚款。发包人也有权另行委托其他单位保修,由承包人承担相应责任。

保修期限内因工程质量缺陷造成工程所有人、使用人或第三方人身、财产损害的,受损害方可向发包人提出赔偿要求,发包人赔偿后向造成工程质量缺陷的责任方追索赔偿责任。

建设工程超过合同使用年限后,承包人不再承担保修的义务和责任,若需要继续使用，产权所有人应当委托具有相应资质等级的勘察、设计单位进行鉴定，根据鉴定结果采取相应的加固、维修等措施后，重新界定使用期限。

九、违约、索赔和争议

1. 违约

（1）发包人的违约行为。发包人应当履行合同中约定的、应由己方承担的义务。如果发包人不履行合同义务或未按合同约定履行义务，则应承担相应的民事责任。发包人的违约行为包括：

①不按合同约定支付工程款。

②无正当理由不支付工程竣工结算价款。

③发包人不履行合同义务或者不按合同约定履行义务的其他情况。

同时，合同约定应当由监理工程师完成的工作，监理工程师没有完成或者没有按照约定完成，给承包人造成损失的，也应当由发包人承担违约责任。发包人承担违约责任后，可以根据监理委托合同或者单位的管理规定追究监理工程师的相应责任。

（2）发包人承担违约责任的方式。发包人承担违约责任的方式主要有以下几种：

①赔偿损失。赔偿损失是发包人承担违约责任的主要方式，其目的是补偿因违约给承包人造成的经济损失。承包人、发包人双方应当在专用条款内约定发包人赔偿承包人损失的计算方法。损失赔偿额应当相当于因违约所造成的损失，包括合同履行后承包人可以获得的利益，但不得超过发包人在订立合同时预见或者应当预见到的因违约可能造成的损失。

②支付违约金。支付违约金的目的是补偿承包人的损失，双方可在专用条款中约定违约金的数额或计算方法。

③顺延工期。对于因为发包人的违约而延误的工期，应当相应顺延。

④继续履行。承包人要求继续履行合同的，发包人应当在承担上述违约责任后继续履行施工合同。

（3）承包人的违约行为。承包人的违约行为主要包括以下几方面：

①因承包人的原因不能按照协议书约定的竣工日期或者工程师同意顺延的工期竣工。

②因承包人的原因，工程质量达不到协议书约定的质量标准。

③承包人不履行合同义务或不按合同约定履行义务的其他情况。

（4）承包人承担违约责任的方式。承包人承担违约责任的方式主要有以下几种：

①赔偿损失。承包人、发包人双方应当在专用条款内约定承包人赔偿发包人损失的计算方法，损失赔偿额应当相当于违约所造成的损失，包括合同履行后发包人可以获得的利益，但不得超过承包人在订立合同时预见或者应当预见到的因违约可能造成的损失。

②支付违约金。双方可以在专用条款内约定承包人应当支付违约金的数额或计算方法。

③采取补救措施。对于施工质量不符合要求的违约，发包人有权要求承包人采取返工、修理、更换等补救措施。

④继续履行。如果发包人要求继续履行合同,承包人应当在承担上述违约责任后继续履行施工合同。

(5) 担保方承担责任。在施工合同中,一方违约后,另一方可按双方约定的担保条款,要求提供担保的第三方承担相应责任。

2. 索赔

(1) 索赔要求。一方向另一方提出索赔的,要有正当索赔理由,且有索赔事件发生的有效证据。

(2) 承包人的索赔。因发包人未能按合同约定履行自己的各项义务、发生错误或应由发包人承担责任的其他情况,造成工期延误和(或)承包人不能及时得到合同价款、承包人的其他经济损失,承包人可按下列程序以书面形式向发包人索赔:索赔事件发生后28天内,向工程师发出索赔意向通知;发出索赔意向通知后28天内,向工程师提出延长工期和(或)补偿经济损失的索赔报告及有关资料;工程师在收到承包人送交的索赔报告和有关资料后,28天内未予答复或未对承包人作进一步要求的,视为该项索赔已经被认可;当该索赔事件持续进行时,承包人应当阶段性向工程师发出索赔意向,在索赔事件终了后28天内,向工程师送交索赔的有关资料和最终索赔报告。索赔答复程序与索赔报告递交程序规定相同。

(3) 发包人的索赔。承包人未能按合同约定履行自己的各项义务或发生错误,给发包人造成经济损失的,发包人可参考上述承包人索赔规定的时限向承包人提出索赔。

3. 争议

(1) 争议的解决方式。合同当事人在履行施工合同时发生争议的,可以和解或者要求合同管理部门及其他有关部门调解。和解或调解不成的,双方可以在专用条款内约定以任何一种方式解决争议:

①双方达成仲裁协议,向约定的仲裁委员会申请仲裁。

②向有管辖权的人民法院起诉。

如果当事人选择仲裁,应当在专用条款中明确:请求仲裁的意思表示;仲裁事项;选定的仲裁委员会。当事人选择仲裁的,仲裁机构作出的裁决是终局的,具有法律效力,当事人必须执行。如果一方不执行,另一方可向有管辖权的人民法院申请强制执行。

(2) 争议发生后允许停止履行合同的情况。一般情况下,发生争议后,双方都应继续履行合同保持施工连续,保护已完工程。只有出现下列情况时,当事人双方可停止履行施工合同:

①单方违约导致合同确已无法履行,双方协议停止施工。

②调解要求停止施工,且为双方接受。

③仲裁机关要求停止施工。

④法院要求停止施工。

4. 合同解除

(1) 可以解除合同的情形。施工合同订立后,当事人应当按照合同的约定履行义务。但是,在一定条件下,合同没有履行或者没有完全履行,当事人也可以解除合同。通常可解除合同的情形有以下几种:

①合同的协商解除,即合同成立后,履行完毕以前,双方当事人通过协商而同意终止合同关系,这是合同中意思自治的具体表现。

②发生不可抗力时合同的解除,即因不可抗力或者非可归责于合同当事人的原因,造成工程停建或缓建,致使合同无法履行的,合同双方可以解除合同。

③当事人违约时合同的解除。当事人不按合同约定支付工程款(进度款)的,双方又未达成延期付款协议,导致施工无法进行,承包人停止施工超过56天,发包人仍不支付工程款(进度款)的,承包人有权解除合同。承包人将其承包的全部工程转包给他人的,或者肢解以后以分包的名义分别转包给他人的,发包人有权解除合同。当事人一方的其他违约行为致使合同无法履行的,合同双方可以解除合同。

(2) 当事人一方主张解除合同的程序。一方主张解除合同的,应向对方发出解除合同的书面通知,并在发出通知前7天告知对方,通知到达对方时合同解除。对解除合同有异议的,按解决合同争议的程序处理。

(3) 合同解除后的善后处理。合同解除后,当事人双方约定的结算和清算条款仍有效。承包人应当妥善做好已完工程和已购材料、设备的保护和移交工作,按照发包人要求将自有机械设备和人员撤出施工场地。发包人应为承包人撤出提供必要条件,支付以上所发生的费用,并按合同约定支付已完工程价款。已经订货的材料、设备由订货方负责退货或解除订货合同,不能退还的货款和退货、解除订货合同发生的费用,由发包人承担,但因未及时退货造成的损失由责任方承担。除此之外,有过错的一方应当赔偿因合同解除给对方造成的损失。

十、其 他

1. 工程分包

承包人按专用条款的约定分包所承包的部分工程,并与分包单位签订分包合同。非经发包人同意,承包人不得将承包工程的任何部分分包。

承包人不得将其承包的全部工程转包给他人,也不得将其承包的全部工程肢解以后以分包的名义分别转包给他人。下列行为均属于转包:

①承包人将承包人的工程全部包给其他施工单位,从中提取回扣。

②承包人将工程的主要部分或群体工程中半数以上的单位工程包给其他施工单位。

③分包单位将承包工程再次分包给其他施工单位。

工程分包不能解除承包人的任何责任与义务,承包人应在分包场地派驻相应管理人员,保证本合同的履行。分包单位的任何违约行为或疏忽导致工程损害或给发包人造成其他损失的,承包人承担连带责任。

分包工程价款由承包人与分包单位结算,未经承包人同意,发包人不得以任何形式向分包单位支付各种工程款项。

2. 不可抗力

(1) 不可抗力的范围。不可抗力包括战争、动乱、空中飞行物体坠落或其他非可归责于发包人、承包人的原因造成的爆炸、火灾以及专用条款约定的风、雨、洪、震等自然灾害。

(2) 不可抗力事件发生后双方的义务。不可抗力事件发生后，承包人应当立即通知工程师，并在力所能及的条件下迅速采取措施，尽力减小损失，发包人应协助承包人采取措施。工程师认为应暂停施工的，承包人应暂停施工。不可抗力事件结束后48小时内，承包人应向工程师通报受灾情况和损失情况，以及预计清理和修复的费用。不可抗力事件持续发生的，承包人应每隔7天向工程师报告一次受灾情况，不可抗力事件结束后14天内，承包人向工程师提交清理和修复费用的正式报告及有关资料。

(3) 不可抗力所造成损失的承担。因不可抗力事件导致的费用及延误的工期由双方按以下方法分别承担：

1) 工程本身的损害、因工程损害导致第三方人员伤亡和财产损失、运至施工场地用于施工的材料和待安装设备的损害，由发包人承担；

2) 发包人、承包人的人员伤亡由其所在单位负责，并承担相应费用；

3) 承包人的机械设备损坏及停工损失，由承包人承担；

4) 停工期间，承包人应工程师要求留在施工现场的必要的管理人员及保卫人员的费用由发包人承担；

5) 工程所需清理、修复费用，由发包人承担；

6) 延误工期相应顺延。

合同一方延迟履行合同后发生不可抗力的，不能免除延迟履行方的相应责任。

3. 保险

(1) 工程开工前，发包人为建设工程和施工场地内的自有人员及第三方生命、财产办理保险，支付保险费用。

(2) 运至施工现场内用于工程的材料和待安装设备，由发包人办理保险，并支付保险费用。

(3) 发包人可以将有关保险事项委托给承包人办理，费用由发包人支付。

(4) 承包人必须为从事危险作业的职工办理意外伤害保险，并为施工场地内自有人员的生命、财产和施工机械设备办理保险，支付保险费用。

(5) 保险事件发生时，发包人、承包人有责任尽力采取必要的措施，防止或者减少损失。

具体投保内容和相应责任，由发包人、承包人在专用条款中约定。

4. 担保

发包人、承包人为了全面履行合同，应互相提供以下担保：

(1) 发包人向承包人提供履约担保，按合同约定支付工程价款及履行合同约定的其他义务。

(2) 承包人向发包人提供履约担保，按合同约定履行自己的各项义务。

一方违约后，另一方可要求提供担保的第三人承担相应责任。提供担保的内容、方式和相关责任，除发包人、承包人在专用条款中的约定外，被担保方还应签订担保合同，作为附件。

通常情况下,发包人、承包人双方的履约担保都是以履约保函的方式提供的,履约保函往往是由银行出具的,即银行为保证人。当然,也不排除其他担保人出具的担保书,但由于其他担保人的信用低于银行,担保金额往往较高。

5. 专利技术及特殊工艺

发包人要求使用专利技术或特殊工艺的,应负责办理相应的申报手续,承担申报、试验、使用等费用;承包人提出使用专利技术或特殊工艺的,应取得工程师认可,承包人负责办理申报手续并承担有关费用。

擅自使用专利技术侵犯他人专利权的,责任者依法承担相应责任。

6. 文物和地下障碍物

(1) 发现文物。在施工中发现古墓、古建筑遗址等文物、化石或其他有考古价值、地质研究价值的物品时,承包人应立即保护好现场,并于4小时内以书面形式通知工程师,工程师应于收到书面通知后24小时内报告当地文物管理部门。发包人、承包人按文物管理部门的要求采取妥善的保护措施,发包人承担由此发生的费用,顺延延误的工期。

发现文物后隐瞒不报,致使文物遭受破坏的,责任者依法承担相应责任。

(2) 发现地下障碍物。施工中发现影响施工的地下障碍物时,承包人应于8小时内以书面形式通知工程师,同时提出处置方案,工程师收到处置方案后24小时内予以认可或提出修正方案,发包人承担由此发生的费用,顺延延误的工期。

所发现的地下障碍物有归属单位时,发包人应报请有关部门协同处置。

第四节 建设工程施工索赔

一、索赔的概念

索赔是在合同履行过程中,当事人一方就对方不履行或不完全履行合同义务,或者就可归责于对方的原因而造成的经济损失,向对方提出赔偿或补偿要求的行为。索赔可能发生在各类建设工程合同的履行过程中,但在施工合同中较为常见,所以通常所说的索赔多指施工索赔。

从以上索赔的基本含义可以看出,索赔是双向的,即在施工合同履行过程中,承包人可以向发包人索赔,发包人也可以向承包人索赔。但在工程实践中,发包人往往处于主动和有利的地位,对承包人的违约行为或可归责于承包人的其他原因造成的发包人的经济损失,发包人可以通过扣抵工程款、扣抵保留金或通过履约保函的索赔来弥补自己的损失。所以在工程实践中发生较多的是承包人向发包人索赔,这类索赔范围广泛,情况复杂,处理比较困难,是施工合同管理的重点内容之一。索赔是施工合同履行过程中的一种常见现象,也是双方为了维护自己正当利益的一种合法、合理的行为,同双方守约、合作并不矛盾。大部分索赔可以通过协商、调解的方式解决,少部分情形需由仲裁或诉讼解决。

二、施工索赔分类

1. 按合同依据分类

根据施工合同条件中是否列有针对索赔的"明示条款"可以将施工索赔分为：

（1）合同中明示的索赔。这种情况是指承包人提出的索赔要求在合同文件中可以找到相应的文字根据，含有这些文字规定的合同条款在合同管理中称为"明示条款"。

（2）合同中默示的索赔。这是指承包人提出的索赔要求虽然在合同条件中没有相应的文字规定，但可以根据合同的某些条款的含义推断出承包人有索赔权。这种索赔要求同样有法律效力，有权得到相应的经济补偿。这种有经济补偿含义的条款在合同管理中称为"默示条款"或"隐含条款"。

2. 按索赔目的分类

（1）工期索赔。由于非可归责于承包人的原因导致施工进程延误的，承包人要求顺延工期的索赔称之为工期索赔。工期索赔一旦获得批准，承包人就可以避免在合同原定竣工日不能完工时，被发包人追究拖期违约责任。按顺延的工期，如提前完工还可得到应得的奖励。

（2）费用索赔。费用索赔就是要求经济上的补偿。当合同约定的某些条件发生改变而导致承包人额外增加开支，承包人要求发包人对不应归责于承包人的经济损失给予补偿。

3. 按索赔事件的性质分类

（1）工程延误索赔。因发包人未按合同要求提供施工条件（如未及时提交设计图纸、施工场地、道路等），或因发包人指令暂停施工，或者由于不可抗力事件等原因造成工期拖延，而引起承包人的索赔。

（2）工程变更索赔。发包人或监理工程师指令增加或减少工程量、增加附加工程、修改设计、变更工程顺序等，造成工期延长和费用增加，承包人对此提出索赔。

（3）合同被迫终止的索赔。由于发包人或承包人违约或不可抗力事件等原因造成合同正常终止，无责任的受害方因此蒙受经济损失而向对方提出索赔。

（4）工程加速索赔。由于发包人或工程师指令承包人加快施工速度、缩短工期，引起承包人的人、财、物的额外开支而提出的索赔。

（5）意外风险和不可预见因素索赔。在工程实施过程中，因人力不可抗拒的自然灾害、特殊风险以及一个有经验的承包人通常不能合理预见的不利施工条件或外界障碍（如地下水、地质断层、溶洞、地下障碍物等）引起的索赔。

（6）其他索赔。如因货币贬值、汇率变化、物价或工资上涨、政策法令变化等原因引起的索赔。

三、引起索赔的原因

引起工程索赔的原因多而复杂，归纳起来主要有以下几方面：

(1) 工程项目的特殊性。现代工程规模大、技术性强、投资额大、工期长、材料设备价格变化快。工程项目的差异性大、综合性强、风险大，使得工程项目在实施过程中存在许多不确定因素，而合同必须在工程开始前签订，它不可能对工程项目所有的问题都作出合理的预见和规定，而且发包人在实施过程中还会出现新的决策，这一切使得合同变更经常发生，必然导致项目工期和成本的变化。

(2) 工程项目内外部环境的复杂性和多变性。工程项目的技术环境、经济环境、社会环境、法律环境的变化（诸如地质条件变化，材料价格上涨，货币贬值，国家政策、法规的变化等），使得工程计划实施过程与实际情况不一致，这些因素同样导致工程工期和费用的变化。

(3) 参与工程建设主体的多元性。一个工程项目往往会有发包人、总包人、工程师、分包人、指定分包人、材料设备供应商等众多参与者，各方面的技术、经济关系错综复杂，相互联系又相互影响，如果一方失误，不仅会造成自己的损失，而且会影响其他合作者，造成他人损失，从而导致索赔。

(4) 工程合同的复杂性及易出错性。建设工程合同文件多且复杂，经常会出现措辞不当、缺陷、图纸错误、合同文件前后自相矛盾或者可作不同解释等问题，容易造成合同双方对合同文件理解不一致，从而出现索赔。

以上这些问题会随着工程的逐步开展而不断暴露出来，必然使工程项目受到影响，导致工程项目成本和工期的变化，这就是索赔形成的根源。因此，索赔的发生不仅是一个索赔意识或合同观念的问题，从本质上讲，索赔是一种客观存在的现象。

四、索赔的程序

这里主要介绍承包人向发包人提出索赔的执行程序，关于发包人向承包人的索赔可按类似的步骤执行。

1. 承包人提出索赔要求

(1) 发出索赔意向通知

索赔事件发生后，承包人应在索赔事件发生后的28天内向工程师递交索赔意向通知，声明将对此事提出索赔。该意向通知是承包人就具体的索赔事件向工程师和发包人表示的索赔愿望和要求。超过这个期限，工程师和发包人有权拒绝承包人的索赔要求。索赔事件发生后，承包人有义务做好现场施工的同期记录，工程师有权随时检查和调阅，以判断索赔事件造成的实际损害。

(2) 递交索赔报告

索赔意向通知提交后的28天内，或工程师可能同意的其他合理时间内，承包人应递送正式索赔报告。索赔报告的内容应包括：事件发生的原因，对其权益影响的证据资料，索赔的依据，此项索赔要求补偿的款项和工期展延天数的详细计算等有关材料。

如果索赔事件的影响持续存在，28天内还不能算出索赔额和工期展延天数，承包人应按工程师合理要求的时间间隔（一般为28天），定期陆续报出每个时间段内的索赔证据资料和索赔要求。在该项索赔事件的影响结束后的28天内，报出最终详细报告，提出索赔论证资料和累计索赔额。

承包人发出索赔意向通知后,可以在工程师指示的其他合理时间内再报送正式索赔报告,也就是说,工程师在索赔事件发生后有权不马上处理该项索赔。如果事件发生时,现场施工非常紧张,工程师不希望立即处理索赔而分散各方抓施工管理的精力,可通知承包人将索赔的处理留待施工不太紧张时再去解决。但承包人的索赔意向通知必须在事件发生后的28天内提出,包括双方因对变更估价不能取得一致意见、而先按工程师单方面决定的单价或价格执行时,承包人提出的保留索赔权利的意向通知。如果承包人未能按规定时间提出索赔意向和索赔报告,他就失去了就该项事件请求补偿的索赔权利。此时他所受到损害的补偿,将不超过工程师认为应主动给予的补偿额。

2. 工程师审核索赔报告

(1) 工程师审核承包人的索赔申请

接到承包人的索赔意向通知后,工程师应建立自己的索赔档案,密切关注事件的影响,检查承包人的同期记录时,随时就记录内容提出他的不同意见或他希望予以增加的记录项目。

在接到正式索赔报告以后,工程师应认真研究承包人报送的索赔资料。首先在不确认责任归属的情况下,客观分析事件发生的原因,重温合同的有关条款,研究承包人的索赔证据,并检查他的同期记录。其次通过对事件的分析,依据合同条款划清责任界限,必要时还可以要求承包人进一步提供补充资料。尤其是承包人与发包人或工程师都负有一定责任的事件,更应划出各方应该承担合同责任的比例。最后再审查承包人提出的索赔补偿要求,剔除其中的不合理部分,拟定自己计算的合理索赔款额和工期顺延天数。

(2) 判定索赔成立的原则

工程师判定承包人索赔成立的条件为:

①与合同相对照,事件已造成了承包人施工成本的额外支出,或总工期延误;

②造成费用增加或工期延误的原因,按合同约定不属于承包人应承担的责任,包括行为责任或风险责任;

③承包人按合同规定的程序提交了索赔意向通知和索赔报告。

上述三个条件没有先后主次之分,应当同时具备。只有工程师认定索赔成立,才处理应给予承包人的补偿额。

(3) 对索赔报告的审查

①事态调查。通过对合同实施的跟踪、分析,了解事件经过、前因后果,掌握事件的详细情况。

②损害事件原因分析。即分析索赔事件是由何种原因引起,责任应由谁来承担。在实际工作中,损害事件有时是多方面原因造成,故必须进行责任分解,划分责任范围,按责任大小承担损失。

③分析索赔理由。主要依据合同文件判明索赔事件是否由未履行合同规定义务或未正确履行合同义务导致,是否在合同规定的赔偿范围之内。只有符合合同规定的索赔要求才有合法性、才能成立。例如,某合同规定,在工程总价5%的范围内的工程变更属于承包人承担的风险,若发包人指令增加工程量在这个范围内,承包人不能提出索赔。

④实际损失分析。即分析索赔事件的影响,主要表现为工期的延长和费用的增加。如果索赔事件未造成损失,则无索赔可言。损失调查的重点是分析、对比实际和计划的施工进度、工程成本和费用方面的资料,在此基础上核算索赔值。

⑤证据资料分析。主要分析证据资料的有效性、合理性、正确性,这也是索赔要求有效的前提条件。如果在索赔报告中不能提出证明其索赔理由、索赔事件的影响、索赔值的计算等方面的详细资料,索赔要求是不能成立的。如果工程师认为承包人提出的证据不足以说明其要求的合理性,可以要求承包人进一步提交索赔的证据资料。

3. 确定合理的补偿额

(1) 工程师与承包人协商补偿

工程师核查后初步确定应予以补偿的额度往往与承包人的索赔报告中要求的额度不一致,甚至差额较大。主要原因大多为对事件损害责任的界限划分不一致,索赔证据不充分,索赔计算的依据和方法分歧较大等,因此双方应就索赔的处理进行协商。

对于持续影响时间超过 28 天以上的工期延误事件,当工期索赔条件成立时,工程师对承包人每隔 28 天报送的阶段索赔临时报告审查后,每次均应作出批准临时延长工期的决定,并于事件影响结束后 28 天内收到承包人提出的最终的索赔报告后,批准顺延工期总天数。应当注意的是,最终批准的总顺延天数,不应少于以前各阶段已同意顺延天数之和。规定承包人在事件影响期间必须每隔 28 天提出一次阶段索赔报告,可以使工程师及时根据同期记录批准该阶段应予顺延工期的天数,避免因事件影响时间太长而不能准确确定索赔值。

(2) 工程师提出索赔处理决定

在经过认真分析研究,与承包人、发包人广泛讨论后,工程师应该向发包人和承包人提出自己的"索赔处理决定"。工程师收到承包人送交的索赔报告和有关资料后,于 28 天内给予答复或要求承包人进一步补充索赔理由和证据。《建设工程施工合同示范文本》规定,工程师收到承包人递交的索赔报告和有关资料后,如果在 28 天内既未予答复,也未对承包人作进一步要求,则视为承包人提出的该项索赔要求已经被认可。

工程师在"工程延期审批表"和"费用索赔审批表"中应该简明地叙述索赔事项、理由、建议给予补偿的金额及延长的工期,论述承包人索赔的合理方面及不合理方面。通过协商未能达成共识时,承包人仅有权得到所提供的证据满足工程师认为索赔成立那部分的付款和工期顺延。不论工程师与承包人协商达成一致,还是他单方面作出处理决定,批准给予补偿的款额和顺延工期的天数只要在授权范围之内,工程师可将此结果通知承包人,并抄送发包人。补偿款将计入下月支付工程进度款的支付证书内,顺延的工期加到原合同工期中去。如果批准的额度超过工程师权限,则应报请发包人批准。

通常,工程师的处理决定不是终局性的,对发包人和承包人都不具有强制性的约束力。承包人对工程师的决定不满意,可以按合同中的争议条款提交约定的仲裁机构仲裁或向人民法院提起诉讼。

4. 发包人审查索赔处理决定

当工程师确定的索赔额超过其权限范围时,必须报请发包人批准。

发包人首先根据事件发生的原因、责任范围、合同条款审核承包人的索赔申请和工程师的处理报告，再依据工程建设的目的、投资控制、竣工投产日期要求、承包人在施工中的缺陷或违反合同规定等有关情况，决定是否同意工程师的处理意见。例如，承包人的某项索赔理由成立，工程师根据相应条款规定，既同意给予一定的费用补偿，也批准顺延相应的工期，但发包人权衡了施工的实际情况和外部条件的要求后，可能不同意顺延工期，而宁可给承包人增加费用补偿额，要求他采取赶工措施，按期或提前完工，这样的决定只有发包人才有权作出。索赔报告经发包人同意后，工程师即可签发有关证书。

5. 承包人对最终索赔处理的回应

如果承包人接受最终的索赔处理决定，索赔事件的处理即告结束。如果承包人不同意，就会导致合同争议。通过协商，双方达成互谅互让的解决方案，是处理争议的最理想方式。如达不成谅解，承包人有权提交仲裁或通过诉讼解决。

第五节 "FIDIC"《施工合同条件》介绍

一、FIDIC 简介

FIDIC 是国际咨询工程师联合会（International Federation of Consulting Engineers）的法文名称的缩写，它是各国咨询工程师协会的国际联合会。FIDIC 创建于 1913 年，最初是由欧洲 4 个国际咨询工程师协会创建的，其目标是共同促进成员协会的专业影响，并向各成员协会传播他们感兴趣的信息。第二次世界大战以后，成员数目迅速发展，到 20 世纪末，已成为遍布全球拥有 67 个成员的协会，是世界上最具有权威的国际工程咨询工程师组织。

FIDIC 下属有两个地区成员协会：FIDIC 欧洲及太平洋地区成员协会（ASPAC）；FIDIC 非洲成员协会集团（CAMA）。FIDIC 还下设许多专业委员会，如业主咨询工程师关系委员会（CCRC）；土木工程合同委员会（CECC）；电气机械合同委员会（EMCC），职业责任委员会（PLC）等。

二、FIDIC 合同条件

FIDIC 自成立以来编制了一系列的工程合同条件（范本），如《土木工程施工合同条件》、《电气与机械工程合同条件》、《设计—建造与交钥匙工程合同条件》等。这些合同条件在国际上得到许多国家的认同和采用。特别是《土木工程施工合同条件》，在世界上公开流行的同类型的合同范本中被认为是适用范围最广的，得到世界银行等国际金融组织对其贷款项目的推荐使用。我国现行使用的施工合同范本也是参照其内容编写的。

《土木工程施工合同条件》初始版是 FIDIC 于 1957 年发行的，以后每隔几年修订一次，分别于 1963 年和 1977 年发行了第二版和第三版。FIDIC 又于 1987 年发行了第四版，我国在 20 世纪 90 年代引进采用的就是第四版，这一版在国际上流行使用的时间也较长，直到1999年才对第四版进行修订,重新定名为《施工合同条件》。新版的《施工合同条件》在第四版的基础上对条款的结构和内容作了一些改进和补充,使其具有更广泛的适用性,不仅适用于土建施工,也可以用于安装工程施工。同时对业主、承包人双方的权利和义务以及工程师的职责作了更严格、更明确的规定。

三、《施工合同条件》的主要内容

1. 业主的权利

(1) 业主要求承包商按照合同规定的工期提交质量合格的工程。

(2) 批准合同转让。未经业主同意,承包商不得将合同或合同的任何部分,或合同中、或合同名下的任何权益进行转让。

(3) 指定分包商。业主有权对暂定金额中列出的任何工程的施工,或任何货物、材料、工程设备或服务的提供分项指定承担人。该分包商仍与承包商签订分包合同,应向承包商负责,承包商负责管理和协调。承包商如果有理由,可以反对雇佣业主指定的分包商。对指定分包商的付款,仍由承包商按分包合同进行,然后,承包商提出已向该分包商付款的证明,由工程师批准在暂定金额中向承包商支付。如果指定分包商失误造成承包商损失,承包商可以向业主索赔。

(4) 在承包商无力或不愿意执行工程师指令时,有权雇佣他人完成任务。如果承包商未执行工程师的指令,未在规定时间内更换不符合合同规定的材料和工程设备、拆除不符合合同规定的任何工程并重新施工,业主有权雇佣他人完成上述指令,其全部费用由承包商支付。同时,无论在工程施工期间或在保修期间,如果发生工程事故、故障或其他事件,而承包商没有(无能力或不愿意)执行工程师指令立即执行修补工作,则业主有权雇佣其他人去完成该项工作并支付费用。如果上述问题由承包商责任引起,则应由承包商负担费用。

(5) 除业主风险和特殊风险外,业主对承包商的设备、材料和临时工程的损失或损坏不承担责任。

(6) 在一定条件下,业主可以终止合同。

(7) 业主有权提请仲裁。

2. 业主的义务

(1) 委派工程师管理工程施工。在工程实施中,业主通过工程师管理工程,下达指令,行使权力。通常,业主已赋予工程师在FIDIC合同中明确规定的,或者该合同必然隐含的权力。如果业主要限定工程师的权力,或要求工程师在行使某些权力之前需得到业主的批准,则可在FIDIC第二部分予以指明。但FIDIC合同是业主和承包商之间的合同,业主必须为工程师的行为承担责任。如果工程师在工程管理中失误,例如,未及时地履行职责,发出错误的指令、决定、处理意见等,造成工期拖延和承包商的费用损失的,业主必须承担赔偿责任。

(2) 编制双方实施的合同协议书。

(3) 承担拟订和签订合同的费用和多于合同规定的设计文件的费用。

(4) 批准承包商的履约担保、担保机构及保险条件。在承包商没有足够的保险证明文件的情况下，业主应代为保险（随后可从承包商处扣回该项费用）。

(5) 配合承包商做好协助工作。在承包商提交投标文件前，向承包商提供有关该工程的勘察所取得的水文地质资料。在向承包商授标后，业主应尽力帮助承包商获得人员出入境及设备和材料等工程所需物品进口的许可，协助承包商办理有关的海关结关手续，同时负责获得工程施工所需要的任何规划、区域划分或其他类似的各类批准。

(6) 按时提供施工现场。业主可以在施工开始前一次性移交全部施工现场，也允许随着施工进展的实际需要，在合理的时间内分阶段陆续移交。所谓合理的时间，由承包商按工程师批准的施工进度计划，以能开展该部分的准备工作为判定原则确定。如果业主未能依据合同约定履行义务，不仅要对承包商因此而受到的损失给予费用补偿和顺延合同工期，而且要接受承包商提出的新的合理开工时间。为了明确合同责任，应在专用条件内具体规定移交施工现场和通行道路的范围，陆续移交的时间，现场和通行道路所应达到的标准等详细条件。

(7) 按合同约定时间及时提供施工图纸。虽然通用条件中规定"工程师应在合理的时间内向承包商提供施工图纸"，但图纸大多由业主准备或委托设计单位完成，经工程师审核后发放给承包商。为了缩短大型工程建设周期，初步设计完成后就可以开始施工招标，施工图纸在施工阶段陆续发送给承包商。如果施工图纸不能在合理时间内提供，就会打乱承包商的施工计划，尤其是施工过程中出现了重大设计变更，在相当长时间内不能提供图纸会导致施工中断，因此，业主应妥善处理好提供图纸的组织工作。

(8) 按时支付工程款。通用条件规定，业主收到工程师签发的中期支付工程进度款的临时支付证书后，应在 28 天内给承包商付款；收到最终支付证书后，要在 56 天内支付。如果业主拖欠工程款，会导致承包商用于施工的资金周转困难。当不能按时支付时，应从付款期满之日起按投标书附件中规定的利率计算延期付款的利息。

(9) 移交工程的照管责任。业主根据工程师颁发的工程移交证书接收按合同规定已基本竣工的任何部分工程或全部工程，并从此承担这些工程的照管责任。

(10) 承担风险。业主对因业主的风险因素造成的承包商的损失负有补偿义务，对其他不能合理预见到的风险导致承包商的实际投入成本增加给予相应补偿。

(11) 对自己授权在现场的工作人员的安全负全部责任。

3. 承包商的权利

(1) 对已完工程有按时得到工程款的权利。

(2) 有提出工期索赔和费用索赔的权利。对于非可归责于承包商的原因造成的工程费用增加或工期延长，承包商有提出工期索赔和费用索赔的权利。

(3) 有终止受雇或者暂停工作的权利。在业主违约的情况下，承包商有权终止受雇或者暂停工作。

(4) 有提请仲裁的权利。

4. 承包商的义务

(1) 遵纪守法。承包商的一切行为都必须符合工程所在地的法律和法规，不应因自己的任何违反法规的行为而使业主承担责任或罚款。承包商的守法行为包括：按规定交纳除了专用条件中写明可以免交以外的所有税金;承担施工料场的使用费或赔偿费;交纳公共交通设施的使用费及损坏赔偿费;不得因自己的行为侵犯专利权;采取一切合理措施,遵守环境保护法的有关规定等。

(2) 承认合同的完备性和正确性。承包商经过现场考察后编制投标书,并与业主就合同文件的内容进行协商达成一致后签署合同协议书,因此,必须承认合同的完备性和正确性。也就是说,除了合同中另有规定的情况以外,合同价格已包括了完成承包任务的全部施工、竣工和修补任何缺陷工作的费用。作为准备忠实地履行合同的诚意表示,以便业主在其严重违约而受到损害时能够得到某种形式的赔偿,承包商应在接到中标通知书后28天内,按合同条件的规定向业主提交履约保证。履约保证书可以是银行出具的履约保函,也可以是业主同意接受的任何第三方企业法人的担保书。履约担保的有效期,直至工程师颁发"解除缺陷责任证书"之日止。业主应在该证书颁发后的14天内,将履约保证书退还承包商。通用条件强调,在任何情况下业主凭履约担保向保证单位提出索赔要求的,都应预先通知承包商,说明导致索赔的违约的性质,即给承包商一个补救违约行为的机会。

(3) 对工程图纸和设计文件应承担的责任。通用条件规定,设计文件和图纸由工程师单独保管,免费提供给承包商两套复制件。承包商必须将其中的一套保存在施工现场,随时供工程师和他授权的其他监理人员进行施工检查之用。未取得工程师同意,承包商不能将本工程的图纸、技术规范和其他文件用于其他工程或传播给第三方。

对合同明文规定由承包商设计的部分永久性工程,承包商应将设计文件(图纸、规范等)按质、按量、按期完成,报经工程师批准后用于施工。工程师以任何形式对承包商设计图纸的批准,都不能解除承包商应负的设计责任。工程施工达到竣工条件时,只有当承包商将他负责设计的那部分永久工程竣工图及使用和维修手册提交,经工程师批准后,才能认为达到竣工要求。如果承包商负责的设计使用了他人的专利技术,则应与业主和工程师就设计资料的保密和专利权等问题达成协议。

(4) 提交进度计划和现金流量估算。承包商接到工程师的开工通知后应尽快开工。同时,承包商应按照合同及工程师的要求,在专用条件规定的时间内,向工程师提交一份施工进度计划,并取得工程师的同意,同时提交对其工程施工拟采用的安排和方法的总说明。在任何时候,如果工程师认为工程的实际进度不符合已同意的进度计划,只要工程师要求,承包商应提交一份经过修改的进度计划。此外,承包商应按进度向工程师提交其根据合同规定有权得到的全部将由业主支付的详细现金流量估算,如果工程师提出要求,承包商还应提交经过修正的现金流量估算。

(5) 任命项目经理。承包商应任命一位合格的授权代表,即项目经理,全面负责工程的施工。该代表须经工程师批准,代表承包商接受工程师的各项指示。如果该代表不能胜任、渎职等,工程师有权要求承包商将其撤回(并且以后不能再参与此项目工作),而另外再派一名经工程师批准的代表。

(6) 放线。承包商根据工程师给定的原始基准点、基准线、参考标高等,对工程进行准确的放线。尽管工程师要检查承包商的放线工作,但承包商仍然要对放线的正确性负责。除非是由于工程师提供了错误的原始数据,否则,承包商应对放线错误引起的一切差错自费纠正（即使工程师进行过检查）。

（7）对工程质量负责。承包商应该按照合同的各项规定，以应有的精力和努力对承包范围的工程进行设计和施工。合同中规定的由承包商提供的一切材料、工程设备和工艺都应符合合同规定。对不符合合同而被工程师拒收的材料和工程设备，承包商应立即纠正缺陷，并保证使它们符合合同规定。如果工程师要求，应对它们进行复检，其费用由承包商负责。承包商应执行工程师的指令，更换不符合合同的任何材料和工程设备，拆除不符合合同的工程，并适当地重新施工。

缺陷责任期满之前，承包商负有施工、竣工以及修补任何所发现缺陷的全部责任。施工过程中，工程师对施工质量的认可、"工程移交证书"的颁发，都不能解除承包商对施工质量应承担的责任。只有工程完满地通过了试运行的考验，工程师颁发了"解除缺陷责任证书"，施工质量才得到了最终确认。

（8）必须执行工程师发布的各项指令并为工程师的各种检验提供条件。工程师有权就涉及合同工程的任何事项发布有关指令，包括合同未予明确说明的内容。工程师发布的无论是书面指令或是口头指令，承包商都必须遵照执行。不过，对于口头指令，承包商应在发布后的7天内以书面形式要求予以确认。如果工程师在接到请求确认函后的7天内未作出书面答复，则可以认为这一口头指示是工程师的一项指令，承包商的请求确认函将作为变更工程的结算依据，成为合同文件的一个组成部分。若工程师的书面答复指出，口头指示的原因属于承包商应承担的责任，则他不可能获得额外支付。

对承包商提供的一切材料、工程设备和工艺，承包商必须为工程师指令的各种检查、测量和检验提供通常需要的协助、劳务、燃料、仪器等条件，并在将其用于工程前按工程师要求提交有关材料样品，以供检验。同时，承包商应为工程师及任何授权人进入现场和为工程制造、装配和准备材料或工程设备的车间和场所提供便利。

（9）承担其责任范围内的相关费用。承包商负责工程所用的或与工程有关的任何承包商的设备、材料或工程设备侵犯专利或其他权利而引起的一切索赔和诉讼；承担工程用建筑材料和其他各种材料的一切吨位费、矿区使用费、租金以及其他费用。承包商负担取得进出现场所需专用或临时道路通行权的一切费用和开支，自费提供他所需的供工程施工使用的位于现场以外的附加设施。

除合同另有规定外，承包商应负责他的所有职员和劳务人员的雇佣、报酬、住房、膳食、交通等，承包商对他的分包商、分包商的代理人、雇员、工人的行为、违约、疏忽等负完全责任。

（10）按期完成施工任务。承包商必须按照合同约定的工期完成施工任务，如果竣工时间迟于合同工期，将依据合同约定的日延期赔偿额乘以延误天数后承担违约赔偿责任。但当延误天数较多时，以合同约定的最高赔偿限额为赔偿业主延迟发挥工程效益的最高款额。提前竣工时，承包商是否得到奖励，要看合同对此是否有约定。因承包商的原因延误竣工日期，违约赔偿责任是合同的必备条款；提前竣工的奖励办法，则是双方协议决定是否订立的条款。

（11）负责对材料、设备等的照管工作。从工程开始到颁发工程的移交证书为止，承包商对工程以及材料和待安装的工程设备的照管负完全责任。在此期间，如果发生任何损失或损坏，除属于业主的风险情况外，应由承包商承担责任。

（12）对施工现场的安全、卫生负责。承包商应当高度重视施工安全，做到文明施工。不仅要使现场的施工井然有序，保障已完成工程不受损害，还应自费采取一切合理的安全措施，保证施工人员和所有有权进入现场人员的生命安全，如按工程师或有关当局要求，自费提供并保持照明、防护、围栏、警告信号和警卫人员。同时，承包商应对工程和设备进行保险，应办理第三方保险、人员事故保险，并应在开工前提供保险证据。此外，在施工期间，承包商还应保持现场整洁。在颁发任何移交证书时，承包商应对该移交证书所涉及的那部分现场进行清理，达到工程师满意的使用状态。

（13）为其他承包商提供方便。一个综合性大型工程，经常会有几个独立承包商同时在现场施工。为了保证工程项目整体计划的实现，通用条件规定每个承包商都应给其他承包商提供合理的方便条件。为了使各承包商在编制标书时能够恰当地计划自己的工作，每个独立合同的招标文件中均应给出同时在现场进行施工活动的有关信息。通常的做法是，在某一合同的招标文件中规定为其他承包商提供必要施工方便的条件和服务责任，让他将这些费用考虑在报价之内。服务内容可能包括：提供住房，供水、排污、供电，使用工地的临时设施、脚手架、大型专用机械设备，通信，机械维修服务等。在其他合同的招标文件中，则分别说明现场可提供的服务内容以及接受这些服务时的计价标准，也令他们在投标报价中加以考虑。如果各招标文件均未对此作出规定，而施工过程中需要某一承包商为另一承包商提供服务时，工程师可向提供服务方发出书面指示，待他执行后批准一笔追加费用，计入该合同的承包价格。但两个承包商之间通过私下协商而提供的方便服务，则不属于该条款所约定的承包商应尽义务。

（14）及时通知工程师在工程现场发生的意外事件并作出响应。在工程现场挖掘出来的所有化石、硬币、有价值的物品或文物，属于业主的绝对财产，承包商应采取措施防止其工人或者其他任何人员移动或损坏这些物品，必须立即通知工程师，并按工程师的指示进行保护。由于执行此类指令造成承包商工期延长和费用增加的，承包商有权提出索赔要求。

5. 工程师的权力和职责

工程师是指受业主委托负责合同履约的协调管理和监督施工的独立的第三方。FIDIC编制的《土木工程施工合同条件》的一个突出特点，就是在众多的条款中赋予了不属于合同签约当事人的工程师在合同管理方面的充分权力。他可以行使合同内规定的权力，以及必然引申的权力。不仅承包商要严格遵守并执行工程师的指令，工程师的决定对业主也同样具有约束力。

（1）工程师的3个层次。通用条件中将施工阶段参与监理工作的人员分为工程师、工程师代表和助理3个层次。

①工程师。工程师是业主所聘请的监理单位委派的，直接对业主负责的委员会或小组，行使合同授予的和必然引申的权力。虽然通用条件内工程师行使权力的范围很广，但业主决定某一项权力不授予工程师（如对分包商资质的审查权）的，也可以在专用条件的相应条款内修改通用条件中的规定，将该权力收回。另外，工程师对影响工期和投资的较大事项作出独立决定的权限范围，也应由业主明确授权。业主授予工程师的权限，可根

据工程施工的实际进展情况，随时扩大或缩小，但每次均应同时通知承包商。

工程师应独立、公正地处理合同履行过程中的有关事宜，既要维护业主的利益，也应维护承包商的权益。工程师在作出可能影响业主或承包商的权利和义务的决定前，应仔细听取双方的意见，进行认真调查研究，然后根据合同条款和事实作出公正的决定。工程师应予注意的是：在作出超过授权范围的决定前，必须首先征得业主的批准；除非业主另有授权，他无权改变合同或合同规定承包商应承担的任何义务。而且工程师的决定不具有最终的约束力，业主和承包商任何一方对工程师的决定不满意时，都有权提请仲裁解决。

②工程师代表。由少数级别较高、经验丰富的人员组成。工程师这一层成员通常不常驻工地，只是不定期到现场检查并处理重大问题。为了保证现场的监理工作不间断地进行，工程师委派工程师代表常驻工地，并授予他一定的权力负责现场施工的日常监督、管理、协调工作。工程师代表的任命和授权应书面告知业主和承包商。在授权范围内，工程师代表向承包商发布的任何指示，与工程师的指示具有同等效力。

授予工程师代表的权力，应以保证施工现场的监理工作不间断地顺利进行为限，包括在紧急情况下采取必要措施的权力。但不能将工程师的全部权力都委托给工程师代表，因为工程师承担着监理合同的最终法律责任，财务、工期和法律等重大问题必须由工程师亲自处理。这些问题大致包括：对设计图纸及变更图纸的批准；发布重要指令，如开工令、暂停施工令、复工令等，以及对工期、合同价格有较大变动的重大变更指令；签发重要证书，如工程移交证书、解除缺陷责任证书、竣工结算支付证书、最终决算支付证书等；处理重大索赔事件，处理承包商严重违约问题，处理业主违约或其他应由业主承担风险事件发生后，给承包商补偿或赔偿的有关事宜；调解业主与承包商之间的合同争议等。

工程师代表仅对工程师负责，而不直接对业主负责，从这个角度来看，工程师要对工程师代表的行为负责。因此，在通用条件中规定，如果因工程师代表的疏忽，未能指出工程材料或设备的质量不合格，不妨碍工程师对承包商发出要求改正的指示；当承包商对工程师代表发出的任何指示或决定有不同意见及疑问时，可以越过工程师代表直接请工程师给予确认、修改或变更其内容。

③助理。工程师和工程师代表可以任命任意数量的助理协助工程师代表工作。助理人员的职责和权力仅限于依据合同规定，确保材料、工程设备和施工质量达到要求的标准，无权发布质量管理以外的指示。工程师或工程师代表应将助理人员的姓名、职责和权力范围书面通知承包商。助理在授权范围内发布的指示，均被视为工程师代表发出的指示。

（2）工程师的权力。FIDIC合同条件基于合同履行过程中以工程师为核心的管理模式，因此，合同条款内明示的工程师对合同管理的权限范围比较大，可以概括为以下几个方面：

①质量管理方面。主要表现在：对运抵施工现场的材料、设备质量的检查和检验；对承包商施工过程中的工艺操作进行监督；对已完成工程部位质量的确认或拒收；发布指令要求对不合格工程部位采取补救措施。

②进度管理方面。主要表现在：审查批准承包商的施工进度计划；指示承包商修改施工进度计划；发布开工令、暂停施工令、复工令和赶工令。

③支付管理方面。主要表现在：确定变更工程的估价；批准使用暂定金额和计日工；

签发给承包商的各种付款证书。

④合同管理方面。主要表现在：解释合同文件中的矛盾和歧义；批准分包工程（除劳务分包、采购分包及合同中指定的分包商对工程的分包）；发布工程变更指令；签发"工程移交证书"和"解除缺陷责任证书"；审核承包商的索赔；行使合同必然引申的权力。

（3）工程师的职责。工程师最根本的职责是认真地按照业主和承包商签订的合同工作，另一个职责是协调施工的有关事宜，包括合同方面的管理、工程质量及技术问题的处理、工程支付的管理等。同时，凡合同中要求工程师需应用自己的判断表明决定、意见或同意，表示满意或批准，确定价值或采取任何其他行动时，他都应公正行事，严格遵守合同规定，在充分考虑业主和承包商双方的观点后，基于事实作出决定。

复习思考题

1. 试述建设工程施工合同的概念和特征。
2. 按计价方法分类，施工合同可分为哪些种类？各种合同的含义分别是怎样的？
3. 订立施工合同应遵循哪些原则？
4. 施工合同规定了发包人和承包人分别应承担哪些一般义务？
5. 试述施工索赔的概念和类别。
6. 承包人向发包人提出索赔的工作程序是怎样的？
7. 试述"FIDIC"合同条款的产生背景和特征。

附录 I

一、招标公告（未进行资格预审）

<u>　　　　</u>（项目名称）<u>　　　　</u>标段施工招标公告

1. 招标条件

本招标项目<u>　　　</u>（项目名称）已由<u>　　　</u>（项目审批、核准或备案机关名称）以<u>　　　</u>（批文名称及编号）批准建设，项目业主为<u>　　　</u>，建设资金来自<u>　　　</u>（资金来源），项目出资比例为<u>　　　</u>，招标人为<u>　　　</u>。项目已具备招标条件，现对该项目的施工进行公开招标。

2. 项目概况与招标范围

<u>　　　</u>（说明本次招标项目的建设地点、规模、计划工期、招标范围、标段划分等）。

3. 投标人资格要求

3.1 本次招标要求投标人须具备<u>　　　</u>资质，<u>　　　</u>业绩，并在人员、设备、资金等方面具有相应的施工能力。

3.2 本次招标<u>　　　</u>（接受或不接受）联合体投标。联合体投标的，应满足下列要求：<u>　　　　</u>。

3.3 各投标人均可就上述标段中的<u>　　　</u>（具体数量）个标段投标。

4. 招标文件的获取

4.1 凡有意参加投标者，请于<u>　</u>年<u>　</u>月<u>　</u>日至<u>　</u>年<u>　</u>月<u>　</u>日（法定公休日、法定节假日除外），每日上午<u>　</u>时至<u>　</u>时，下午<u>　</u>时至<u>　</u>时（北京时间，下同），在<u>　　　</u>（详细地址）持单位介绍信购买招标文件。

4.2 招标文件每套售价<u>　　　</u>元，售后不退。图纸押金<u>　　　</u>元，在退还图纸时退还（不计利息）。

4.3 邮购招标文件的，需另加手续费（含邮费）<u>　　　</u>元。招标人在收到单位介绍信和邮购款（含手续费）后<u>　　　</u>日内寄送。

5. 投标文件的递交

5.1 投标文件递交的截止时间（投标截止时间，下同）为<u>　</u>年<u>　</u>月<u>　</u>日<u>　</u>时<u>　</u>分，地点为<u>　　　</u>。

5.2 逾期送达的或者未送达指定地点的投标文件，招标人不予受理。

6. 发布公告的媒介

本次招标公告同时在<u>　　　</u>（发布公告的媒介名称）上发布。

7. 联系方式

招 标 人：＿＿＿＿＿＿＿＿＿＿ 招标代理机构：＿＿＿＿＿＿＿
地　　址：＿＿＿＿＿＿＿＿＿＿ 地　　址：＿＿＿＿＿＿＿＿＿
邮　　编：＿＿＿＿＿＿＿＿＿＿ 邮　　编：＿＿＿＿＿＿＿＿＿
联 系 人：＿＿＿＿＿＿＿＿＿＿ 联 系 人：＿＿＿＿＿＿＿＿＿
电　　话：＿＿＿＿＿＿＿＿＿＿ 电　　话：＿＿＿＿＿＿＿＿＿
传　　真：＿＿＿＿＿＿＿＿＿＿ 传　　真：＿＿＿＿＿＿＿＿＿
电子邮件：＿＿＿＿＿＿＿＿＿＿ 电子邮件：＿＿＿＿＿＿＿＿＿
网　　址：＿＿＿＿＿＿＿＿＿＿ 网　　址：＿＿＿＿＿＿＿＿＿
开户银行：＿＿＿＿＿＿＿＿＿＿ 开户银行：＿＿＿＿＿＿＿＿＿
账　　号：＿＿＿＿＿＿＿＿＿＿ 账　　号：＿＿＿＿＿＿＿＿＿

＿＿＿年＿＿＿月＿＿＿日

二、资格预审公告

＿＿＿＿＿＿＿（项目名称）＿＿＿＿＿＿＿标段施工招标
资格预审公告（代招标公告）

1. 招标条件

本招标项目＿＿＿＿＿＿＿（项目名称）已由＿＿＿＿＿＿＿（项目审批、核准或备案机关名称）以（批文名称及编号）批准建设，项目业主为＿＿＿＿＿＿＿，建设资金来自＿＿＿＿＿＿＿（资金来源），项目出资比例为＿＿＿＿＿＿＿，招标人为＿＿＿＿＿＿＿。项目已具备招标条件，现进行公开招标，特邀请有兴趣的潜在投标人（以下简称申请人）提出资格预审申请。

2. 项目概况与招标范围

＿＿＿＿＿＿＿（说明本次招标项目的建设地点、规模、计划工期、招标范围、标段划分等）。

3. 申请人资格要求

3.1 本次资格预审要求申请人具备＿＿＿＿＿＿＿资质，＿＿＿＿＿＿＿业绩，并在人员、设备、资金等方面具备相应的施工能力。

3.2 本次资格预审＿＿＿＿＿＿＿（接受或不接受）联合体资格预审申请。联合体申请资格预审的，应满足下列要求：＿＿＿＿＿＿＿。

3.3 各申请人可就上述标段中的＿＿＿＿＿＿＿（具体数量）个标段提出资格预审申请。

4. 资格预审方法

本次资格预审采用＿＿＿＿＿＿＿（合格制/有限数量制）。

5. 资格预审文件的获取

5.1 请申请人于＿＿＿年＿＿＿月＿＿＿日至＿＿＿年＿＿＿月＿＿＿日（法定公休日、法定节假日除外），每日上午＿＿＿时至＿＿＿时，下午＿＿＿时至＿＿＿时（北京时间，下同），在＿＿＿＿＿＿＿（详细地址）持单位介绍信购买资格预审文件。

5.2 资格预审文件每套售价_____元,售后不退。

5.3 邮购资格预审文件的,需另加手续费(含邮费)_____元。招标人在收到单位介绍信和邮购款(含手续费)后_____日内寄送。

6. 资格预审申请文件的递交

6.1 递交资格预审申请文件截止时间(申请截止时间,下同)为____年____月____日____时____分,地点为_____。

6.2 逾期送达或者未送达指定地点的资格预审申请文件,招标人不予受理。

7. 发布公告的媒介

本次资格预审公告同时在_____(发布公告的媒介名称)上发布。

8. 联系方式

招 标 人:_____ 招标代理机构:_____
地　　址:_____ 地　　址:_____
邮　　编:_____ 邮　　编:_____
联 系 人:_____ 联 系 人:_____
电　　话:_____ 电　　话:_____
传　　真:_____ 传　　真:_____
电子邮件:_____ 电子邮件:_____
网　　址:_____ 网　　址:_____
开户银行:_____ 开户银行:_____
账　　号:_____ 账　　号:_____

____年____月____日

三、投标人须知

投标人须知前附表

条款号	条款名称	编列内容
1.1.2	招标人	名称: 地址: 联系人: 电话:
1.1.3	招标代理机构	名称: 地址: 联系人: 电话:
1.1.4	项目名称	
1.1.5	建设地点	

续表

条款号	条 款 名 称	编 列 内 容
1.2.1	资金来源	
1.2.2	出资比例	
1.2.3	资金落实情况	
1.3.1	招标范围	
1.3.2	计划工期	计划工期：_____日历天 计划开工日期：____年____月____日 计划竣工日期：____年____月____日
1.3.3	质量要求	
1.4.1	投标人资质条件、能力和信誉	资质条件： 财务要求： 业绩要求： 信誉要求： 项目经理（建造师，下同）资格： 其他要求：
1.4.2	是否接受联合体投标	□不接受 □接受，应满足下列要求：
1.9.1	踏勘现场	□不组织 □组织，踏勘时间： 　　　　踏勘集中地点：
1.10.1	投标预备会	□不召开 □召开，召开时间： 　　　　召开地点：
1.10.2	投标人提出问题的截止时间	
1.10.3	招标人书面澄清的时间	
1.11	分包	□不允许 □允许，分包内容要求： 　　　　分包金额要求： 　　　　接受分包的第三人资质要求：
1.12	偏离	□不允许 □允许
2.1	构成招标文件的其他材料	
2.2.1	投标人要求澄清招标文件的截止时间	

续表

条款号	条款名称	编列内容
2.2.2	投标截止时间	___年___月___日___时___分
2.2.3	投标人确认收到招标文件澄清的时间	
2.3.2	投标人确认收到招标文件修改的时间	
3.1.1	构成投标文件的其他材料	
3.3.1	投标有效期	
3.4.1	投标保证金	投标保证金的形式： 投标保证金的金额：
3.5.2	近年财务状况的年份要求	_____年
3.5.3	近年完成的类似项目的年份要求	_____年
3.5.5	近年发生的诉讼及仲裁情况的年份要求	_____年
3.6	是否允许递交备选投标方案	□不允许 □允许
3.7.3	签字或盖章要求	
3.7.4	投标文件副本份数	_____份
3.7.5	装订要求	
4.1.2	封套上写明	招标人的地址： 招标人名称： _____（项目名称）_____段投标文件在___年___月___日___时___分前不得开启
4.2.2	递交投标文件地点	
4.2.3	是否退还投标文件	□否 □是
5.1	开标时间和地点	开标时间：同投标截止时间 开标地点：
5.2	开标程序	(4) 密封情况检查： (5) 开标顺序：
6.1.1	评标委员会的组建	评标委员会构成：_____人，其中招标人代表_____人，专家_____人； 评标专家确定方式
7.1	是否授权评标委员会确定中标人	□是 □否，推荐的中标候选人数：

续表

条款号	条款名称	编列内容
7.3.1	履约担保	履约担保的形式： 履约担保的金额：
10		需要补充的其他内容

1. 总则

1.1 项目概况

1.1.1 根据《中华人民共和国招标投标法》等有关法律、法规和规章的规定，本招标项目已具备招标条件，现对本标段施工进行招标。

1.1.2 本招标项目招标人：见投标人须知前附表。

1.1.3 本标段招标代理机构：见投标人须知前附表。

1.1.4 本招标项目名称：见投标人须知前附表。

1.1.5 本标段建设地点：见投标人须知前附表。

1.2 资金来源和落实情况

1.2.1 本招标项目的资金来源：见投标人须知前附表。

1.2.2 本招标项目的出资比例：见投标人须知前附表。

1.2.3 本招标项目的资金落实情况：见投标人须知前附表。

1.3 招标范围、计划工期和质量要求

1.3.1 本次招标范围：见投标人须知前附表。

1.3.2 本标段的计划工期：见投标人须知前附表。

1.3.3 本标段的质量要求：见投标人须知前附表。

1.4 投标人资格要求（适用于已进行资格预审的）

投标人应是收到招标人发出投标邀请书的单位。

1.4 投标人资格要求（适用于未进行资格预审的）

1.4.1 投标人应具备承担本标段施工的资质条件、能力和信誉。

（1）资质条件：见投标人须知前附表。

（2）财务要求：见投标人须知前附表。

（3）业绩要求：见投标人须知前附表。

（4）信誉要求：见投标人须知前附表。

（5）项目经理资格：见投标人须知前附表。

（6）其他要求：见投标人须知前附表。

1.4.2 投标人须知前附表规定接受联合体投标的，除应符合本章第1.4.1项和投标人须知前附表的要求外，还应遵守以下规定：

（1）联合体各方应按招标文件提供的格式签订联合体协议书，明确联合体牵头人和各方权利义务；

（2）由同一专业的单位组成的联合体，按照资质等级较低的单位确定资质等级；

（3）联合体各方不得再以自己名义单独或参加其他联合体在同一标段中投标。

1.4.3 投标人不得存在下列情形之一：

（1）为招标人不具有独立法人资格的附属机构（单位）；

（2）为本标段前期准备提供设计或咨询服务的，但设计施工总承包的除外；

（3）为本标段的监理人；

（4）为本标段的代建人；

（5）为本标段提供招标代理服务的；

（6）与本标段的监理人或代建人或招标代理机构同为一个法定代表人的；

（7）与本标段的监理人或代建人或招标代理机构相互控股或参股的；

（8）与本标段的监理人或代建人或招标代理机构相互任职或工作的；

（9）被责令停业的；

（10）被暂停或取消投标资格的；

（11）财产被接管或冻结的；

（12）在最近三年内有骗取中标或严重违约或重大工程质量问题的。

1.5 费用承担

投标人准备和参加投标活动发生的费用自理。

1.6 保密

参与招标投标活动的各方应对招标文件和投标文件中的商业和技术等秘密保密，违者应对由此造成的后果承担法律责任。

1.7 语言文字

除专用术语外，与招标投标有关的语言均使用中文。必要时专用术语应附有中文注释。

1.8 计量单位

所有计量均采用中华人民共和国法定计量单位。

1.9 踏勘现场

1.9.1 投标人须知前附表规定组织踏勘现场的，招标人按投标人须知前附表规定的时间、地点组织投标人踏勘项目现场。

1.9.2 投标人踏勘现场发生的费用自理。

1.9.3 除招标人的原因外，投标人自行负责在踏勘现场中所发生的人员伤亡和财产损失。

1.9.4 招标人在踏勘现场中介绍的工程场地和相关的周边环境情况，供投标人在编制投标文件时参考，招标人不对投标人据此作出的判断和决策负责。

1.10 投标预备会

1.10.1 投标人须知前附表规定召开投标预备会的，招标人按投标人须知前附表规定的时间和地点召开投标预备会，澄清投标人提出的问题。

1.10.2 投标人应在投标人须知前附表规定的时间前，以书面形式将提出的问题送达招标人，以便招标人在会议期间澄清。

1.10.3 投标预备会后，招标人在投标人须知前附表规定的时间内，将对投标人所提问题的澄清，以书面方式通知所有购买招标文件的投标人。该澄清内容为招标文件的组成部分。

1.11 分包

投标人拟在中标后将中标项目的部分非主体、非关键性工作进行分包的，应符合投标人须知前附表规定的分包内容、分包金额和接受分包的第三人资质要求等限制性条件。

1.12 偏离

投标人须知前附表允许投标文件偏离招标文件某些要求的，偏离应当符合招标文件规定的偏离范围和幅度。

2. 招标文件

2.1 招标文件的组成

本招标文件包括：

（1）招标公告（或投标邀请书）；
（2）投标人须知；
（3）评标办法；
（4）合同条款及格式；
（5）工程量清单；
（6）图纸；
（7）技术标准和要求；
（8）投标文件格式；
（9）投标人须知前附表规定的其他材料。

根据本章第1.10款、第2.2款和第2.3款对招标文件所作的澄清、修改，构成招标文件的组成部分。

2.2 招标文件的澄清

2.2.1 投标人应仔细阅读和检查招标文件的全部内容。如发现缺页或附件不全，应及时向招标人提出，以便补齐。如有疑问，应在投标人须知前附表规定的时间前以书面形式（包括信函、电报、传真等可以有形地表现所载内容的形式，下同），要求招标人对招标文件予以澄清。

2.2.2 招标文件的澄清将在投标人须知前附表规定的投标截止时间15天前以书面形式发给所有购买招标文件的投标人，但不指明澄清问题的来源。如果澄清发出的时间距投标截止时间不足15天，相应延长投标截止时间。

2.2.3 投标人在收到澄清后，应在投标人须知前附表规定的时间内以书面形式通知招标人，确认已收到该澄清。

2.3 招标文件的修改

2.3.1 在投标截止时间 15 天前,招标人可以书面形式修改招标文件,并通知所有已购买招标文件的投标人。如果修改招标文件的时间距投标截止时间不足 15 天,相应延长投标截止时间。

2.3.2 投标人收到修改内容后,应在投标人须知前附表规定的时间内以书面形式通知招标人,确认已收到该修改。

3. 投标文件

3.1 投标文件的组成

3.1.1 投标文件应包括下列内容:

(1) 投标函及投标函附录;
(2) 法定代表人身份证明或附有法定代表人身份证明的授权委托书;
(3) 联合体协议书;
(4) 投标保证金;
(5) 已标价工程量清单;
(6) 施工组织设计;
(7) 项目管理机构;
(8) 拟分包项目情况表;
(9) 资格审查资料;
(10) 投标人须知前附表规定的其他材料。

3.1.2 投标人须知前附表规定不接受联合体投标的,或投标人没有组成联合体的,投标文件不包括本章第 3.1-1（3）目所指的联合体协议书。

3.2 投标报价

3.2.1 投标人应按第五章"工程量清单"的要求填写相应表格。

3.2.2 投标人在投标截止时间前修改投标函中的投标总报价,应同时修改第五章"工程量清单"中的相应报价。此修改须符合本章第 4.3 款的有关要求。

3.3 投标有效期

3.3.1 在投标人须知前附表规定的投标有效期内,投标人不得要求撤销或修改其投标文件。

3.3.2 出现特殊情况需要延长投标有效期的,招标人以书面形式通知所有投标人延长投标有效期。投标人同意延长的,应相应延长其投标保证金的有效期,但不得要求或被允许修改或撤销其投标文件;投标人拒绝延长的,其投标失效,但投标人有权收回其投标保证金。

3.4 投标保证金

3.4.1 投标人在递交投标文件的同时,应按投标人须知前附表规定的金额、担保形式和第八章"授标文件格式"规定的投标保证金格式递交投标保证金,并作为其投标文件的组成部分。联合体投标的,其投标保证金由牵头人递交,并应符合投标人须知前附表的规定。

3.4.2 投标人不按本章第 3.4.1 项要求提交投标保证金的,其投标文件作废标处理。

3.4.3 招标人与中标人签订合同后 5 个工作日内,向未中标的投标人和中标人退还投标保证金。

3.4.4 有下列情形之一的,投标保证金将不予退还:

(1) 投标人在规定的投标有效期内撤销或修改其投标文件;

(2) 中标人在收到中标通知书后,无正当理由拒签合同协议书或未按招标文件规定提交履约担保。

3.5 资格审查资料(适用于已进行资格预审的)

投标人在编制投标文件时,应按新情况更新或补充其在申请资格预审时提供的资料,以证实其各项资格条件仍能继续满足资格预审文件的要求,具备承担本标段施工的资质条件、能力和信誉。

3.5 资格审查资料(适用于未进行资格预审的)

3.5.1 "投标人基本情况表"应附投标人营业执照副本及其年检合格的证明材料、资质证书副本和安全生产许可证等材料的复印件。

3.5.2 "近年财务状况表"应附经会计师事务所或审计机构审计的财务会计报表,包括资产负债表、现金流量表、利润表和财务情况说明书的复印件,具体年份要求见投标人须知前附表。

3.5.3 "近年完成的类似项目情况表"应附中标通知书和(或)合同协议书、工程接收证书(工程竣工验收证书)的复印件,具体年份要求见投标人须知前附表。每张表格只填写一个项目,并标明序号。

3.5.4 "正在施工和新承接的项目情况表"应附中标通知书和(或)合同协议书复印件。每张表格只填写一个项目,并标明序号。

3.5.5 "近年发生的诉讼及仲裁情况"应说明相关情况,并附法院或仲裁机构作出的判决、裁决等有关法律文书复印件,具体年份要求见投标人须知前附表。

3.5.6 投标人须知前附表规定接受联合体投标的,本章第 3.6.1 项至第 3.6.5 项规定的表格和资料应包括联合体各方相关情况。

3.6 备选投标方案

除投标人须知前附表另有规定外,投标人不得递交备选投标方案。允许投标人递交备选投标方案的,只有中标人所递交的备选投标方案方可予以考虑。评标委员会认为中标人的备选投标方案优于其按照招标文件要求编制的投标方案的,招标人可以接受该备选投标方案。

3.7 投标文件的编制

3.7.1 投标文件应按第八章"投标文件格式"进行编写,如有必要,可以增加附页,作为投标文件的组成部分。其中,投标函附录在满足招标文件实质性要求的基础上,可以提出比招标文件要求更有利于招标人的承诺。

3.7.2 投标文件应当对招标文件有关工期、投标有效期、质量要求、技术标准和要求、招标范围等实质性内容作出响应。

3.7.3 投标文件应用不褪色的材料书写或打印,并由投标人的法定代表人或其委托代理人签字或盖单位章。委托代理人签字的,投标文件应附法定代表人签署的授权委托书。投标文件应尽量避免涂改、行间插字或删除。如果出现上述情况，改动之处应加盖单位章或由投标人的法定代表人或其授权的代理人签字确认。签字或盖章的具体要求见投标人须知前附表。

3.7.4 投标文件正本一份，副本份数见投标人须知前附表。正本和副本的封面上应清楚地标记"正本"或"副本"的字样。当副本和正本不一致时，以正本为准。

3.7.5 投标文件的正本与副本应分别装订成册，并编制目录，具体装订要求见投标人须知前附表规定。

4. 投标

4.1 投标文件的密封和标识

4.1.1 投标文件的正本与副本应分开包装，加贴封条，并在封套的封口处加盖单位章。

4.1.2 投标文件的封套上应清楚地标记"正本"或"副本"字样，封套上应写明的内容见投标人须知前附表。

4.1.3 未按本章第4.1.1项或第4.1.2项要求密封和加写标记的投标文件，招标人不予受理。

4.2 投标文件的递交

4.2.1 投标人应在本章第2.2.2项规定的投标截止时间前递交投标文件。

4.2.2 投标人递交投标文件的地点见投标人须知前附表。

4.2.3 除投标人须知前附表另有规定外，投标人所递交的投标文件不予退还。

4.2.4 招标人收到投标文件后，向投标人出具签收凭证。

4.2.5 逾期送达的或者未送达指定地点的投标文件，招标人不予受理。

4.3 投标文件的修改与撤回

4.3.1 在本章第2.2.2项规定的投标截止时间前，投标人可以修改或撤回已递交的投标文件，但应以书面形式通知招标人。

4.3.2 投标人修改或撤回已递交投标文件的书面通知应按照本章第3.7.3项的要求签字或盖章。招标人收到书面通知后，向投标人出具签收凭证。

4.3.3 修改的内容为投标文件的组成部分。修改的投标文件应按照本章第3条、第4条规定进行编制、密封、标记和递交，并标明"修改"字样。

5. 开标

5.1 开标时间和地点

招标人在本章第2.2.2项规定的投标截止时间（开标时间）和投标人须知前附表规定的地点公开开标，并邀请所有投标人的法定代表人或其委托代理人准时参加。

5.2 开标程序

主持人按下列程序进行开标：

（1）宣布开标纪律；

（2）公布在投标截止时间前递交投标文件的投标人名称，并点名确认投标人是否派人到场；

（3）宣布开标人、唱标人、记录人、监标人等有关人员姓名；

（4）按照投标人须知前附表规定检查投标文件的密封情况；
（5）按照投标人须知前附表的规定确定并宣布投标文件开标顺序；
（6）设有标底的，公布标底；
（7）按照宣布的开标顺序当众开标，公布投标人名称、标段名称、投标保证金的递交情况、投标报价、质量目标、工期及其他内容，并记录在案；
（8）投标人代表、招标人代表、监标人、记录人等有关人员在开标记录上签字确认；
（9）开标结束。

6. 评标

6.1 评标委员会

6.1.1 评标由招标人依法组建的评标委员会负责。评标委员会由招标人或其委托的招标代理机构熟悉相关业务的代表，以及有关技术、经济等方面的专家组成。评标委员会成员人数以及技术、经济等方面专家的确定方式见投标人须知前附表。

6.1.2 评标委员会成员有下列情形之一的，应当回避：
（1）招标人或投标人的主要负责人的近亲属；
（2）项目主管部门或者行政监督部门的人员；
（3）与投标人有经济利益关系，可能影响对投标公正评审的；
（4）曾因在招标、评标以及其他与招标投标有关活动中从事违法行为而受过行政处罚或刑事处罚的。

6.2 评标原则

评标活动遵循公平、公正、科学和择优的原则。

6.3 评标

评标委员会按照第三章"评标办法"规定的方法、评审因素、标准和程序对投标文件进行评审。第三章"评标办法"没有规定的方法、评审因素和标准，不作为评标依据。

7. 合同授予

7.1 定标方式

除投标人须知前附表规定评标委员会直接确定中标人外，招标人依据评标委员会推荐的中标候选人确定中标人，评标委员会推荐中标候选人的人数见投标人须知前附表。

7.2 中标通知

在本章第3.3款规定的投标有效期内，招标人以书面形式向中标人发出中标通知书，同时将中标结果通知未中标的投标人。

7.3 履约担保

7.3.1 在签订合同前，中标人应按投标人须知前附表规定的金额、担保形式和招标文件第四章"合同条款及格式"规定的履约担保格式向招标人提交履约担保。联合体中标的，其履约担保由牵头人递交，并应符合投标人须知前附表规定的金额、担保形式和招标文件第四章"合同条款及格式"规定的履约担保格式要求。

7.3.2 中标人不能按本章第7.3.1项要求提交履约担保的，视为放弃中标，其投标保证金不予退还，给招标人造成的损失超过投标保证金数额的，中标人还应当对超过部分予以赔偿。

7.4 签订合同

7.4.1 招标人和中标人应当自中标通知书发出之日起 30 天内，根据招标文件和中标人的投标文件订立书面合同。中标人无正当理由拒签合同的，招标人取消其中标资格，其投标保证金不予退还；给招标人造成的损失超过投标保证金数额的，中标人还应当对超过部分予以赔偿。

7.4.2 发出中标通知书后，招标人无正当理由拒签合同的，招标人向中标人退还投标保证金，给中标人造成损失的，还应当赔偿损失。

8. 重新招标和不再招标

8.1 重新招标

有下列情形之一的，招标人将重新招标：

（1）投标截止时间止，投标人少于 3 个的；

（2）经评标委员会评审后否决所有投标的。

8.2 不再招标

重新招标后投标人仍少于 3 个或者所有投标被否决的，属于必须审批或核准的工程建设项目，经原审批或核准部门批准后不再进行招标。

9. 纪律和监督

9.1 对招标人的纪律要求

招标人不得泄漏招标投标活动中应当保密的情况和资料，不得与投标人串通损害国家利益、社会公共利益或者他人合法权益。

9.2 对投标人的纪律要求

投标人不得相互串通投标或者与招标人串通投标，不得向招标人或者评标委员会成员行贿谋取中标，不得以他人名义投标或者以其他方式弄虚作假骗取中标；投标人不得以任何方式干扰、影响评标工作。

9.3 对评标委员会成员的纪律要求

评标委员会成员不得收受他人的财物或者其他好处，不得向他人透漏对投标文件的评审、比较和中标候选人的推荐情况以及与评标有关的其他情况。在评标活动中，评标委员会成员不得擅离职守，影响评标程序正常进行，不得使用第三章"评标办法"没有规定的评审因素和标准进行评标。

9.4 对与评标活动有关的工作人员的纪律要求

与评标活动有关的工作人员不得收受他人的财物或者其他好处，不得向他人透漏对投标文件的评审、比较和中标候选人的推荐情况以及与评标有关的其他情况。在评标活动中，与评标活动有关的工作人员不得撤离职守，影响评标程序正常进行。

9.5 投诉

投标人和其他利害关系人认为本次招标活动违反法律、法规和规章规定的，有权向有关行政监督部门投诉。

10. 需要补充的其他内容

需要补充的其他内容：见投标人须知前附表。

四、投标函及投标函附录

（一）投标函

_____（招标人名称）：

1. 我方已仔细研究了_____（项目名称）_____标段施工招标文件的全部内容，愿意以人民币（大写）_____元（￥_____）的投标总报价，工期_____日历天，按合同约定实施和完成承包工程，修补工程中的任何缺陷，工程质量达到_____。

2. 我方承诺在投标有效期内不修改、撤销投标文件。

3. 随同本投标函提交投标保证金一份，金额为人民币（大写）_____元(￥_____)。

4. 如我方中标：

（1）我方承诺在收到中标通知书后，在中标通知书规定的期限内与你方签订合同。

（2）随同本投标函递交的投标函附录属于合同文件的组成部分。

（3）我方承诺按照招标文件规定向你方递交履约担保。

（4）我方承诺在合同约定的期限内完成并移交全部合同工程。

5. 我方在此声明，所递交的投标文件及有关资料内容完整、真实和准确，且不存在第二章"投标人须知"第1.4.3项规定的任何一种情形。

6. _____（其他补充说明）。

投标人：_____（盖单位章）

法定代表人或其委托代理人：_____（签字）

地　　址：_____

网　　址：_____

电　　话：_____

传　　真：_____

邮政编码：_____

___年___月___日

（二）投标函附录

序号	条款名称	合同条款号	约定内容	备注
1	项目经理	1.1.2.4	姓名：_____	
2	工期	1.1.4.3	天数：_____日历天	
3	缺陷责任期	1.1.4.5		
4	分包	4.3.4		
5	价格调整的差额计算	16.1.1	见价格指数权重表	
……	……	……	……	
……	……	……	……	

价格指数权重表

名称		基本价格指数		权重			价格指数来源
		代号	指数值	代号	允许范围	投标人建议值	
定值部分				A			
变值部分	人工费	F_{01}		B_1	___至___		
	钢材	F_{02}		B_2	___至___		
	水泥	F_{03}		B_3	___至___		
	……	……		……	……		
合 计						1.00	

五、投标保证金

_____（招标人名称）：

鉴于_____（投标人名称）（以下称"投标人"）于___年___月___日参加_____（项目名称）_____标段施工的投标，_____（担保人名称，以下简称"我方"）无条件地、不可撤销地保证：投标人在规定的投标文件有效期内撤销或修改其投标文件的，或者投标人在收到中标通知书后无正当理由拒签合同或拒交规定履约担保的，我方承担保证责任。收到你方书面通知后，在7日内无条件向你方支付人民币（大写）_____元。

本保函在投标有效期内保持有效。要求我方承担保证责任的通知应在投标有效期内送达我方。

担保人名称：_____（盖单位章）

法定代表人或其委托代理人：_____（签字）

地　　址：_____

邮政编码：_____

电　　话：_____

传　　真：_____

___年___月___日

六、合同协议书

　　_____（发包人名称，以下简称"发包人"）为实施_____（项目名称），已接受_____（承包人名称，以下简称"承包人"）对该项目_____标段施工的投标。发包人和承包人共同达成如下协议。

　　1. 本协议书与下列文件一起构成合同文件：
　　（1）中标通知书；
　　（2）投标函及投标函附录；'
　　（3）专用合同条款；
　　（4）通用合同条款；
　　（5）技术标准和要求；
　　（6）图纸；
　　（7）已标价工程量清单；
　　（8）其他合同文件。

　　2. 上述文件互相补充和解释，如有不明确或不一致之处，以合同约定次序在先者为准。

　　3. 签约合同价：人民币（大写）_____元（¥_____）。

　　4. 承包人项目经理：_____。

　　5. 工程质量符合_____标准。

　　6. 承包人承诺按合同约定承担工程的实施、完成及缺陷修复。

　　7. 发包人承诺按合同约定的条件、时间和方式向承包人支付合同价款。

　　8. 承包人应按照监理人指示开工，工期为_____日历天。

　　9. 本协议书一式_____份，合同双方各执一份。

　　10. 合同未尽事宜，双方另行签订补充协议。补充协议是合同的组成部分。

发包人：_____（盖单位章）　　　　　承包人：_____（盖单位章）
法定代表人或其委托代理人：_____（签字）法定代表人或其委托代理人：_____（签字）

　　　　　　　　　　　　　　　　　　　　　　　　　___年___月___日
___年___月___日

七、履约担保

　　_____（发包人名称）：

　　鉴于_____（发包人名称，以下简称"发包人"）接受_____（承包人名称）（以下称"承包人"）于_____年____月____日参加_____（项目名称）_____标段施工的投标。我方愿意无条件地、不可撤销地就承包人履行与你方订立的合同，向你方提供担保。

1. 担保金额人民币（大写）_____元（￥_____）。

2. 担保有效期自发包人与承包人签订的合同生效之日起至发包人签发工程接收证书之日止。

3. 在本担保有效期内，因承包人违反合同约定的义务给你方造成经济损失时，我方在收到你方以书面形式提出的在担保金额内的赔偿要求后，在 7 天内无条件支付。

4. 发包人和承包人按《通用合同条款》第 15 条变更合同时，我方承担本担保规定的义务不变。

担 保 人：_____（盖单位章）
法定代表人或其委托代理人：_____（签字）
地　　址：_____
邮政编码：_____
电　　话：_____
传　　真：_____

___年___月___日

附录 Ⅱ

建设工程施工合同（示范文本）
（GF—1999—0201）

第一部分 协 议 书

发包人（全称）：_____
承包人（全称）：_____
依照《中华人民共和国合同法》、《中华人民共和国建筑法》及其他有关法律、行政法规，遵循平等、自愿、公平和诚实信用的原则，双方就本建设工程施工事项协商一致，订立本合同。

一、工程概况
工程名称：_____
工程地点：_____
工程内容：_____
群体工程应附承包人承揽工程项目一览表（附件1）
工程立项批准文号：_____
资金来源：_____

二、工程承包范围
承包范围：_____

三、合同工期
开工日期：_____
竣工日期：_____
合同工期总日历天数：_____

四、质量标准
工程质量标准：_____

五、合同价款
金额（大写）：_____元（人民币）
¥：_____元（人民币）

六、组成合同的文件

组成本合同的文件包括：

1. 本合同协议书

2. 中标通知书

3. 投标书及其附件

4. 本合同专用条款

5. 本合同通用条款

6. 标准、规范及有关技术文件

7. 图纸

8. 工程量清单

9. 工程报价单或预算书

双方达成的有关工程的洽商、变更等书面协议或文件视为本合同的组成部分。

七、本协议书中有关词语含义与本合同第二部分《通用条款》中分别赋予它们的定义相同。

八、承包人向发包人承诺按照合同约定进行施工\竣工并在质量保修期内承担工程质量保修责任。

九、发包人向承包人承诺按照合同约定的期限和方式支付合同价款及其他应当支付的款项。

十、合同生效

合同订立时间：_____年_____月_____日

合同订立地点：_____

本合同双方约定_____后生效。

发包人：（公章）	承包人：（公章）
住　　所：	住　　所：
法定代表人：	法定代表人：
委托代理人：	委托代理人：
电　　话：	电　　话：
开户银行：	开户银行：
账　　号：	账　　号：
邮政编码：	邮政编码：

第二部分　通　用　条　款

一、词语定义及合同文件

1. 词语定义

下列词语除专用条款另有约定外，应具有本条所赋予的定义。

1.1　通用条款：是根据法律、行政法规规定及建设工程施工的需要订立，通用于建设工程施工的条款。

1.2 专用条款：是发包人与承包人根据法律、行政法规规定，结合具体工程实际情况，经协商达成一致意见的条款，是对通用条款的具体化、补充或修改。

1.3 发包人：指在协议书中约定，具有工程发包主体资格和支付工程价款能力的当事人以及取得该当事人资格的合法继承人。

1.4 承包人：指在协议书中约定，被发包人接受的具有工程施工承包主体资格的当事人以及取得该当事人资格的合法继承人。

1.5 项目经理：指承包人在专用条款中指定的负责施工管理和合同履行的代表。

1.6 设计单位：指发包人委托的负责本工程设计并取得相应工程设计资质等级证书的单位。

1.7 监理单位：指发包人委托的负责本工程监理并取得相应工程监理资质等级证书的单位。

1.8 工程师：指本工程监理单位委派的总监理工程师或发包人指定的履行本合同的代表，其具体身份和职权由发包人、承包人在专用条款中约定。

1.9 工程造价管理部门：指国务院有关部门、县级以上人民政府建设行政主管部门或其委托的工程造价管理机构。

1.10 工程：指发包人、承包人在协议书中约定的承包范围内的工程。

1.11 合同价款：指发包人、承包人在协议书中约定，发包人用以支付承包人按照合同约定完成承包范围内全部工程并承担质量保修责任的款项。

1.12 追加合同价款：指在合同履行中发生需要增加合同价款的情况，经发包人确认后按计算合同价款的方法增加的合同价款。

1.13 费用：指不包含在合同价款之内的应当由发包人或承包人承担的经济支出。

1.14 工期：指发包人、承包人在协议书中约定，按总日历天数（包括法定假日）计算的承包天数。

1.15 开工日期：指发包人、承包人在协议书中约定，承包人开始施工的绝对或相对的日期。

1.16 竣工日期：指发包人、承包人在协议书中约定，承包人完成承包范围内工程的绝对或相对的日期。

1.17 图纸：指由发包人提供或由承包人提供并经发包人批准，满足承包人施工需要的所有图纸，包括配套说明和有关资料。

1.18 施工场地：指由发包人提供的用于工程施工的场所、发包人提供的用于工程施工的场所、发包人在图纸中具体指定的供施工使用的任何其他场所。

1.19 书面形式：指合同书、信件和数据电文（包括电报、电传、传真、电子数据交换和电子邮件）等可以有形地表现所载内容的形式。

1.20 违约责任：指合同一方不履行合同义务或履行合同义务不符合约定所应承担的责任。

1.21 索赔：指在合同履行过程中，对于并非由于自己的过错而应由对方承担责任的情况造成的实际损失，向对方提出经济补偿和（或）工期顺延的要求。

1.22　不可抗力：指不能预见、不能避免并且不能克服的客观情况。

1.23　小时或天：本合同中规定按小时计算时间的，从事件有效开始时计算（不扣除休息时间）；规定按天计算时间的，开始当天不计入，从次日开始计算。时限的最后一天是休息日或者其他法定节假日的，以节假日的次日为时限的最后一天，但竣工日期除外。时限的最后一天的截止时间为当日 24 时。

2. 合同文件及解释顺序

2.1　合同文件应能相互解释，互为说明。除专用条款另有约定外，组成本合同的文件及优先解释顺序如下：

（1）本合同协议书

（2）中标通知书

（3）投标书及其附件

（4）本合同专用条款

（5）本合同通用条款

（6）标准、规范及有关技术文件

（7）图纸

（8）工程量清单

（9）工程报价单或预算书

合同履行中，发包人、承包人达成的有关工程的洽商、变更等书面协议或文件视为本合同的组成部分。

2.2　当合同文件内容含糊不清或不相一致时，在不影响工程正常进行的情况下，由发包人、承包人协商解决。双方也可以提请负责监理的工程师作出解释。双方协商不成或不同意由负责监理的工程师解释时，按本通用条款第 37 条关于争议的约定处理。

3. 语言文字和适用法律、标准及规范

3.1　语言文字

本合同文件使用汉语语言文字书写、解释和说明。如专用条款约定使用两种以上（含两种）语言文字时，汉语应为解释和说明本合同的标准语言文字。

在少数民族地区，双方可以约定使用少数民族语言文字书写、解释、说明本合同。

3.2　适用法律和法规

本合同适用国家的法律和行政法规。需要明示的法律、行政法规，由双方在专用条款中约定。

3.3　适用标准、规范

双方在专用条款中约定适用国家标准、规范的名称；没有国家标准、规范但有行业标准、规范的，约定适用行业标准、规范的名称；没有国家和行业标准、规范的，约定适用工程所在地地方标准、规范的名称。发包人应按专用条款约定的时间向承包人提供一式两份约定的标准、规范。

国内没有相应标准、规范的，由发包人按专用条款约定的时间向承包人提出施工技术要求，承包人按约定的时间和要求提出施工工艺，经发包人认可后执行。发包人要求使用国外标准、规范的，应负责提供中文译本。

本条所发生的购买、翻译标准、规范或制定施工工艺的费用，由发包人承担。

4. 图纸

4.1 发包人应按专用条款约定的日期和套数，向承包人提供图纸。承包人需要增加图纸套数的，发包人应代为复制，复制费用由承包人承担。发包人对工程有保密要求的，应在专用条款中提出保密要求，保密措施费用由发包人承担，承包人在约定保密期限内履行保密义务。

4.2 承包人未经发包人同意，不得将本工程图纸转给第三人。工程质量保修期满后，除承包人存档需要的图纸外，应将全部图纸退还给发包人。

4.3 承包人应在施工现场保留一套完整图纸，供工程师及有关人员进行工程检查时使用。

二、双方的一般权利和义务

5. 工程师

5.1 实行工程监理的，发包人应在实施监理前将委托的监理单位名称、监理内容及监理权限以书面形式通知承包人。

5.2 监理单位委派的总监理工程师在本合同中称工程师，其姓名、职务、职权由发包人、承包人在专用条款内写明。工程师按合同约定行使职权，发包人在专用条款内要求工程师在行使某些职权前需要征得发包人批准的，工程师应征得发包人批准。

5.3 发包人派驻施工场地履行合同的代表在本合同中也称工程师，其姓名、职务、职权由发包人在专用条款内写明，但职权不得与监理单位委派的总监理工程师职权相互交叉。双方职权发生交叉或不明确时，由发包人予以明确，并以书面形式通知承包人。

5.4 合同履行中，发生影响发包人、承包人双方权利或义务的事件时，负责监理的工程师应依据合同在其职权范围内客观公正地进行处理。一方对工程师的处理有异议时，按本通用条款第37条关于争议的约定处理。

5.5 除合同内有明确约定或经发包人同意外，负责监理的工程师无权解除本合同约定的承包人的任何权利与义务。

5.6 不实行工程监理的，本合同中工程师专指发包人派驻施工场地履行合同的代表，其具体职权由发包人在专用条款内写明。

6 工程师的委派和指令

6.1 工程师可委派工程师代表，行使合同约定的自己的职权，并可在认为必要时撤回委派。委派和撤回均应提前7天以书面形式通知承包人，负责监理的工程师还应将委派和撤回通知发包人。委派书和撤回通知作为本合同附件。

工程师代表在工程师授权范围内向承包人发出的任何书面形式的函件，与工程师发出的函件具有同等效力。承包人对工程师代表向其发出的任何书面形式的函件有疑问时，可将此函件提交工程师，工程师应进行确认。工程师代表发出指令有误时，工程师应进行纠正。

除工程师或工程师代表外，发包人派驻工地的其他人员均无权向承包人发出任何指令。

6.2 工程师的指令、通知由其本人签字后，以书面形式交给项目经理，项目经理在回执上签署姓名和收到时间后生效。确有必要时,工程师可发出口头指令,并在48小时内给予书面确认,承包人对工程师的指令应予以执行。工程师不能及时给予书面确认的,承包人应于工程师发出口头指令后7天内提出书面确认要求。工程师在承包人提出确认要求后48小时内不予答复的,视为口头指令已被确认。

承包人认为工程师指令不合理,应在收到指令后24小时内向工程师提出修改指令的书面报告,工程师在收到承包人报告后24小时内作出修改指令或继续执行原指令的决定,并以书面形式通知承包人。紧急情况下,工程师要求承包人立即执行的指令或承包人虽有异议,但工程师决定仍继续执行的指令,承包人应予执行。因指令错误发生的追加合同价款和给承包人造成的损失由发包人承担,延误的工期相应顺延。

本款规定同样适用于由工程师代表发出的指令、通知。

6.3 工程师应按合同的约定,及时向承包人提供所需指令、批准并履行约定的其他义务。由于工程师未能按合同约定履行义务造成工期延误,发包人应承担延误造成的追加合同价款,并赔偿承包人有关损失,顺延延误的工期。

6.4 如需更换工程师,发包人应至少提前7天以书面形式通知承包人,后任继续行使合同文件约定的前任的职权,履行前任的义务。

7. 项目经理

7.1 项目经理的姓名、职务在专用条款内写明。

7.2 承包人依据合同发出的通知,以书面形式由项目经理签字后送交工程师,工程师在回执上签署姓名和收到时间后生效。

7.3 项目经理按发包人认可的施工组织设计(施工方案)和工程师依据合同发出的指令组织施工。在情况紧急且无法与工程师联系时,项目经理应当采取保证人员生命和工程、财产安全的紧急措施,并在采取措施的48小时内向工程师递交报告。责任在发包人或第三人,由发包人承担由此发生的追加合同价款,相应顺延工期;责任在承包人,由承包人承担费用,不顺延工期。

7.4 承包人如需要更换项目经理,应至少提前7天以书面形式通知发包人,并征得发包人同意。后任继续行使合同文件约定的前任的职权,履行前任的义务。

7.5 发包人可以与承包人协商,建议更换其认为不称职的项目经理。

8 发包人工作

8.1 发包人按专用条款约定的内容和时间完成以下工作。

(1)办理土地征用、拆迁补偿、平整施工场地等工作,使施工场地具备施工条件,在开工后继续负责解决以上事项遗留问题;

(2)将施工所需水、电、电讯线路从施工场地外部接至专用条款约定地点,保证施工期间的需要;

(3)开通施工场地与城乡公共道路的通道,以及专用条款约定的施工场地内的主要道路,满足施工运输的需要,保证施工期间的畅通;

(4)向承包人提供施工场地的工程地质和地下管线资料,对资料的真实准确性负责;

(5)办理施工许可证及其他施工所需证件、批件和临时用地、停水、停电、中断道路交通、爆破作业等的申请批准手续(证明承包人自身资质的证件除外);

（6）确定水准点与坐标控制点，以书面形式交给承包人，进行现场交验；

（7）组织承包人和设计单位进行图纸会审和设计交底；

（8）协调处理施工场地周围地下管线和邻近建筑物、构筑物（包括文物保护建筑）、古树名木的保护工作，承担有关费用；

（9）发包人应做的其他工作，由双方在专用条款内约定。

8.2 发包人可以将第8.1款部分工作委托给承包人办理，双方在专用条款内约定，其费用由发包人承担。

8.3 发包人未能履行第8.1款各项义务，导致工期延误或给承包人造成损失的，发包人应赔偿承包人有关损失、顺延延误的工期。

9. 承包人工作

9.1 承包人按专用条款约定的内容和时间完成以下工作：

（1）根据发包人委托，在其设计资质等级和业务允许的范围内，完成施工图设计或与工程配套的设计，经工程师确认后使用，发包人承担由此发生的费用；

（2）向工程师提供年、季、月度工程进度计划及相应进度统计报表；

（3）根据工程需要，提供和维修非夜间施工使用的照明、围栏设施，并负责安全保卫；

（4）按专用条款约定的数量和要求，向发包人提供施工场地办公和生活的房屋及设施，发包人承担由此发生的费用；

（5）遵守政府有关主管部门对施工场地交通、施工噪音以及环境保护、安全生产等的管理规定，按规定办理有关手续，并以书面形式通知发包人，发包人承担由此发生的费用，因承包人的过错造成的罚款除外；

（6）已竣工工程未交付发包人之前，承包人按专用条款约定负责已完工程的保护工作，保护期间发生损坏的，承包人自费予以修复；发包人要求承包人采取特殊措施保护的工程部位和相应的追加合同价款，由双方在专用条款内约定；

（7）按专用条款约定做好施工场地地下管线和邻近建筑物、构筑物（包括文物保护建筑）、古树名木的保护工作；

（8）保证施工场地清洁符合环境卫生管理的有关规定，交工前清理现场达到专用条款约定的要求，承担因自身原因违反有关规定造成的损失和罚款；

（9）承包人应做的其他工作，由双方在专用条款内约定。

9.2 承包人未能履行第9.1款各项义务，造成发包人损失的，承包人应赔偿发包人的有关损失。

三、施工组织设计和工期

10. 进度计划

10.1 计划提交工程师，由工程师按专用条款约定的时间予以确认或提出修改意见，逾期不确认也不提出书面意见的，视为同意。

10.2 群体工程中单位工程分期进行施工的，承包人应按照发包人提供图纸及有关资料的时间，按单位工程编制进度计划，其具体内容由双方在专用条款中约定。

10.3 承包人必须按工程师确认的进度计划组织施工，接受工程师对进度的检查、监督。工程实际进度与经确认的进度计划不符时，承包人应按工程师的要求提出改进措施，经工程师确认后执行。因承包人的原因导致实际进度与进度计划不符的，承包人无权就改进措施提出追加合同价款。

11. 开工及延期开工

11.1 承包人应当按照协议书约定的开工日期开工。承包人若不能按时开工，应当不迟于协议书约定的开工日期前7天，以书面形式向工程师提出延期开工的理由和要求。工程师应当在接到延期开工申请后的48小时内以书面形式答复承包人。工程师在接到延期开工申请后48小时内不答复，视为同意承包人要求，工期相应顺延。工程师不同意延期要求或承包人未在规定时间内提出延期开工要求，工期不予顺延。

11.2 因发包人原因不能按照协议书约定的开工日期开工，工程师应以书面形式通知承包人，推迟开工日期。发包人赔偿承包人因延期开工造成的损失，并相应顺延工期。

12. 暂停施工

工程师认为确有必要暂停施工时，应当以书面形式要求承包人暂停施工，并在提出要求后48小时内提出书面处理意见。承包人应当按工程师要求停止施工，并妥善保护已完工程。承包人实施工程师作出的处理意见后，可以书面形式提出复工要求，工程师应当在48小时内给予答复。工程师未能在规定时间内提出处理意见，或收到承包人复工要求后48小时内未予答复，承包人可自行复工。因发包人原因造成停工的，由发包人承担所发生的追加合同价款，赔偿承包人由此造成的损失，相应顺延工期；因承包人的原因造成停工的，由承包人承担发生的费用，工期不予顺延。

13. 工期延误

13.1 因以下原因造成工期延误，经工程师确认，工期相应顺延：

（1）发包人未能按专用条款的约定提供图纸及开工条件；

（2）发包人未能按约定日期支付工程预付款、进度款，致使施工不能正常进行；

（3）工程师未按合同约定提供所需指令、批准等，致使施工不能正常进行；

（4）设计变更和工程量增加；

（5）一周内非因承包人的原因停水、停电、停气造成停工累计超过8小时；

（6）不可抗力；

（7）专用条款中约定或工程师同意工期顺延的其他情况。

13.2 承包人在第13.1款情况发生后14天内，就延误的工期以书面形式向工程师提出报告。工程师在收到报告后14天内予以确认，逾期不予确认也不提出修改意见的，视为同意顺延工期。

14. 工程竣工

14.1 承包人必须按照协议书约定的竣工日期或工程师同意顺延的工期竣工。

14.2 因承包人的原因不能按照协议书约定的竣工日期或工程师同意顺延的工期竣工的，由承包人承担违约责任。

14.3 施工中发包人如需提前竣工，双方协商一致后应签订提前竣工协议，作为合同的组成部分。提前竣工协议应包括承包人为保证工程质量和安全采取的措施、发包人为提前竣工提供的条件以及提前竣工所需的追加合同价款等内容。

四、质量与检验

15. 工程质量

15.1 工程质量应当达到协议书约定的质量标准,质量的评定以国家或行业的质量检验评定标准为依据。因承包人的原因导致工程质量达不到约定的质量标准,由承包人承担违约责任。

15.2 双方对工程质量有争议的,由双方同意的工程质量检测机构鉴定,所需费用及因此造成的损失,由责任方承担。双方均有责任的,由双方根据其责任分别承担。

16. 检查和返工

16.1 承包人应认真按照标准、规范、设计图纸要求以及工程师依据合同发出的指令施工,随时接受工程师的检查、检验,为检查、检验提供便利条件。

16.2 工程质量达不到约定标准的部分,工程师应要求承包人拆除和重新施工,承包人应按工程师的要求拆除和重新施工,直到符合约定标准。因承包人的原因达不到约定标准,由承包人承担拆除和重新施工的费用,工期不予顺延。

16.3 工程师的检查、检验不应影响施工正常进行。如影响施工正常进行,检查、检验不合格时,影响正常施工的费用由承包人承担。除此之外,影响正常施工的追加合同价款由发包人承担,并相应顺延工期。

16.4 因工程师指令失误或其他非可归责于承包人的原因发生的追加合同价款,由发包人承担。

17. 隐蔽工程和中间验收

17.1 工程具备隐蔽条件或达到专用条款约定的中间验收部位,承包人进行自检,并在隐蔽或中间验收前 48 小时以书面形式通知工程师验收。通知包括隐蔽和中间验收的内容、验收时间和地点。承包人准备验收记录,工程师验收合格在验收记录上签字后,承包人可进行隐蔽和继续施工。验收不合格,承包人应在工程师限定的时间内修改后重新验收。

17.2 工程师不能按时进行验收的,应在验收前 24 小时以书面形式向承包人提出延期要求,延期不能超过 48 小时。工程师未能按以上时间提出延期要求,又不进行验收,承包人可自行组织验收,工程师应承认验收记录。

17.3 经工程师验收,认为工程质量符合标准、规范和设计图纸等要求,但验收 24 小时后工程师不在验收记录上签字的,视为工程师已经认可验收记录,承包人可进行隐蔽或继续施工。

18. 重新检验

无论工程师是否进行验收,当其要求对已经隐蔽的工程重新检验时,承包人应按要求进行剥离或开孔,在检验后重新覆盖或修复。检验合格,发包人承担由此发生的全部追加合同价款,赔偿承包人损失,并相应顺延工期。检验不合格,承包人承担发生的全部费用,工期不予顺延。

19. 工程试车

19.1 双方约定需要试车的,试车内容应与承包人承包的安装范围相一致。

19.2 设备安装工程具备单机无负荷试车条件,由承包人组织试车,并在试车前 48

小时以书面形式通知工程师。通知包括试车内容、时间、地点。承包人准备试车记录,发包人根据承包人要求为试车提供必要条件。试车合格,工程师在试车记录上签字。

19.3 工程师不能按时参加试车,须在开始试车前24小时以书面形式向承包人提出延期要求,延期不能超过48小时。工程师未能按以上时间提出延期要求,又不参加试车,应承认试车记录。

19.4 设备安装工程具备无负荷联动试车条件,由发包人组织试车,并在试车前48小时以书面形式通知承包人。通知包括试车内容、时间、地点和对承包人的要求,承包人按要求做好准备工作。试车合格,双方在试车记录上签字。

19.5 双方责任

(1) 由于设计原因致使试车达不到验收要求的,发包人应要求设计单位修改设计,承包人按修改后的设计重新安装。发包人承担修改设计、拆除及重新安装的全部费用和追加合同价款,工期相应顺延。

(2) 由于设备制造原因致使试车达不到验收要求的,则由该设备采购一方负责重新购置或修理,由承包人负责拆除和重新安装。设备由承包人采购的,由承包人承担修理或重新购置、拆除及重新安装的费用,工期不予顺延;设备由发包人采购的,由发包人承担上述各项追加合同价款,工期相应顺延。

(3) 由于承包人的施工原因导致试车达不到验收要求的,承包人应按工程师要求重新安装和试车,并承担重新安装和试车的费用,工期不予顺延。

(4) 试车费用均由发包人承担,除非已包括在合同价款之内或专用条款另有约定。

(5) 工程师在试车合格后不在试车记录上签字的,试车结束24小时后,视为工程师已经认可试车记录,承包人可继续施工或办理竣工手续。

19.6 投料试车应在工程竣工验收后由发包人负责,如发包人要求在工程竣工验收前进行或需要承包人配合时,应征得承包人同意,另行签订补充协议。

五、安全施工

20. 安全施工与检查

20.1 承包人应遵守工程建设安全生产的有关管理规定,严格按安全标准组织施工,并随时接受行业安全检查人员依法实施的监督检查,采取必要的安全防护措施,消除事故隐患。由于承包人的安全措施不力造成的事故责任和因此发生的费用,由承包人承担。

20.2 发包人应对其在施工场地的工作人员进行安全教育,并对他们的安全负责。发包人不得要求承包人违反安全管理的规定进行施工。因发包人的原因导致的安全事故,由发包人承担相应责任及发生的费用。

21. 安全防护

21.1 承包人在动力设备、输电线路、地下管道、密封防震车间、易燃易爆地段以及临街交通要道附近施工时,施工开始前应向工程师提出安全防护措施,经工程师认可后实施,防护措施费用由发包人承担。

21.2 实施爆破作业,在放射、毒害性环境中施工(含储存、运输、使用)及使用毒害性、腐蚀性物品施工时,承包人应在施工前14天以书面形式通知工程师,并提出相应的安全防护措施,经工程师认可后实施,由发包人承担安全防护措施费用。

22. 事故处理

22.1 发生重大伤亡及其他安全事故，承包人应立即通知工程师，同时上报有关部门，按其要求进行处理，由事故责任方承担发生的费用。

22.2 发包人、承包人对事故责任有争议时，应按政府有关部门的认定处理。

六、合同价款与支付

23. 合同价款及调整

23.1 招标工程的合同价款由发包人、承包人依据中标通知书中的中标价格在协议书内约定。非招标工程的合同价款由发包人、承包人依据工程预算书在协议书内约定。

23.2 合同价款在协议书内约定后，任何一方不得擅自改变。一般有三种确定合同价款的方式，双方可在专用条款内约定采用其中一种：

（1）固定价格合同。双方在专用条款内约定合同价款包含的风险范围和风险费用的计算方法，在约定的风险范围内合同价款不再调整；至于风险范围以外的合同价款的调整方法，应当在专用条款内约定。

（2）可调价格合同。合同价款可根据双方的约定而调整，双方在专用条款内约定合同价款的调整方法。

（3）成本加酬金合同。合同价款包括成本和酬金两部分，双方在专用条款内约定成本构成和酬金的计算方法。

23.3 可调价格合同中合同价款的调整因素包括：

（1）法律、行政法规和国家有关政策变化影响合同价款；

（2）工程造价管理部门公布的价格调整；

（3）一周内因非可归责于承包人的原因停水、停电、停气造成停工累计超过 8 小时；

（4）双方约定的其他因素。

23.4 承包人应当在第 23.3 款情况发生后 14 天内，将调整原因、调整金额以书面形式通知工程师，工程师确认调整金额后作为追加合同价款，与工程款同期支付。工程师收到承包人通知后 14 天内不予确认也不提出修改意见的，视为已经同意该项调整。

24. 工程预付款

采用工程预付款的，双方应当在专用条款内约定发包人向承包人预付工程款的时间和数额，开工后按约定的时间和比例逐次扣回。预付时间应不迟于约定的开工日期前 7 天。发包人不按约定预付的，承包人在约定预付时间 7 天后向发包人发出要求预付的通知；发包人收到通知后仍不能按要求预付的，承包人可在发出通知后 7 天停止施工，发包人应从约定应付之日起向承包人支付应付款的贷款利息，并承担违约责任。

25. 工程量的确认

25.1 承包人应按专用条款约定的时间，向工程师提交已完工程量的报告。工程师接到报告后 7 天内按设计图纸核实已完工程量（以下称计量），并在计量前 24 小时通知承包人，承包人应为计量提供便利条件并派人参加。承包人收到通知后不参加计量的，不影响计量结果有效、作为工程价款支付的依据。

25.2 工程师收到承包人报告后 7 天内未进行计量的，从第 8 天起，承包人报告中开列的工程量即视为被确认，作为工程价款支付的依据。工程师不按约定时间通知承包人，致使承包人未能参加计量的,计量结果无效。

25.3 对承包人超出设计图纸范围和因承包人的原因造成返工的工程量,工程师不予计量。

26. 工程款(进度款)支付

26.1 在确认计量结果后 14 天内,发包人应向承包人支付工程款(进度款)。按约定发包人应扣回的预付款,与工程款(进度款)同期结算。

26.2 本通用条款第 23 条确定调整的合同价款、第 31 条工程变更调整的合同价款及其他条款中约定的追加合同价款,应与工程款(进度款)同期调整支付。

26.3 发包人超过约定的支付时间不支付工程款(进度款)的,承包人可向发包人发出要求付款的通知;发包人收到承包人通知后仍不能按要求付款的,可与承包人协商签订延期付款协议,经承包人同意后可延期支付。协议应明确延期支付的时间,从计量结果确认后第 15 天起计算应付款的贷款利息。

26.4 发包人不按合同约定支付工程款(进度款),而双方又未达成延期付款协议,导致施工无法进行,承包人可停止施工,由发包人承担违约责任。

七、材料设备供应

27. 发包人供应材料设备

27.1 由发包人供应材料设备的,双方应当约定发包人供应材料设备的一览表,作为本合同附件(附件2)。一览表包括发包人供应材料设备的品种、规格、型号、数量、单价、质量等级、提供时间和地点。

27.2 发包人按一览表约定的内容提供材料设备,并向承包人提供产品合格证明,对其质量负责。发包人在所供材料设备到货前 24 小时,以书面形式通知承包人,由承包人派人与发包人共同清点。

27.3 对于发包人供应的材料设备,承包人派人参加清点后由承包人妥善保管,发包人支付相应保管费用。因承包人的原因发生丢失、损坏,由承包人负责赔偿。

发包人未通知承包人清点的,承包人不负责材料设备的保管,丢失、损坏由发包人负责。

27.4 发包人供应的材料设备与一览表不符时,由发包人承担有关责任。发包人应承担责任的具体内容,由双方根据下列情况在专用条款内约定:

(1)材料设备单价与一览表不符,由发包人承担所有价差;

(2)材料设备的品种、规格、型号、质量等级与一览表不符,承包人可拒绝接收保管,由发包人运出施工场地并重新采购;

(3)发包人供应的材料规格、型号与一览表不符,经发包人同意,承包人可代为调剂、串换,由发包人承担相应费用;

(4)到货地点与一览表不符,由发包人负责运至一览表指定地点;

(5)供应数量少于一览表约定的数量时,由发包人补齐,多于一览表约定数量时,发包人负责将多出部分运出施工场地;

(6)到货时间早于一览表约定时间,由发包人承担因此发生的保管费用;到货时间迟于一览表约定时间,发包人赔偿由此造成的承包人损失,造成工期延误的,还要相应顺延工期。

27.5 发包人供应的材料设备使用前,由承包人负责检验或试验,不合格的不得使用,检验或试验费用由发包人承担。

27.6 发包人供应材料设备的结算方法,由双方在专用条款内约定。

28. 承包人采购材料设备

28.1 承包人负责采购材料设备的,应按照专用条款约定及设计和有关标准要求采购,并提供产品合格证明,对材料设备的质量负责。承包人在材料设备到货前24小时通知工程师清点。

28.2 承包人采购的材料设备与设计或标准要求不符时,承包人应按工程师要求的时间运出施工场地,重新采购符合要求的产品,承担由此发生的费用,由此延误的工期不予顺延。

28.3 承包人采购的材料设备在使用前,承包人应按工程师的要求进行检验或试验,不合格的不得使用,检验或试验费用由承包人承担。

28.4 工程师发现承包人采购并使用不符合设计或标准要求的材料设备时,应要求承包人负责修复、拆除或重新采购,并承担发生的费用,由此延误的工期不予顺延。

28.5 承包人需要使用代用材料时,经工程师认可后才能使用,由此增减的合同价款由双方以书面形式议定。

28.6 由承包人采购的材料设备,发包人不得指定制造商或供应商。

八、工程变更

29. 工程设计变更

29.1 施工中发包人需对原工程设计进行变更的,应提前14天以书面形式向承包人发出变更通知。变更超过原设计标准或批准的建设规模时,发包人应报规划管理部门和其他有关部门重新审查批准,并由原设计单位提供相应的变更图纸和说明。承包人按照工程师发出的变更通知及有关要求,视需要进行下列变更:

(1) 更改工程有关部分的标高、基线、位置和尺寸;

(2) 增减合同中约定的工程量;

(3) 改变有关工程的施工时间和顺序;

(4) 其他有关工程变更的附加工作。

因变更导致合同价款的增减及承包人损失,由发包人承担,延误的工期相应顺延。

29.2 施工中承包人不得对原工程设计进行变更。因承包人擅自变更设计发生的费用和由此导致的发包人的直接损失,由承包人承担,延误的工期不予顺延。

29.3 承包人在施工中提出的合理化建议涉及到对设计图纸或施工组织设计的更改及对材料、设备的换用的,须经工程师同意。未经同意擅自更改或换用时,承包人承担由此发生的费用,并赔偿发包人的有关损失,延误的工期不予顺延。

工程师同意采用承包人的合理化建议的,所发生的费用和获得的收益,发包人、承包人另行约定分担或分享。

30. 其他变更

合同履行中发包人要求变更工程质量标准或其他实质性变更,由双方协商解决。

31. 确定变更价款

31.1 承包人在工程变更确定后14天内,提出变更工程价款的报告,经工程师确认后调整合同价款。变更合同价款按下列方法进行:

(1) 合同中已有适用于变更工程的价格,按合同已有的价格变更合同价款;

(2) 合同中只有类似于变更工程的价格,可以参照类似价格变更合同价款;

(3) 合同中没有适用于或类似于变更工程的价格,由承包人提出适当的变更价格,经工程师确认后执行。

31.2 承包人在双方确定变更后14天内不向工程师提出变更工程价款报告的,视为该项变更不涉及合同价款的变更。

31.3 工程师应在收到变更工程价款报告之日起14天内予以确认,工程师无正当理由不确认的,自变更工程价款报告送达之日起14天后视为变更工程价款报告已被确认。

31.4 工程师不同意承包人提出的变更价款的,按本通用条款第37条关于争议的约定处理。

31.5 工程师确认增加的变更工程价款作为追加合同价款,与工程款同期支付。

31.6 因承包人的原因导致的工程变更,承包人无权要求追加合同价款。

九、竣工验收与结算

32. 竣工验收

32.1 工程具备竣工验收条件的,承包人按国家工程竣工验收有关规定,向发包人提供完整的竣工资料及竣工验收报告。双方约定由承包人提供竣工图的,应当在专用条款内约定提供的日期和份数。

32.2 发包人应在收到竣工验收报告后28天内组织有关单位验收,并在验收后14天内给予认可或提出修改意见。承包人应按要求修改,并承担由自身原因造成的修改费用。

32.3 发包人收到承包人送交的竣工验收报告后28天内不组织验收,或验收后14天内不提出修改意见的,视为竣工验收报告已被认可。

32.4 工程竣工验收通过的,承包人送交竣工验收报告的日期为实际竣工日期。工程按发包人要求修改后通过竣工验收的,实际竣工日期为承包人修改后提请发包人验收的日期。

32.5 发包人收到承包人竣工验收报告后28天内不组织验收的,从第29天起承担工程保管义务及一切意外责任。

32.6 中间交工工程的范围和竣工时间,由双方在专用条款内约定,其验收程序按本通用条款32.1~32.4款办理。

32.7 因特殊原因,发包人要求部分单位工程或工程部位甩项竣工的,双方另行签订甩项竣工协议,明确双方责任和工程价款的支付方法。

32.8 工程未经竣工验收或竣工验收未通过的,发包人不得使用。发包人强行使用的,由此发生的质量问题及其他问题,由发包人承担责任。

33. 竣工结算

33.1 工程竣工验收报告经发包人认可后28天内,承包人向发包人递交竣工结算报告及完整的结算资料,双方按照协议书约定的合同价款及专用条款约定的合同价款调整内容，进行工程竣工结算。

33.2 发包人收到承包人递交的竣工结算报告及结算资料后 28 天内进行核实，给予确认或者提出修改意见。发包人确认竣工结算报告后通知经办银行向承包人支付工程竣工结算价款。承包人收到竣工结算价款后 14 天内将竣工工程交付发包人。

33.3 发包人收到竣工结算报告及结算资料后 28 天内无正当理由不支付工程竣工结算价款的，从第 29 天起按同期银行贷款利率向承包人支付拖欠工程价款的利息，并承担违约责任。

33.4 发包人收到竣工结算报告及结算资料后 28 天内不支付工程竣工结算价款的，承包人可以催告发包人支付结算价款。发包人在收到竣工结算报告及结算资料后 56 天内仍不支付的，承包人可以与发包人协议将该工程折价，或由承包人申请人民法院将该工程依法拍卖，承包人就该工程折价或者拍卖的价款优先受偿。

33.5 工程竣工验收报告经发包人认可后 28 天内，承包人未能向发包人递交竣工结算报告及完整的结算资料，造成工程竣工结算不能正常进行或工程竣工结算价款不能及时支付，发包人要求交付工程的，承包人应当交付；发包人不要求交付工程的，承包人承担保管责任。

33.6 发包人、承包人对工程竣工结算价款发生争议时，按本通用条款第 37 条关于争议的约定处理。

34. 质量保修

34.1 承包人应按法律、行政法规或国家关于工程质量保修的有关规定，对交付发包人使用的工程在质量保修期内承担质量保修责任。

34.2 质量保修工作的实施。承包人应在工程竣工验收之前，与发包人签订质量保修书，作为本合同附件（附件 3）。

34.3 质量保修书的主要内容包括：

（1）质量保修项目内容及范围；

（2）质量保修期；

（3）质量保修责任；

（4）质量保修金的支付方法。

十、违约、索赔和争议

35. 违约

35.1 发包人违约。一般有以下几种违约情形：

（1）本通用条款第 24 条提到的发包人不按时支付工程预付款；

（2）本通用条款第 26.4 款提到的发包人不按合同约定支付工程款，导致施工无法进行；

（3）本通用条款第 33.3 款提到的发包人无正当理由不支付工程竣工结算价款；

（4）发包人不履行合同义务或不按合同约定履行义务的其他情况。

发包人承担违约责任，赔偿因其违约给承包人造成的经济损失，顺延延误的工期。双方在专用条款内约定发包人赔偿承包人损失的计算方法或者发包人应当支付违约金的数额或计算方法。

35.2 承包人违约。一般有以下几种违约情形：

（1）本通用条款第14.2款提到的因承包人的原因不能按照协议书约定的竣工日期或工程师同意顺延的工期竣工；

（2）本通用条款第15.1款提到的因承包人的原因导致工程质量达不到协议书约定的质量标准；

（3）承包人不履行合同义务或不按合同约定履行义务的其他情况。

承包人承担违约责任，赔偿因其违约给发包人造成的损失。双方在专用条款内约定承包人赔偿发包人损失的计算方法或者承包人应当支付违约金的数额或计算方法。

35.3 一方违约后，另一方要求违约方继续履行合同的，违约方承担上述违约责任后仍应继续履行合同。

36. 索赔

36.1 一方向另一方提出索赔，要有正当索赔理由，且有索赔事件发生时的有效证据。

36.2 发包人未能按合同约定履行自己的各项义务、发生错误或应由发包人承担责任的其他情况，造成工期延误和（或）承包人不能及时得到合同价款及承包人的其他经济损失，承包人可按下列程序以书面形式向发包人索赔：

（1）索赔事件发生后28天内，向工程师发出索赔意向通知；

（2）发出索赔意向通知后28天内，向工程师提出延长工期和（或）补偿经济损失的索赔报告及有关资料；

（3）工程师在收到承包人送交的索赔报告和有关资料后，于28天内给予答复，或要求承包人进一步补充索赔理由和证据；

（4）工程师在收到承包人送交的索赔报告和有关资料后28天内未予答复或未对承包人作进一步要求的，视为该项索赔已经被认可；

（5）当该索赔事件持续进行时，承包人应当阶段性向工程师发出索赔意向，在索赔事件终了后28天内，向工程师送交索赔的有关资料和最终索赔报告，索赔答复程序与（3）、（4）规定相同。

36.3 承包人未能按合同约定履行自己的各项义务或发生错误，给发包人造成经济损失的，发包人可按第36.2款确定的时限向承包人提出索赔。

37. 争议

37.1 发包人、承包人在履行合同时发生争议，可以和解或者要求有关主管部门调解。当事人不愿和解、调解或者和解、调解不成的，双方可以在专用条款内约定以其中一种方式解决争议：

第一种解决方式：双方达成仲裁协议，向约定的仲裁委员会申请仲裁；

第二种解决方式：向有管辖权的人民法院起诉。

37.2 发生争议后，除非出现下列情况，双方都应继续履行合同，保持施工连续，保护好已完工程：

（1）单方违约导致合同确已无法履行，双方协议停止施工；

（2）调解要求停止施工，且为双方接受；

(3) 仲裁机构要求停止施工；
(4) 法院要求停止施工。

十一、其　他

38. 工程分包

38.1 承包人按专用条款的约定分包所承包的部分工程，并与分包单位签订分包合同。非经发包人同意，承包人不得将承包工程的任何部分分包。

38.2 承包人不得将其承包的全部工程转包给他人，也不得将其承包的全部工程肢解以后以分包的名义分别转包给他人。

38.3 工程分包不能解除承包人的任何责任与义务。承包人应在分包场地派驻相应管理人员，保证本合同的履行。分包单位的任何违约行为或疏忽导致工程损害或给发包人造成其他损失的，由承包人承担连带责任。

38.4 分包工程价款由承包人与分包单位结算。未经承包人同意，发包人不得以任何形式向分包单位支付各种工程款项。

39. 不可抗力

39.1 不可抗力包括因战争、动乱、空中飞行物体坠落或其他非可归责于发包人、承包人的原因造成的爆炸、火灾，以及专用条款约定的风、雨、雪、洪、震等自然灾害。

39.2 不可抗力事件发生后，承包人应立即通知工程师，并在力所能及的范围内迅速采取措施，尽力减少损失，发包人应协助承包人采取措施。工程师认为应当暂停施工的，承包人应暂停施工。不可抗力事件结束后48小时内，承包人向工程师通报受灾情况和损失情况及预计清理和修复的费用。不可抗力事件持续发生的，承包人应每隔7天向工程师报告一次受灾情况。不可抗力事件结束后14天内，承包人向工程师提交清理和修复费用的正式报告及有关资料。

39.3 因不可抗力事件导致的费用及延误的工期由双方按以下方法分别承担：

（1）工程本身的损害、因工程损害导致第三人人员伤亡、财产损失以及运至施工场地用于施工的材料和待安装设备的损害，由发包人承担；

（2）发包人、承包人人员伤亡由其所在单位负责，并承担相应费用；

（3）承包人的机械设备损坏及停工损失，由承包人承担；

（4）停工期间，承包人应工程师要求留在施工场地的必要的管理人员及保卫人员的费用由发包人承担；

（5）工程所需清理、修复费用，由发包人承担；

（6）延误的工期相应顺延。

39.4 合同一方迟延履行合同后发生不可抗力的，不能免除迟延履行方的相应责任。

40. 保险

40.1 工程开工前，发包人为建设工程和施工场地内的自有人员及第三人人员的生命、财产办理保险，支付保险费用。

40.2 运至施工场地内用于施工的材料和待安装设备，由发包人办理保险，并支付保险费用。

40.3 发包人可以将有关保险事项委托承包人办理，费用由发包人承担。

40.4 承包人必须为从事危险作业的职工办理意外伤害保险，并为施工场地内自有人员的生命、财产和施工机械设备办理保险，支付保险费用。

40.5 保险事故发生时，发包人、承包人有责任尽力采取必要的措施，防止或者减少损失。

40.6 具体投保内容和相关责任，由发包人、承包人在专用条款中约定。

41. 担保

41.1 发包人、承包人为了全面履行合同，应互相提供以下担保：

（1）发包人向承包人提供履约担保，按合同约定支付工程价款及履行合同约定的其他义务。

（2）承包人向发包人提供履约担保，按合同约定履行自己的各项义务。

41.2 一方违约后，另一方可要求提供担保的第三人承担相应责任。

41.3 提供担保的内容、方式和相关责任，除了由发包人、承包人在专用条款中约定外，被担保方与担保方还应签订担保合同，作为本合同附件。

42. 专利技术及特殊工艺

42.1 发包人要求使用专利技术或特殊工艺的，应负责办理相应的申报手续，承担申报、试验、使用等费用；承包人提出使用专利技术或特殊工艺的，应取得工程师的认可，承包人负责办理申报手续并承担有关费用。

42.2 擅自使用专利技术侵犯他人专利权的，责任者依法承担相应责任。

43. 文物和地下障碍物

43.1 施工中发现古墓、古建筑遗址等文物、化石或其他有考古价值、地质研究价值的物品的，承包人应立即保护好现场并于4小时内以书面形式通知工程师，工程师应于收到书面通知后24小时内报告当地文物管理部门，发包人、承包人应按文物管理部门的要求采取妥善的保护措施。发包人承担由此发生的费用，顺延延误的工期。

发现后隐瞒不报致使文物遭受破坏的，责任者依法承担相应责任。

43.2 施工中发现影响施工的地下障碍物的，承包人应于8小时内以书面形式通知工程师，同时提出处置方案，工程师收到处置方案后24小时内予以认可或提出修正方案。发包人承担由此发生的费用，顺延延误的工期。

所发现的地下障碍物有归属单位时，发包人应报请有关部门协同处置。

44. 合同解除

44.1 发包人、承包人协商一致，可以解除合同。

44.2 发生本通用条款第26.4款情况，停止施工超过56天，发包人仍不支付工程款（进度款）的，承包人有权解除合同。

44.3 发生本通用条款第38.2款禁止的情况，承包人将其承包的全部工程转包给他人或者肢解以后以分包的名义分别转包给他人的，发包人有权解除合同。

44.4 有下列情形之一的，发包人、承包人可以解除合同：

（1）因不可抗力致使合同无法履行；

（2）因一方违约（包括因发包人的原因造成工程停建或缓建）致使合同无法履行。

44.5 一方依据第44.2款、第44.3款、第44.4款约定要求解除合同的，应以书面形式向对方发出解除合同的通知,并在发出通知前 7 天告知对方,通知到达对方时合同解除。对解除合同有争议的,按本通用条款第 37 条关于争议的约定处理。

44.6 合同解除后,承包人应妥善做好已完工程和已购材料、设备的保护和移交工作,按发包人要求将自有机械设备和人员撤出施工场地。发包人应为承包人撤出提供必要条件,支付以上所发生的费用,并按合同约定支付已完工程价款。对于已经订货的材料、设备,由订货方负责退货或解除订货合同。不能退还的货款和因退货、解除订货合同发生的费用,由发包人承担;因未及时退货造成的损失由责任方承担。除此之外,有过错的一方应当赔偿因合同解除给对方造成的损失。

44.7 合同解除不影响双方在合同中约定的结算和清理条款的效力。

45. 合同生效与终止

45.1 双方可在协议书中约定合同生效方式。

45.2 除本通用条款第 34 条外,发包人、承包人履行合同全部义务,竣工结算价款支付完毕,承包人向发包人交付竣工工程后,本合同即告终止。

45.3 合同的权利义务终止后,发包人、承包人应当遵循诚实信用原则,履行通知、协助、保密等义务。

46. 合同份数

46.1 本合同正本两份,具有同等效力,由发包人、承包人分别保存一份。

46.2 本合同副本份数由双方根据需要在专用条款内约定。

47. 补充条款

双方根据有关法律、行政法规规定,结合工程实际,经协商一致,可在专用条款内约定将本通用条款内容具体化或者进行补充、修改。

第三部分　专　用　条　款

一、词语定义及合同文件

1. 词语定义

2. 合同文件及解释顺序:_____

_____
_____

3. 语言文字和适用法律、标准及规范

3.1 本合同除使用汉语外,还使用_____语言文字。

3.2 适用法律和法规

需要明示的法律、行政法规:_____

_____

3.3 适用标准、规范的名称:_____

发包人提供标准、规范的时间：_____

国内没有相应标准、规范时的约定：_____

4. 图纸

4.1　发包人向承包人提供图纸的日期和套数：_____

4.2　发包人对图纸的保密要求：_____

使用国外图纸的要求及费用承担：_____

二、双方的一般权利和义务

5. 工程师

5.2　监理单位委派的工程师

姓名：_____　职务：_____

发包人委托的职权：_____

需要取得发包人批准才能行使的职权：_____

5.3　发包人派驻的工程师

姓名：_____　职务：_____

职权：_____

5.6　不实行监理的工程师的职权：_____

7. 项目经理

姓名：_____　职务：_____

8. 发包人工作

8.1　发包人应按约定的时间和要求完成以下工作：

(1) 施工场地具备施工条件的要求及完成的时间：_____

(2) 将施工所需的水、电、电讯线路接至施工场地的时间、地点和供应要求：_____

(3) 施工场地与公共道路的通道的开通时间和要求：_____

(4) 工程地质和地下管线资料的提供时间：_____

(5) 由发包人办理的施工所需证件、批件的名称和完成时间：_____

(6) 水准点与坐标控制点交验要求：_____
_____
(7) 图纸会审和设计交底时间：_____
(8) 协调处理施工场地周围地下管线和邻近建筑物、构筑物（含文物保护建筑）、古树名木的保护工作：_____
_____
(9) 双方约定发包人应做的其他工作：_____
_____

8.2 发包人委托承包人办理的工作：_____
_____
_____

9. 承包人工作
承包人应按约定的时间和要求，完成以下工作：
(1) 需由设计资质等级和业务范围允许的承包人完成的设计文件的提交时间：
_____

(2) 应提供计划、报表的名称及完成时间：_____
_____

(3) 承担施工安全保卫工作及非夜间施工照明的责任和要求：_____
_____

(4) 向发包人提供的办公和生活房屋、设施的要求：_____
_____

(5) 需承包人办理的有关施工场地交通、环卫和施工噪音管理等手续：_____
_____

(6) 已完工程成品保护的特殊要求及费用承担：_____
_____

(7) 施工场地周围地下管线和邻近建筑物、构筑物（含文物保护建筑）、古树名木的保护要求及费用承担：_____
_____

(8) 施工场地清洁卫生的要求：_____
_____

(9) 双方约定承包人应做的其他工作：_____
_____

三、施工组织设计和工期
10. 进度计划
10.1 承包人提供施工组织设计（施工方案）和进度计划的时间：_____
_____
工程师确认的时间：_____
10.2 群体工程中有关进度计划的要求：_____

13. 工期延误

13.1 双方约定工期顺延的其他情况：_____

四、质量与检验

17. 隐蔽工程和中间验收

17.1 双方约定中间验收部位：_____

19. 工程试车

19.5 试车费用的承担：_____

五、安全施工

六、合同价款与支付

23. 合同价款及调整

23.2 本合同价款采用_____方式确定。

（1）采用固定价格合同，合同价款中包括的风险范围：_____

风险费用的计算方法：_____

风险范围以外的合同价款的调整方法：_____

（2）采用可调价格合同，合同价款的调整方法：_____

（3）采用成本加酬金合同，有关成本和酬金的约定：_____

23.3 双方约定合同价款的其他调整因素：_____

24. 工程预付款

发包人向承包人预付工程款的时间、金额或占合同价款总额的比例：_____

扣回工程款的时间、比例：_____

25. 工程量确认

25.1 承包人向工程师提交已完工程量报告的时间：_____

26. 工程款（进度款）支付

双方约定的工程款（进度款）支付的方式和时间：_____

七、材料设备供应

27. 发包人供应材料设备

27.4 发包人供应的材料设备与一览表不符时，双方约定发包人承担责任如下：

（1）材料设备单价与一览表不符：_____

（2）材料设备的品种、规格、型号、质量等级与一览表不符：_____
_____

（3）承包人可代为调剂、串换的材料：_____
_____

（4）到货地点与一览表不符：_____
_____

（5）供应数量与一览表不符：_____
_____

（6）到货时间与一览表不符：_____
_____

27.6 发包人供应材料设备的结算方法：_____

28. 承包人采购材料设备

28.1 承包人采购材料设备的约定：_____
_____

八、工程变更

九、竣工验收与结算

32. 竣工验收

32.1 承包人提供竣工图的约定：_____
_____

32.6 中间交工工程的范围和竣工时间：_____
_____

十、违约、索赔和争议

35. 违约

35.1 本合同中关于发包人违约的具体责任如下：

本合同通用条款第 24 条约定发包人违约应承担的违约责任：_____
_____

本合同通用条款第 26.4 款约定发包人违约应承担的违约责任：_____
_____

本合同通用条款第 33.3 款约定发包人违约应承担的违约责任：_____
_____

双方约定的发包人的其他违约责任：_____
_____

35.2 本合同中关于承包人违约的具体责任如下：

本合同通用条款第 14.2 款约定承包人违约应承担的违约责任：_____
_____

本合同通用条款第 15.1 款约定承包人违约应承担的违约责任：_____
双方约定的承包人的其他违约责任：_____

37. 争议

37.1 本合同在履行过程中发生的争议，由双方当事人协商解决，协商不成的，按下列第_____种方式解决；

（一）提交_____仲裁委员会仲裁；

（二）依法向人民法院起诉。

十一、其　他

38. 工程分包

38.1 本工程发包人同意承包人分包的工程：_____
_____

分包施工单位为：_____

39. 不可抗力

39.1 双方关于不可抗力的约定：_____
_____

40. 保　险

40.6 本工程双方约定投保内容如下：

（1）发包人投保内容：_____
_____

发包人委托承包人办理的保险事项：_____
_____

（2）承包人投保内容：_____
_____

41. 担保

41.3 本工程双方约定担保事项如下：

（1）发包人向承包人提供履约担保，担保方式为：_____，担保合同作为本合同附件。

（2）承包人向发包人提供履约担保，担保方式为：_____，担保合同作为本合同附件。

（3）双方约定的其他担保事项：_____

46. 合同份数

46.1 双方约定合同副本份数：_____

47. 补充条款

_____
_____

附件1：

承包人承揽工程项目一览表

单位工程	建设规模	建筑面积（平方米）	结构	层数	跨度（米）	设备安装内容	工程造价（元）	开工日期	竣工日期

附件2：

发包人供应材料设备一览表

序号	材料设备品种	规格型号	单位	数量	单价（元）	质量等级	供应时间	送达地点	备注

附件3：

房屋建筑工程质量保修书

发包人（全称：）_____

承包人（全称：）_____

发包人、承包人根据《中华人民共和国建筑法》、《建筑工程质量管理条例》和《房屋建筑工程质量保修办法》，经协商一致，对_____（工程全称）签订工程质量保修书。

一、工程质量保修范围和内容

承包人在质量保修期内，按照有关法律、法规、规章的管理规定和双方约定，承担本工程质量保修责任。

质量保修包括地基基础工程、主体结构工程，屋面防水工程、有防水要求的卫生间、房间和外墙面的防渗漏，供热与供冷系统，电气管线、给排水管道、设备安装和装修工程，以及双方约定的其他项目。具体保修的内容，双方约定如下：

_____

_____

_____。

二、质量保修期

双方根据《建设工程质量管理条例》及有关规定，约定本工程的质量保修期如下：

1. 地基基础工程和主体结构工程为设计文件规定的该工程合理使用年限；
2. 屋面防水工程、有防水要求的卫生间、房间和外墙面的防渗漏为＿＿＿＿＿＿年；
3. 装修工程为＿＿＿＿＿＿年；
4. 电气管线、给排水管道、设备安装工程为＿＿＿＿＿＿年；
5. 供热与供冷系统为＿＿＿＿＿＿个采暖期、供冷期；
6. 住宅小区内的给排水设施、道路等配套工程为＿＿＿＿＿＿年；
7. 其他项目保修期限约定如下：

_____

_____。

质量保修期自工程竣工验收合格之日起计算。

三、质量保修责任

1. 属于保修范围、内容的项目，承包人应当在接到保修通知之日起7天内派人保修。承包人不在约定期限内派人保修的，发包人可以委托他人修理。
2. 发生紧急抢修事故的，承包人在接到事故通知后，应当立即到达事故现场抢修。
3. 对于涉及结构安全的质量问题，应当按照《房屋建筑工程质量保修办法》的规定，立即向当地建设行政主管部门报告，采取安全防范措施；由原设计单位或者具有相应资质等级的设计单位提出保修方案，承包实施保修。
4. 质量保修完成后，由发包人组织验收。

四、保修费用

保修费由造成质量缺陷的责任方承担。

五、其他

双方约定的其他工程质量保修事项：＿＿＿＿＿＿＿＿＿＿＿＿＿＿＿＿＿＿

_____。

本工程质量保修书，由施工合同发包人、承包人双方在竣工验收前共同签署，作为施工合同附件，其有效期限至保修期满。

发包人（公章）：　　　　　　　　　　承包人（公章）：
法定代表（签字）：　　　　　　　　　法定代表（签字）：
　　年　月　日　　　　　　　　　　　　　年　月　日

参 考 文 献

1. 王俊安. 招标投标与合同管理. 北京：中国建筑工业出版社，2003
2. 郝杰忠. 建筑工程施工招投标与合同管理. 北京：机械工业出版社，2003
3. 教材编委会. 全国建筑工程招标投标从业人员培训教材—建设工程招标实务. 北京：中国计划出版社，2003
4. 刘钦. 工程招投标与合同管理. 北京：高等教育出版社，2003
5. 编写组.《工程建设项目勘察设计招标投标办法》实用手册. 长春：吉林科技出版社，2003
6. 刘志强. 地基工程招投标与概预算及施工验收实务手册. 长春：吉林音像出版社，2003
7. 梁建林. 水利水电工程造价与招投标. 郑州：黄河水利出版社，2001
8. 傅强，魏增产，王新红. 合同法. 北京：中国检察出版社，2002
9. 丁关良. 经济法. 北京：科学出版社，2001
10. 刘伊生. 建设工程招投标与合同管理. 北京：机械工业出版社，2001
11. 黄文杰. 建设工程合同管理. 北京：知识产权出版社，2003
12. 建设工程合同文本及相关法律规定. 北京：中国法制出版社，2003
13. 崔东红，肖萌. 建设工程招投标与合同管理实务. 北京：北京大学出版社，2009
14. 廖显钢. 等. 招标代理人员工作手册. 天津：天津大学出版社，2009
15. 文丽华. 等. 现场合同员岗位通. 北京：北京理工大学出版社，2009

★ 21世纪工程管理学系列教材

- 房地产开发经营管理学

- 房地产投资与管理

- 建设工程招投标及合同管理（第二版）

- 工程估价（第三版）
  （普通高等教育"十一五"国家级规划教材）

- 工程质量管理与系统控制

- 工程建设监理

- 工程造价管理（第二版）

- 国际工程承包管理

- 现代物业管理

- 国际工程项目管理

- 工程项目经济评价

- 工程项目审计